Mannheimer Forum 89/90

SERIE PIPER
Band 1104

Zu diesem Buch

Das Mannheimer Forum 89/90 bietet in vier umfassenden Essays Beiträge aus der aktuellen naturwissenschaftlichen Forschung. Die Themen stammen aus den Bereichen Biologie, Physik, Medizin und Wirtschaftsgeschichte. Zuerst beschreibt MARTIN HEISENBERG die Erfolge der Biologen bei der genetischen Analyse der Wahrnehmung. Ziel des Aufsatzes ist eine Objektivierung der Wahrnehmung, die den Menschen einschließen soll. Anschließend stellt GERT EILENBERGER den Umsturz im Weltbild der Physik dar, der bei den Versuchen gelungen ist, Einsichten auch in die nichtlinearen (komplexen) Abläufe der Natur zu gewinnen. Das determinierte Chaos, das dabei – vor allem mit Hilfe von Computergraphiken – sichtbar wird, weist auf einen allgemeinen Zug der Natur hin und hat unmittelbare Auswirkungen für das Verständnis von Krankheiten, wie WOLFGANG GEROK in einem weiteren Aufsatz darlegt. Der Band wird beschlossen von einer bis ins Mittelalter zurückreichenden Klimageschichte, die CHRISTIAN PFISTER vorstellt. Das Mannheimer Forum wird herausgegeben von HOIMAR V. DITFURTH und ERNST PETER FISCHER.

HOIMAR V. DITFURTH, geboren 1921 in Berlin, ist Professor der Psychiatrie und Neurologie und arbeitet seit 1969 als freier Wissenschaftspublizist. Zu seinen großen Bucherfolgen zählen unter anderem »Kinder des Weltalls« (1970), »Im Anfang war der Wasserstoff« (1972) und zuletzt »So laßt uns denn ein Apfelbäumchen pflanzen« (1985). In diesem Jahr erscheinen die »Innenansichten eines Artgenossen«.

ERNST PETER FISCHER, geboren 1947 in Wuppertal, ist Privatdozent für Ideengeschichte in Konstanz und Autor mehrerer Sachbücher, unter anderem »Die Welt im Kopf« (1985), »Niels Bohr« (1987, Serie Piper 5226), »Das Atom der Biologen« (1988, Serie Piper 759) und zuletzt »Gene sind anders« (1988). In diesem Jahr legt er eine »Kritik des gesunden Menschenverstandes« vor.

Mannheimer Forum
89/90
Ein Panorama der Naturwissenschaften

Herausgegeben von
Hoimar v. Ditfurth und
Ernst Peter Fischer

Mit Beiträgen von
Martin Heisenberg
Gert Eilenberger
Wolfgang Gerok
Christian Pfister

Piper
München Zürich

Das Mannheimer Forum erscheint in Zusammenarbeit
mit der Boehringer Mannheim GmbH, Mannheim

ISBN 3-492-11104-1
Originalausgabe
Januar 1990

Umschlag: Federico Luci,
unter Verwendung einer Aufnahme von Manfred Kage
Art Director: Erwin Poell, Heidelberg
Zeichnungen: Albert R. Gattung, Neckarhausen
Schlußredaktion: Kurt Vogt, Schwetzingen
Herstellung: Hanns Polanetz
Gesamtherstellung: Clausen & Bosse, Leck
Printed in Germany

Inhalt

Vorwort

Das Mannheimer Forum ist 1972 aus einem Projekt des pharmazeutischen Unternehmens Boehringer Mannheim hervorgegangen, das mit der Gründung der Zeitschrift n + m (»Naturwissenschaft und Medizin«) im Jahre 1964 seinen Anfang genommen hatte. Ziel des Forums war von Beginn an, dem interessierten Arzt, Lehrer, Studenten die Möglichkeit zu bieten, über den Zaun zu blicken und sich über wichtige Entwicklungen außerhalb seines eigenen Fachgebietes zu informieren. Das Mannheimer Forum sollte ein »Panorama zeitgenössischer Forschung entstehen . . . lassen, das dem Leser die Möglichkeit gibt, die Entwicklung des modernen naturwissenschaftlichen Weltbildes mitzuerleben«, wie Hoimar v. Ditfurth 1972 in seinem ersten Vorwort geschrieben hat.

Diese Zielsetzung bleibt bestehen, aber mit der diesjährigen Ausgabe verändert das Mannheimer Forum sein Erscheinungsbild. Der Piper Verlag und Boehringer Mannheim sind übereingekommen, die Idee der Reihe – Erkenntnisse der verschiedenen naturwissenschaftlichen Fachrichtungen einem umfassenden Leserkreis zu vermitteln – gemeinsam zu verfolgen und das Mannheimer Forum in die Serie Piper aufzunehmen. Mit diesem Schritt wird das Forum zugleich größer und kleiner. Es wird kleiner im Hinblick auf das Format, das sich dem eines Taschenbuchs anpaßt, aber nur, um so letztlich für mehr Handlichkeit zu sorgen. Das Forum wird größer, weil es nun auf den Buchmarkt gelangt und hier ein noch breiteres Publikum finden kann.

Wie es in den vergangenen siebzehn Jahren zur Tradition geworden ist, bietet auch dieser Band vier Beiträge. Der erste handelt von den Versuchen der Genetiker, sich objektiv dem Problem der Wahrnehmung zu nähern, wobei sie sich auch über die konzeptionellen Schwierigkeiten eines solchen Unternehmens klar sind, die unter anderem damit zu tun haben, daß eine Fliege keinen Begriff von Wahrheit hat. In den anschließenden beiden Aufsätzen stellen ein Physiker und ein Arzt die wissenschaftliche Revolution vor, die inzwischen unter dem Schlagwort »Chaosforschung« die bunten Seiten der Magazine füllt, ohne daß dabei ihre Implikationen für unser Weltbild deutlich werden. Wir sehen, wie alte Gleichungen aufgelöst und ungültig werden. Determiniertheit ist nicht mehr gleich Vorhersagbarkeit, Gesundheit ist nicht mehr gleich Ordnung, und Krankheit ist nicht mehr gleich Chaos. In einem abschließenden Beitrag erfahren wir von den ersten Erfolgen einer neuen historischen Teildisziplin, der Umwelt- und Klimageschichte, die das Wetter bis in das Mittelalter zurückverfolgen und Schlüsse für den zivilisatorischen Einfluß auf das Klima ziehen kann.

Auch in diesem Jahr haben wir wieder für viele Zuschriften und Hinweise zu danken, die wir nicht alle aufgreifen können. Wir danken unseren Lesern für das Interesse und ermutigen sie weiter zu Stellungnahmen.

Wir danken den genannten Personen und Institutionen für die Genehmigung zum Abdruck von Abbildungen.

Hoimar v. Ditfurth und *Ernst Peter Fischer*

Der Zoologe Alfred Kühn *hat einmal gesagt: »Gott hat die Tiere und Pflanzen so konstruiert, daß man unmöglich herausfinden kann, wie er sie gemacht hat. Und dann ist der Teufel gekommen und hat einige, ganz wenige, kleine, ausgefallene Organismen hineingeschmuggelt, die verstehbar sind. Und die Aufgabe des Biologen ist es, die herauszufinden.« Im Grunde haben sich viele Biologen diesem Teufel verschrieben, und ein Schatz fürs Leben, den sie ihm verdanken, ist die Fliege mit Namen* Drosophila. *In den ersten Jahren dieses Jahrhunderts konnte mit ihrer Hilfe zunächst die Genetik selbst einen ungeheuren Aufschwung nehmen, und seit mehr als zwanzig Jahren versucht man an diesem Modell auch die Spur zu verfolgen, die von den Genen zum Verhalten führt.*

Diese Spur führt unvermeidlich ins Gehirn, also dorthin, wo die Wahrnehmung ihren Platz hat. Die Einsichten, die die genetische Analyse der Wahrnehmung bei der Fliege bringt, können heute dank der Gentechnik auf andere Lebewesen übertragen werden. Um die Konsequenzen dieser Fähigkeit geht es nun in dem vorliegenden Aufsatz, nämlich um die Objektivierung der Wahrnehmung, ohne daß der Mensch dabei ausgenommen wird. Wenn im folgenden die Genetik als die »Zwangsjacke« der menschlichen Wahrnehmung vorgestellt wird, dann heißt das nicht, daß der Mensch einseitig als biologisches Objekt verstanden wird. Es heißt nur, daß wir bei jeder Erkundung der Lebenswelt letztlich zu uns kommen, ohne daß wir unser Wahrnehmen damit erschöpfen. Jede Art der Analyse muß beim Verständnis eines so komplizierten Systems, wie wir selbst es sind, an eine Grenze stoßen. Es lohnt sich, diese Stelle zu finden, und das einfache System mit Namen Drosophila *kann uns dorthin führen.*

Martin Heisenberg *ist Professor für Genetik an der Universität Würzburg. Er wurde 1940 – als viertes Kind von Werner und Elisabeth Heisenberg – in München geboren. Nach einem Studium der Chemie in Tübingen wandte sich Heisenberg zunächst der Virusforschung und der Sinnesphysiologie zu, bevor er sein eigentliches Thema fand, die genetische Analyse des visuellen Systems von* Drosophila. *Mit ihrer Hilfe macht sich seine Arbeitsgruppe seit 15 Jahren mit Erfolg daran, ein kleines Gehirn zu verstehen.*

Martin Heisenberg

Über Universalien der Wahrnehmung und ihre genetischen Grundlagen

In Untersuchungen an der Fliege Drosophila *treffen Genetik und Wahrnehmungsforschung aufeinander*

Wahrnehmen *tut* man vor allem. Beginnt man aber darüber nachzudenken und versucht die menschliche Wahrnehmung umfassend zu charakterisieren, so beschreibt man paradoxerweise am besten die Welt, die man wahrnimmt. Der warme Waschlappen im Gesicht; der gewaltige Birnbaum; das Vogelgezwitscher aus allen Ecken, das mich daran erinnert, wie ich als Kind eines Morgens beim offenen Fenster in vollkommener Glückseligkeit aufwachte; die Musik im Kopf beim Lesen einer Notenschrift; die Enttäuschung auf dem Gesicht eines Freundes. – Die Wahrnehmung und ihr Gegenstand, die Welt, sind in eigenartiger Weise aufeinander bezogen. Das eine ist ohne das andere nicht zu denken. Das besondere Verhältnis dieser beiden spiegelt sich in den Schwierigkeiten, die die Wahrnehmungsforschung mit der Frage hat, wie die Welt im Gehirn repräsentiert sei, im menschlichen Gehirn oder gar in dem eines Tieres.

Die Charakterisierung eines Organs oder eines Geräts durch das, was es leistet, ist nichts Außergewöhnliches. Wir beschreiben die Niere durch ihre Fähigkeit, Schadstoffe aus den Körperflüssigkeiten zu entfernen, und eine Geige, indem wir Klangfülle und -farbe, Gleichmaß im Ton und Leichtigkeit des Ansprechens darstellen. So betrachtet ist es also gar nichts Besonderes, wenn wir die Wahrnehmung durch ihre Funktionen beschreiben.

Paradox erscheint diese Charakterisierung erst, wenn wir uns die Welt als von uns getrennt, als ein unabhängiges Gegenüber vorstellen. Denn dann müßten wir von einer Charakterisierung der Wahrnehmung verlangen, daß sie, anstatt zu beschreiben, *was* die Wahrnehmung vorfindet, uns verdeutlicht, *wie* sie uns das Vorgefundene zugänglich macht. Ich hoffe den Leser zu überzeugen, daß die naive Darstellung hier nicht einfach aus Unvermögen das *Wie* und das *Was* verwechselt, sondern daß sie der Wahrnehmungsforschung schon vorzeichnet, das *Wie* und das *Was* nicht zu unterscheiden.

Denn das scheinbare Paradoxon verschwindet, wenn wir uns klarmachen, daß die objektive, vom Beobachter unabhängige Welt eine kollektive Vorstellung ist, der die Menschen des zwanzigsten Jahrhunderts unterschiedlich stark anhängen. Die Entstehungsgeschichte dieser Vorstellung ist noch nicht sehr alt. Sie ist mit der Entwicklung von *Homo sapiens* aufs innigste verquickt. Sie reicht weit in die historische Zeit hinein und ist vermutlich noch nicht abgeschlossen. In Mythen und Märchen finden wir frühe, in wissenschaftlichen Theorien späte Momentaufnahmen dieses Prozesses. Vielleicht tragen wir in unserem Unterbewußtsein noch Reste einer Epoche mit uns, in der die Welt als von der Wahrnehmung nicht getrennt erlebt wurde.

Jedenfalls geht es bei der Suche nach Universalien der Wahrnehmung um viel ältere Gegebenheiten als diese Trennung. Wie, jedoch, sollten wir dann die Wahrnehmung von Tieren beschreiben? Wir können sicher sein, daß Tiere diesen Prozeß nicht durchgemacht haben. Wenn die Welt als Gegenüber eine Spezialität des modernen Menschen ist, dann lassen sich die Gehirnvorgänge, die dieser Leistung zugrunde liegen, nicht in den Gehirnen von Tieren entdecken.

Die Abtrennung der Objektwelt ist heute nicht mehr wegzudenken. Es geht in der Wahrnehmungsforschung also um den schwierigen Versuch, innerhalb der heutigen Wirklichkeit, wie sie aus der Trennung erwachsen ist, eine Wahrnehmung, die noch eins ist mit der Welt, zu verstehen. Es geht darum, mit den Mitteln der Reflexion eine reflexionslose Wahrnehmung zu beschreiben. Deswegen müssen wir uns darauf gefaßt machen, daß Fragen, wie die nach der Repräsentation der Welt im Gehirn, keine anschaulich befriedigende Antwort haben. Wir können vielleicht beschreiben, wie eine Eule eine Schallquelle ortet – und ein ganz ähnlicher Vorgang mag auch im menschlichen Gehirn ablaufen –, aber wir verstricken uns in unauflöslichen Schwierigkeiten, wenn wir sagen wollen, was die Eule dabei hört.

Diese Überlegungen können auch dazu dienen, ein Mißverständnis auszuräumen, das der Wahrnehmungsforschung im Weg steht: die Behauptung, Wahrnehmung sei ein rein menschliches Phänomen. Richtig daran ist vermutlich, daß nur der Mensch zweierlei besitzt, eine Wahrnehmung *und* die Vorstellung einer davon unabhängigen Welt. Aber die Grundlagen der Wahrnehmung teilt er (in jeweils unterschiedlichem Maße) mit den Tieren.

Angeborene Wahrnehmungsstörungen

Wie wir die Welt wahrnehmen, wird von unseren Genen mitbestimmt. Etwa 30% der Bevölkerung sind von einer genetisch bedingten Unempfindlichkeit für Bitterstoffe betroffen. Angeborene Geruchsbewertungen beeinflussen unsere Beziehungen zu anderen Menschen (»Ich kann ihn nicht riechen!«). In fast jeder Schulklasse findet man ein oder zwei Jungen, die eine angeborene Farbsehschwäche haben.

Vollständige Blindheit für Farben ist zum Glück sehr selten. Die häufigste Farbsehstörung, die Rot-Grün-Schwäche, ist dagegen oft unauffällig, und viele Betroffene sind sich ihrer gar nicht bewußt. Es bedarf sorgfältig kontrollierter Leistungstests, um sie nachzuweisen.

Die Ursachen der Rot-Grün-Schwäche wurden physiologisch und genetisch weitgehend aufgeklärt. Die Netzhaut des menschlichen Auges enthält drei für das Farbensehen spezialisierte Zelltypen, die sogenannten Zapfen, die sich voneinander darin unterscheiden, daß sie von Licht unterschiedlicher Wellenlängen bevorzugt erregt werden. Diese Eigenschaft beruht auf drei unterschiedlich lichtempfindlichen Proteinmolekülen, deren Baupläne in den dazugehörigen Genen des menschlichen Erbguts niedergelegt sind. Die Gene für das Rot- und das Grün-Pigment haben sich, wie man aus der Reihenfolge ihrer Bausteine ablesen kann, vor weniger als 40 Millionen Jahren durch Verdopplung eines gemeinsamen Vorläufergens auseinanderentwickelt, weswegen sie trotz der unterschiedlichen Lichtempfindlichkeit ihrer Produkte, der Pigmente, noch sehr ähnlich sind und direkt nebeneinander auf dem X-Chromosom liegen. Mit Hilfe der Gentechnik läßt sich nachweisen, daß fast alle Fälle von Rot-Grün-Blindheit auf Umlagerungen im Bereich des Rot- und des Grüngens beruhen, auf Prozessen, die durch die Nähe und Ähnlichkeit der beiden Gene begünstigt werden und dazu führen, daß eines der beiden verlorengeht oder beeinträchtigt wird (Abb. 1).

Ebenso wichtig für die Wahrnehmung von Farben wie die Sehpigmente in den Zapfen der Netzhaut sind die Verknüpfungen der Zapfen untereinander und mit den zuständigen nachgeschalteten Nervenzellen. Diese müssen wiederum mit den richtigen Zellen im nächsten Glied in Verbindung stehen usw. Die Augen brauchen das Gehirn zum Sehen. So betreffen die genetischen Grundlagen der Wahrnehmung auch und sogar in besonderem Maße das Gehirn. Ich habe mit dem Beispiel der Sehpigment-Gene begonnen, weil ihre Funktion in der Wahrnehmung sehr viel genauer untersucht und besser verstanden ist als die irgendeines Gehirngens. Das liegt vor allem daran, daß trotz einer unübersehbaren Fülle von Meßdaten die Rolle des Gehirns in der Wahrnehmung noch weitgehend unklar ist.

Abb. 1: Unsere Farbempfindlichkeit für Rot und Grün hängt von den Auswirkungen zweier Gene ab, die wir hier als Rot-Gen und Grün-Gen bezeichnen wollen und die in den entsprechenden Farben gezeichnet sind. Die Abstandshalter zwischen diesen Genen sind gelb und das umliegende genetische Material ist braun gezeichnet. Personen mit normaler Farbempfindlichkeit (A) können mehrere Grün-Gene haben. Das Rot-Gen liegt nur in einem Exemplar vor. Genanalysen bei dreizehn männlichen Versuchspersonen mit Rot-Grün-Blindheit brachten Umlagerungen im Bereich der Rot-Grün-Gene an den Tag (B–D). Dabei waren einmal die Grün-Gene entweder ganz verschwunden oder nur noch bruchstückhaft vorhanden und mit dem Ende eines Rot-Gens kombiniert (B). Zum anderen zeigte sich das Rot-Gen unvollständig und mit einem Rest des Grün-Gens gekoppelt (C). Und schließlich gab es Fälle, in denen nur noch ein gemischtes Sehpigment-Gen verblieben war, das wie ein Rot-Gen anfängt und wie ein Grün-Gen endet.
(Nach J. Nathans et al. [1986], Science 232, pp 193–210)

A: Die Rot-Grün-Gene von Personen mit normaler Farbempfindlichkeit. Die meisten Menschen haben nur ein Rot-Gen, können aber mehr als eine Kopie des Grün-Gens haben. Hinter jedem Gen folgt ein Abstandsstück (gelb).

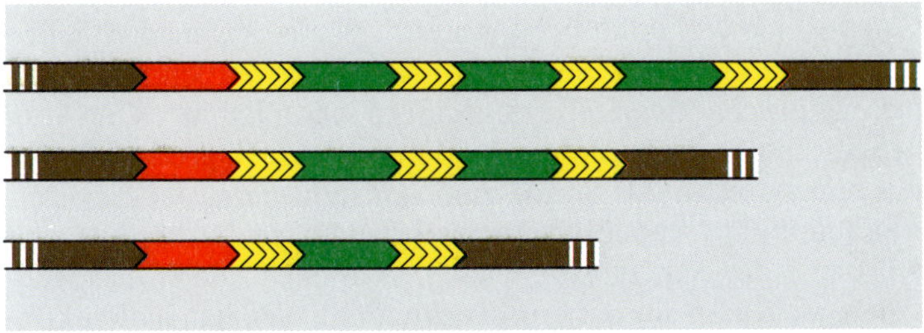

B bis D: Bei 13 männlichen Versuchspersonen mit Rot-Grün-Blindheit fanden sich Umlagerungen im Bereich der Rot-Grün-Gene.

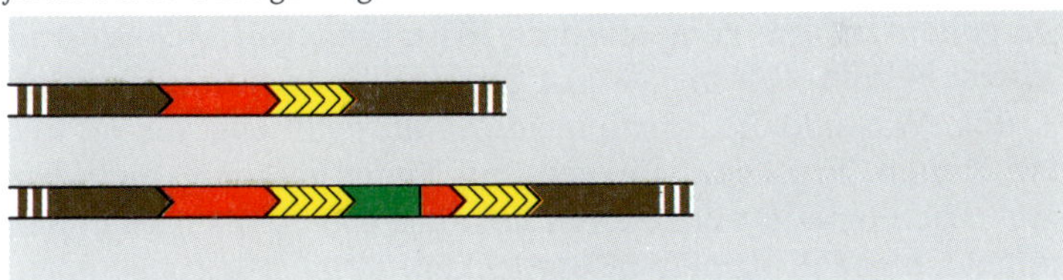

B: Die Grün-Gene sind verlorengegangen. Bei 3 Personen ist der Anfang eines Grün-Gens mit dem Ende eines Rot-Gens kombiniert.

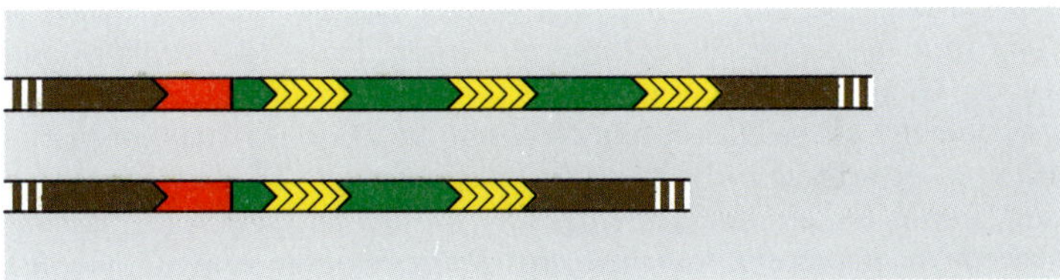

C: Diese Personen haben normale Grün-Gene, aber ihr Rot-Gen ist unvollständig und trägt am Ende einen Teil eines Grün-Gens.

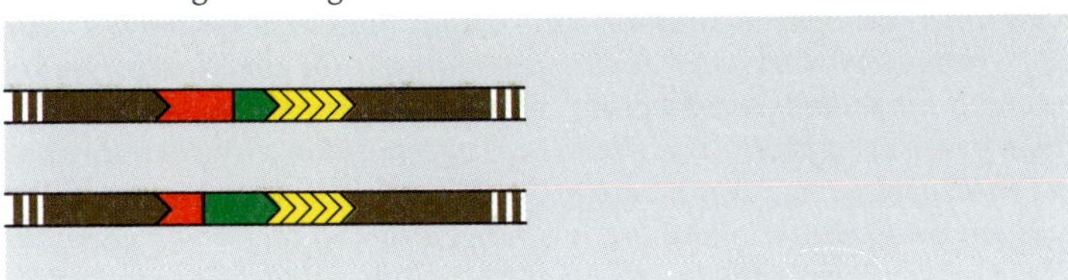

D: In diesen beiden Fällen gibt es nur noch ein Sehpigment-Gen, das am Anfang dem Rot-Gen, am Ende dem Grün-Gen entspricht.

Die Gene sind nicht nur die Baupläne für die Proteine, unter deren Einsatz sich unser Wahrnehmungsapparat gebildet hat, sondern sie sind auch das Band, das uns über eine mehrere Milliarden Jahre lange gemeinsame Geschichte mit allen anderen Organismen verbindet. So konnten z. B. aus dem menschlichen Erbgut die Gene der Sehfarbstoffe isoliert werden, weil man die entsprechenden Gene des Rindes schon kannte. Die Ähnlichkeit in der Reihenfolge der Bausteine ist so groß, daß man das eine Molekül als Sonde zum Aufspüren des anderen verwenden kann (Abb. 2). Selbst bei der Fliege *Drosophila* sind die Gene der Sehfarbstoffe noch so ähnlich denen des Menschen, daß man sie auf entsprechendem Weg hat finden können. Die genetischen Grundlagen der menschlichen Wahrnehmung haben sich also nicht erst mit dem Menschen entwickelt. Sie gehen auf die gemeinsamen Vorfahren von Mensch und Affen, ja zum Teil bis auf die ältesten Formen im Tierreich zurück. Was sind die Prinzipien der Wahrnehmung, die wir mit den Kühen, Fröschen, Fliegen und Tintenfischen gemein haben? Die Genetik mit ihren molekularen Techniken kann uns helfen, solche Prinzipien zu entdecken.

Abb. 2: Die Mittel der Gentechnik erlauben es, gezielt nach Genen in den Erbanlagen eines Organismus zu suchen. In dem dargestellten Fall soll ein Gen aufgespürt werden, das für die Herstellung eines Sehfarbstoffs bei der Fliege Drosophila *zuständig ist. Dazu wird das genetische Material der Fliege isoliert und in Stücke zerlegt (1), die klein genug sind, um in Bakteriophagen eingebaut werden zu können (2), die anschließend auf einem Nähragar mit Bakterienrasen ausgesät werden (3). Das gesuchte Pigment-Gen und der es tragende Phage sind dabei rot gekennzeichnet worden. Als Sonde wird ein bereits bekanntes Gen verwendet, das einem Rind die Information für ein Sehpigment liefert (4). Dieses Genstück wird radioaktiv markiert (5) und durch Erwärmung in Einzelstränge zerlegt (6). Die bislang getrennten Arbeitsgänge fließen nun zusammen. Die Bakteriophagen werden aufgelöst. Ihre dabei in Einzelstränge zerfallenden Gene werden an eine Membran gebunden und mit den markierten Strängen des Rinder-Gens gemischt (7). Dabei bilden sich Doppelstränge zwischen Stücken, die hinreichend ähnlich sind, also auch zwischen den Pigment-Genen aus der Fliege und dem Rind.*

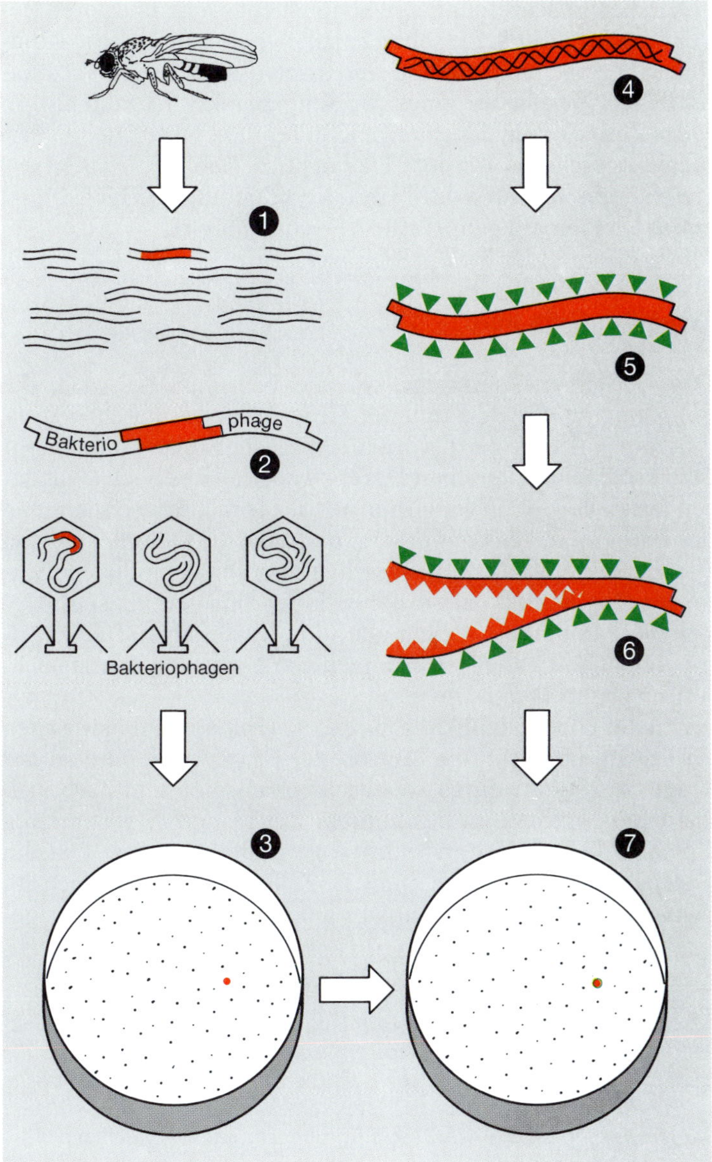
1
Bakterio
phage
2
Bakteriophagen
3
4
5
6
7

Bei der Beschreibung der Sehpigment-Gene und ihrer Bedeutung für das Farbensehen haben wir eine zusätzliche Komplikation unterschlagen. Die drei Zapfensorten in der Netzhaut enthalten jeweils nur eines der Sehpigmente. Es muß also in jeder Zelle gerade das richtige Gen für das entsprechende Pigment angeschaltet werden. Das richtige, denn die Zapfen unterscheiden sich auch durch ihre Verschaltung im Gehirn, und zu jedem Pigment gehört eine Verschaltungsart.

Wenn Rot Grün wäre

Das Gedankenexperiment, wie die Welt aussähe, wenn die Sehpigmente der Rot- und der Grünzapfen vertauscht wären, ist schon oft diskutiert worden. Möglicherweise könnten wir einen solchen genetischen Defekt weder an uns noch an anderen feststellen, denn wir lernen mit der Sprache die Benennung der Farben, und es könnte sein, daß auch die Gefühle, die von Farben ausgelöst werden, ausschließlich von der individuellen, im sozialen Kontakt erworbenen Erfahrung geprägt sind. Gegen diese Annahme spricht allerdings, daß sich in Tierexperimenten angeborene Bewertungen von Farben eindeutig nachweisen lassen.

Mit der Gentechnik kann man dieses Experiment inzwischen im Prinzip durchführen. Auf breiter Front wird heute an der Frage gearbeitet, durch welche Mechanismen und nach welchen Regeln Gene in bestimmten Zellen und in bestimmten Entwicklungsphasen an- oder abgeschaltet werden. Um ein Gen benützen zu können, muß die Zelle zunächst eine buchstabengetreue Kopie des Bauplans anfertigen, nach dem das ge-

Abb. 3: Genen in höheren Organismen sind gewöhnlich mehrere Kontrollabschnitte (blau) vorgeschaltet, die von den passenden Kontrollproteinen besetzt sein müssen, um einem Syntheseprotein die Möglichkeit zu geben, von einer Startstelle (rot) aus die eigentliche genetische Information umzusetzen. Dazu wird die Produktregion kopiert und in ein RNA-Molekül übertragen, das anschließend (vom Biosyntheseapparat der Zelle) in ein Protein umgesetzt wird.

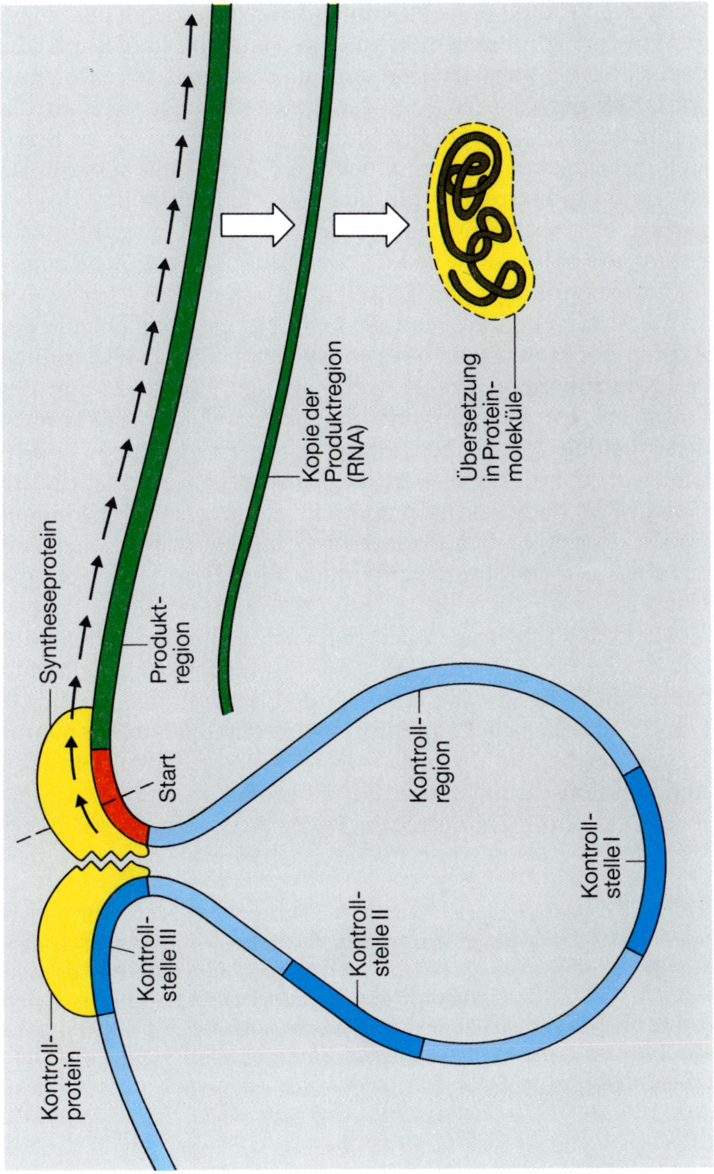
Kontroll-
protein
Syntheseprotein
Kontroll-
stelle III
Start
Produkt-
region
Kontroll-
stelle II
Kontroll-
region
Kontroll-
stelle I
Kopie der
Produktregion
(RNA)
Übersetzung
in Protein-
moleküle

wünschte Produkt dann zusammengesetzt werden kann. Diese Kopie wird von einer molekularen Maschine hergestellt, die dazu von einer Startstelle aus am Gen entlanggleitet. Stromaufwärts, auf der anderen Seite der Startstelle, liegt die Kontrollregion des Gens, die auf Signale der Zelle wartet, um die Startstelle freizugeben oder zu blockieren. Jedes Gen besteht also aus einer Produktregion, die die Eigenschaften des Proteins bestimmt, das nach dem Gen gebaut wird, und einer Kontrollregion, die dafür sorgt, daß das Gen zeit- und ortsgemäß eingesetzt wird (Abb. 3).

Wie schon erwähnt, sind die Gene für die Sehpigmente der Zapfen isoliert worden. Man würde nun für unser Experiment die Kontrollregion des Rotgens mit der Produktregion des Grüngens kombinieren und umgekehrt. Dann müßte man diese beiden künstlichen Gene in das Erbgut eines frühen Embryos einpflanzen, der die entsprechenden natürlichen Gene nicht hätte. So könnten Menschen gezüchtet werden, für die Rot eigentlich Grün und Grün Rot wäre. Allerdings sträuben sich dem Leser hoffentlich bei diesem Gedanken die Haare.

Aber das Farbensehen läßt sich auch an Insekten studieren, und bei der Fliege *Drosophila* sind entsprechende Experimente bereits im Gang. Es gibt heute schon Fliegenstämme, die, aufgrund gentechnischer Eingriffe, in bestimmten Sehzellen ihrer Augen das falsche Pigment tragen (Abb. 4). Diese Sehzellen sind funktionstüchtig und im Gehirn offenbar normal, d. h. entsprechend ihrem natürlichen Pigment verschaltet. Die ge-

Abb. 4: Ein gentechnischer Eingriff bei Drosophila *beginnt mit der Extraktion des anvisierten Gens, das in Bakterien vermehrt und danach modifiziert wird. Daneben wird – zum Beispiel mit Hilfe von Röntgenstrahlen – nach einer Mutante gesucht, in der das interessierende Gen defekt ist. Dieser sogenannten Null-Mutante wird nun die modifizierte Variante des Gens eingebaut. Diese Transformation gelingt mit Hilfe eines ringförmigen DNA-Stückchens, das den Genetikern als P-Element vertraut ist. Das manipulierte Gen wird in den P-Ring eingebaut, der wiederum in die Zellen von* Drosophila *geschleust wird. Nun kann die Wirkung des veränderten Gens getestet werden.*

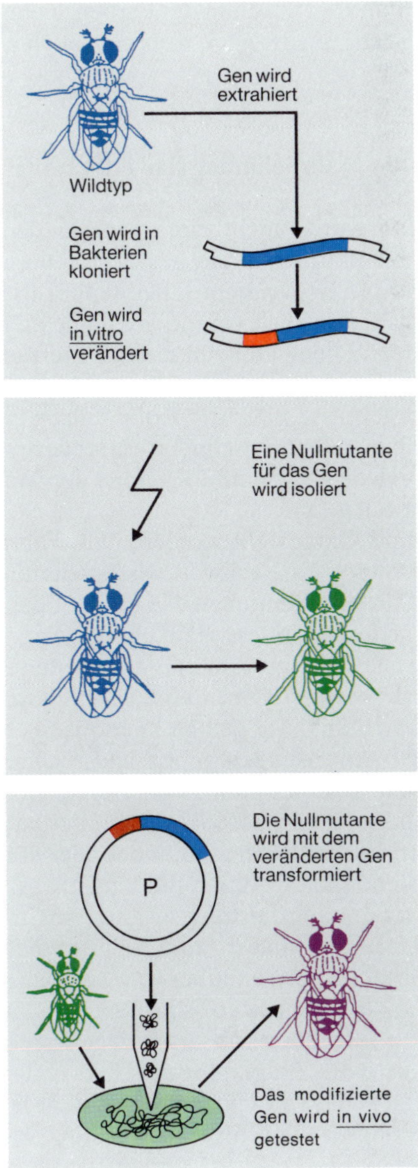
Gen wird extrahiert
Wildtyp
Gen wird in Bakterien kloniert
Gen wird in vitro verändert
Eine Nullmutante für das Gen wird isoliert
Die Nullmutante wird mit dem veränderten Gen transformiert
P
Das modifizierte Gen wird in vivo getestet

eigneten Stämme zum Studium des Farbensehens müssen noch gezüchtet werden, das ist aber wohl nur noch eine Frage der Zeit.

Universalien der Wahrnehmung sind erforschbar

Mit *Drosophila* wurde nicht einfach unter den ungezählten Tierarten eine willkürlich herausgegriffen. Diese Fliege eignet sich besonders für Experimente, bei denen, wie im eben beschriebenen Fall, künstlich veränderte Gene im lebenden Tier getestet werden sollen. Obwohl diese Untersuchungstechnik erst in der Entwicklungsphase ist, liegen schon jetzt bei *Drosophila* mehr Ergebnisse über die Rolle einzelner Gene in der Wahrnehmung vor als bei irgendeinem anderen Organismus. Wir wenden uns deswegen im folgenden den Wahrnehmungsleistungen der Fliege zu.

Zunächst muß klargestellt werden, daß Wahrnehmung erst durch einen objektiven Nachweis wissenschaftlich zugänglich wird. Das gilt für den Menschen wie für die Fliege. Beim Messen unseres Farbsehvermögens läßt uns der Augenarzt die Helligkeit und das Mischungsverhältnis einer roten und einer grünen Lichtquelle so einstellen, daß das Mischlicht im Farbton möglichst genau dem einer gelben Lichtquelle entspricht. Der Arzt kann uns Anweisungen geben und rechnet mit unserer Bereitschaft zur Kooperation. Bei Tieren ist das sehr viel schwieriger und setzt voraus, daß man für das betreffende Versuchstier einen Verhaltensprozeß findet oder eine Verhaltenssituation herstellen kann, durch die man etwas über eine bestimmte Wahrnehmungsleistung erfährt. Nicht zuletzt, weil *Drosophila* seit Beginn dieses Jahrhunderts eines der beliebtesten Studienobjekte der Genetiker war, hat man sich auch bald intensiv für ihr Verhalten interessiert.

Wie läßt sich feststellen, ob eine Fliege Farben unterscheiden kann? Auf diese Frage gibt es keine einfache Antwort. Sperrt man eine Schar von Fliegen in eine dunkle Kammer und zeigt ihnen irgendwo ein schwaches Licht, so laufen sie dorthin. Wie Fidelios Florestan im Kerker winkt auch ihnen die

Freiheit, wo ein Licht erscheint. Der Verhaltensbiologe macht sich diesen Zusammenhang zunutze, um z. B. durch Variation der Lichtstärke und Wellenlänge zu messen, wie empfindlich die Fliegen für die verschiedenen Wellenlängen sind (Abb. 5). Ähnlich wie der Mensch zeigen sie die größte Empfindlichkeit bei Grün, jedoch sind Fliegen im Gegensatz zu uns im Ultraviolett-(UV-)Bereich fast ebenso empfindlich wie für Grün, während sie dagegen auf Rot gar nicht reagieren. Das den Fliegen sichtbare Licht scheint gegenüber dem Licht, das wir sehen, zu kürzeren Wellenlängen verschoben. Allerdings ist diese Behauptung voreilig, wenn sie sich nur auf diese eine Verhaltensmessung stützt. Eigentlich können wir nur sagen, die Fliegen zeigen uns in diesem Versuch diese Empfindlichkeit. In einer anderen Situation könnten sie vielleicht doch rotempfindlich sein.

Daß Fliegen Licht nach der Wellenlänge unterscheiden können, ist mit dem oben beschriebenen Versuch noch keineswegs nachgewiesen. Der zeigt nur, daß sie für die verschiedenen Wellenlängen empfindlich sind, wie ja auch ein Farbenblinder für alle Wellenlängen des sichtbaren Lichts empfindlich ist, die für ihn nur alle gleich aussehen. Aber ein Phänomen, das auf Wellenlängen-Unterscheidung hindeutet, tritt auf, wenn man den Versuch bei höherer Lichtintensität wiederholt. In diesem Fall ist nämlich nur das relativ kurzwellige UV-Licht weiterhin attraktiv, während das längerwellige Gelb gemieden wird. Eine UV-reiche Lichtquelle in der Natur ist vor allem das Tageslicht, während ein helles gelbes Licht eine Flamme sein könnte. *Drosophila* ist also in der Lage, kurz- und langwelliges Licht zu unterscheiden, und wie beim Menschen, der auch bei schwachem Licht farbenblind ist, kann die Fliege die Wellenlängen erst bei höherer Lichtintensität auseinanderhalten.

Man könnte sich darauf einigen, jede Unterscheidung von Licht nach den Wellenlängen »Farbensehen« zu nennen. Andererseits kennt man viele Eigenschaften des menschlichen Farbensehens sehr genau und könnte deswegen ebensogut strengere Kriterien festlegen, die erfüllt sein müßten, bis man sagen dürfte: »Dieses Tier kann Farben sehen.« So sehen wir z. B. ein Kontinuum von Farben im gesamten Wellenlängenbereich unseres sichtbaren Lichts und nicht nur einige wenige unterschiedliche Bereiche.

Ob der Sehbereich der Fliege von einer kontinuierlichen Farbskala ausgefüllt ist, läßt sich prüfen, seit man weiß, daß Fliegen lernen können. Wenn man Fliegen bei einer Spektralfarbe intensiv stört und bei einer anderen in Ruhe läßt und anschließend im Test beide Farben gleichzeitig anbietet, halten sie sich lieber im Bereich der Farbe auf, bei der sie vorher nicht gestört wurden. Sie haben eine Farbe mit der Störung assoziiert und versuchen, einer erneuten Störung zu entgehen. Um zu beweisen, daß die Fliegen die beiden Lichter wirklich aufgrund ihrer Wellenlänge unterscheiden und sich nicht z. B. nach ihrer unterschiedlich empfundenen Helligkeit richten, muß man viele solcher Versuche durchführen, in denen man im Test die Helligkeit der beiden Lichtquellen systematisch variiert. Erst wenn sich zeigt, daß die Fliegen die Farbe, bei der sie gestört wurden, unabhängig von der Helligkeit meiden, kann man sicher sein, daß man hier wirklich Farbunterscheidung beobachtet. Lange Versuchsserien dieser Art lassen sich schließlich in einem einzigen Diagramm darstellen, der Wellenlängenunterscheidungsfunktion (Abb. 5). Diese gibt an, wie eng zwei Spektralfarben beieinander liegen dürfen, so daß die Fliegen sie gerade noch unterscheiden können. Diese Messungen zeigen, daß es auch für *Drosophila* ein Kontinuum von Farben gibt und nicht nur zwei Farbbereiche, wie der vorhergehende Versuch hätte annehmen lassen (Abb. 5).

Unter den Insekten ist das Farbsehsystem am gründlichsten an der Biene untersucht worden. Dabei haben sich so verblüffende Ähnlichkeiten zum Farbensehen des Menschen ergeben,

Abb. 5: Die Fliege Drosophila *ist unterschiedlich empfindlich für bestimmte Wellenlängen, wie in den Kurven für die optomotorische Reaktion (oben) und den Lerntest (Mitte) gezeigt wird, bei denen die relative Intensität der Schwellenreaktion gegen die Wellenlänge aufgetragen worden ist. Auch ihre Fähigkeit, Licht von verschiedenen Wellenlängen zu unterscheiden, ändert sich mit der Wellenlänge (unten). Wie diese Kurve gewonnen wird, erläutert der Text. (Nach de Salomon und Spatz [1983], J. comp. Physiol.* 150, *31)*

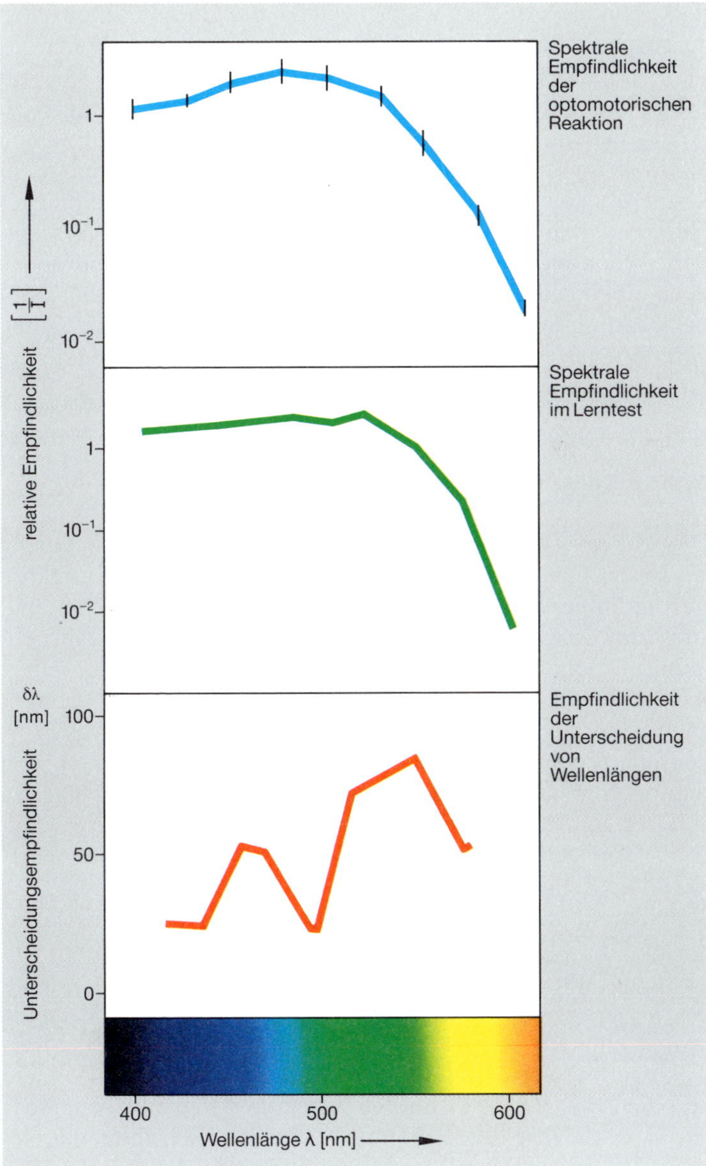
Spektrale Empfindlichkeit der optomotorischen Reaktion
Spektrale Empfindlichkeit im Lerntest
Empfindlichkeit der Unterscheidung von Wellenlängen
relative Empfindlichkeit [1/I]
Unterscheidungsempfindlichkeit δλ [nm]
1
10⁻¹
10⁻²
100
50
0
400
500
600
Wellenlänge λ [nm]

daß niemand ernstlich zögern würde, der Biene Farbensehen zu bescheinigen. Die Ähnlichkeit ist um so erstaunlicher, als man annehmen muß, daß die beiden Farbsehsysteme sich nur durch die Übereinstimmung in den Lebensbedingungen zu einer solchen Ähnlichkeit entwickelt haben. Die gemeinsamen Vorfahren von Wirbeltieren und Insekten sind zwar nicht bekannt, aber sie hatten, so wird vermutet, nur ein sehr einfaches Nervensystem ohne jegliche Fähigkeit, Farben zu unterscheiden. Wie ähnlich diese Systeme nun wirklich sind und ob sie doch einen gemeinsamen Ursprung haben, läßt sich aber wohl nur dadurch feststellen, daß man die an der Farbwahrnehmung beteiligten Netzwerke in den Gehirnen und ihre genetische Grundlage untersucht und vergleicht.

Gene für das Nervennetz der Farbwahrnehmung

Obwohl der *Drosophila*-Kopf kleiner als der einer Stecknadel ist, lassen sich im Gehirn der Fliege die Nervenzellen und ihre Verbindungen mit geeigneten Methoden sichtbar machen und auch funktionell untersuchen. Das Netzwerk der Farbwahrnehmung im Gehirn ist noch weitgehend unbekannt, aber für seinen Aufbau bietet schon das Auge erste Anhaltspunkte. Facettenaugen sind, wie auf ihrer Oberfläche, so auch im Innern außerordentlich regelmäßig gestaltet, und diese Regelmäßigkeit setzt sich noch im Gehirn hinter dem Auge fort. Zu jeder Facette gehören acht Sehzellen, unter denen sich drei Typen unterscheiden lassen (Abb. 6). Um sie zu bezeichnen, hat man sie numeriert. Die Zellen R1–6 sind eine Sorte. Sie enthalten das gleiche Sehpigment und senden ihre Fasern in die erste Gehirnschicht. Sie sind darauf spezialisiert, möglichst viele Lichtquanten einzufangen, um dem Tier auch noch in der Dämmerung Seheindrücke zu verschaffen. Die Zellen R7 und R8 bilden dagegen jeweils eine Klasse für sich. Sie sind in unterschiedlichen Wellenlängenbereichen empfindlich, die Zelle R7 für UV-Licht und die Zelle R8 für Grün. Sie liegen im Auge hintereinander und schicken ihre Fasern in unterschiedliche Schichten des Gehirns. Wir wissen durch genetische Eingriffe, daß diese beiden

Zelltypen wie die Zapfen der menschlichen Retina die Eingangskanäle zum Farbsehsystem bilden. Durch den Vergleich ihrer Erregungen kann das Gehirn Lichtquellen nach ihren Wellenlängen unterscheiden. In welcher Weise die Zellen R1–6 am Farbensehen beteiligt sind, ist noch unklar. Aber eines wird

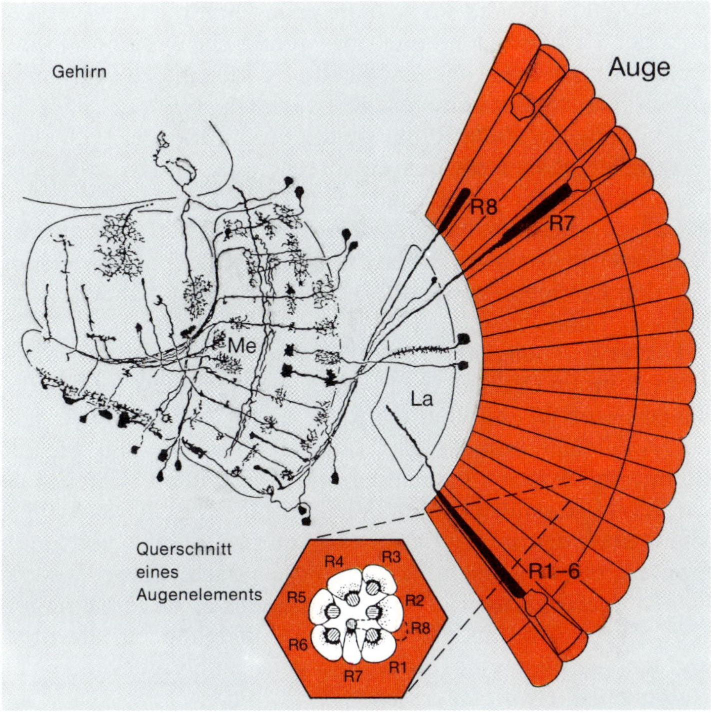

Abb. 6: Ein Fliegenauge im Längsschnitt mit einigen der zugehörigen Neuronen im optischen Lobus hinter dem Auge. Aus der Retina ziehen die Zellen entweder in die als Lamina (La) oder als Medulla (Me) bezeichnete Schicht. In der Lamina finden sich acht Neuronen, die zusammen einen Sehkanal bilden. Die Zellen R1–6 des Auges besitzen das gleiche Sehpigment, und die Zellen R7 und R8 sind bei unterschiedlichen Wellenlängen empfindlich. Aus der Medulla ziehen Nervenzellen in andere Teile des optischen Lobus oder direkt in das Zentralhirn.

aus dieser kurzen Betrachtung des Fliegenauges sofort verständlich. Wir hatten weiter oben festgestellt, daß die Farbunterscheidung erst bei höherer Lichtstärke einsetzt. Das System der Zellen R1–6 ist um ein Vielfaches lichtempfindlicher als die Typen R7 und R8. Die Gliederung in ein farbenblindes Dämmerungssehen und eine weniger lichtempfindliche Farbwahrnehmung hat sich offenbar weithin bewährt.

Die Zellen R7 und R8 sind die ersten Stationen im Nervennetz der Farbwahrnehmung. Das genetische Programm ihrer Entstehung in der Augenentwicklung wird zur Zeit sehr intensiv untersucht. Wir kennen z. B. zwei Gene, die speziell für die Ausbildung der Zelle R7 notwendig sind. Mit ihrer Hilfe wird es möglich sein, nach den entsprechenden Genen in Bienen und Schmetterlingen, Fischen und Vögeln zu suchen und so erste Informationen darüber zu erhalten, wie groß die Gemeinsamkeiten in den genetischen Programmen für die Entwicklung und den Betrieb der Farbwahrnehmung bei verschiedenen Organismen sind.

Hinter den Sehzellen verliert sich das Nervennetz des Farbsehsystems im Dickicht des Fliegengehirns. Ebenso unvollständig ist unser Wissen über die Rolle dieses Systems im Verhalten. Vielleicht braucht die Fliege das Farbensehen wie die Biene, um Blüten voneinander und vom grünen Hintergrund der Wiese zu unterscheiden. Vielleicht dient es ihr auch allgemein zur eindeutigeren Bewertung von Lichtquellen und Landmarken, oder vielleicht versetzen die verschiedenen Wellenlängenbereiche das Tier in unterschiedliche Grundstimmungen, wie auch in uns das Gelb eines aufziehenden Gewitters und das Hellblau eines Wintermorgens ganz unterschiedliche Gedanken aufkommen lassen.

Hier sei aber noch einmal daran erinnert, daß bei dem Unternehmen, die Universalien der Wahrnehmung zu verstehen, die genannten Gegenstände der Wahrnehmung, wie Flamme, Himmel oder Blüte, und auch noch »Farbe« anthropomorphe Begriffe sind – Begriffe allein der menschlichen Wahrnehmung und eben keine Universalien. Dem trägt der Wissenschaftler Rechnung, wenn er statt »Farbensehen« »Wellenlängenunterscheidung« sagt. Damit wird das Sehen von Farben zu einer Leistung: Leistungen sind meßbar, formalisierbar und vergleichbar. Ob und in welchem Sinn Biene und Mensch in der Wellenlängenunterscheidung Gleiches leisten, läßt sich verbindlich angeben. Nur für Leistungen können wir im Gehirn die Netzwerke aufspüren, die sie erbringen. Die Grenze der Gehirnforschung liegt, soweit man heute sehen kann, nicht in der außerordentlichen Komplexität von Nervensystemen, sondern in der beschränkten Möglichkeit, seelische Vorgänge als Leistungen zu formulieren.

Der Geruchssinn der Insekten

Wie eingangs erwähnt, sind die Prozesse, die zur Vorstellung einer von der Wahrnehmung getrennten Welt führen, auch heute noch im Gang. Die Verdinglichung der Wirklichkeit geht fast spielerisch voran. Schon die Farben können wir als Ausdruck der unerschöpflichen Lust des Menschen deuten, neue Gegenstände zu erfinden: Aus der gelben Zitrone wird fast unbemerkt das Gelb der Zitrone, und so ist es auch mit den Gerüchen. Diese sind heute nicht nur differenzierte Riechtätigkeit und auch nicht nur Eigenschaften von Dingen und Lebewesen – sie könnten ja auch, »naturidentisch«, von der chemischen Industrie stammen –, sondern luftige Wolken von Molekülen, die unsere Nasenschleimhäute treffen, wenn wir einatmend die Außenluft über sie hingleiten lassen. Aber sobald wir Gerüche beschreiben sollen, verfallen wir wie zu Beginn dieses Aufsatzes notgedrungen auf eine Darstellung der Welt. Gerüche haben kein vom jeweiligen Eigner gelöstes Vokabular. Noch nicht, aber wenn es eines Tages keinen Lavendel, Salbei oder Thymian mehr geben wird und wir ihren Duft nur noch in Fläschchen kaufen können, hergestellt nach den Rezeptbüchern der Naturstoffchemiker, dann werden Gerüche Namen haben. Wer weiß denn heute noch, was Moschus ist. (Und wird der Kommerz dann auch in diesem Sektor bis in unser Privatleben vordringen? Wird man den Geruch des elterlichen Wohnhauses, zu Zeiten als Rezept festgehalten, sozusagen posthum als Essenz erwerben können?)

Ein Geruch, der das Elternhaus und damit manchmal einen ganzen Lebensabschnitt in Erinnerung ruft, hat durch die Umstände seines Vorkommens eine einzigartige Qualität erworben. Von dieser für jeden Menschen verschiedenen und jeweils einmaligen Bedeutung von Gerüchen handelt die Wahrnehmungsforschung erst ganz zum Schluß. Es gelingt bisher noch nicht, die Fülle der durch den Duft erweckten Erinnerungen und damit verbundenen starken Gefühle als Verhaltensleistungen zu formulieren und so zu »verwissenschaftlichen«. Wir müssen uns zunächst auf einfachere Zusammenhänge bei der Geruchswahrnehmung beschränken, so einfache, daß sie bei Mensch und Tieren zu beobachten sind. Da wir uns besonders für die genetischen Grundlagen dieser Zusammenhänge interessieren, wenden wir uns gleich wieder der Fliege *Drosophila* zu.

Selbst der Wissenschaftler kann sich überzeugen: Fliegen können riechen. Eine gespülte und eine frisch geleerte Bierflasche stehen auf dem Tisch – die Fliegen umkreisen interessiert nur die letztere. Durch genauere Tests zeigt sich bald, daß die Geruchswelt für die Fliege wie für uns in attraktive und abstoßende Düfte eingeteilt ist. Die »Bewertungen« stimmen überraschend oft mit den unseren überein. Mit einigem Aufwand läßt sich ein Experiment entwerfen, in dem man die Attraktivität quantitativ messen kann. Hierfür nützen wir eine wichtige Überlebensstrategie der Fliege aus, die sie in unübersichtlichen

Abb. 7: Der Nachweis, daß Fliegen Duftqualitäten unterscheiden können, erfolgt in dem gezeigten Lerntest. Hungrige Fliegen sind in einem System von Plastikrohren eingeschlossen. Zur Konditionierung erhalten sie Zuckerwasser, und gleichzeitig wird ihnen ein Duft vorgesetzt, der aus zwei Komponenten gleicher Konzentration (M, O) besteht. Im Versuch können sich die Fliegen dann zwischen zwei verschiedenen Duftnoten entscheiden. In einem Fall haben die beiden Komponenten das gleiche Mischungsverhältnis (bei anderer Konzentration) wie bei der Konditionierung, im alternativen Fall weicht die Konzentration einer der beiden Duftkomponenten ab. Die Fliegen bevorzugen das Mischungsverhältnis, das ihnen während der Konditionierung geboten wurde.
(Nach A. Borst [1981], J. Comp. Physiol. 152, *pp 373–383)*

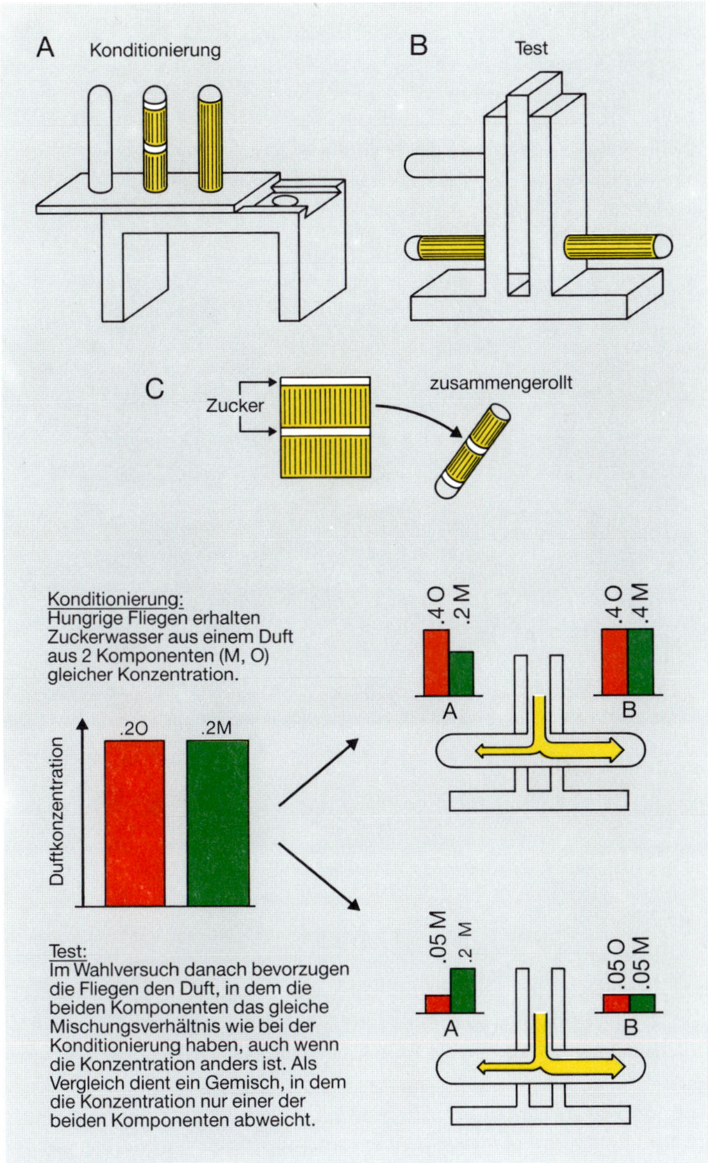
A
Konditionierung
B
Test
C
Zucker
zusammengerollt
Konditionierung:
Hungrige Fliegen erhalten Zuckerwasser aus einem Duft aus 2 Komponenten (M, O) gleicher Konzentration.
Duftkonzentration
.2O
.2M
.4O
.2M
A
.4O
.4M
B
.05M
.2 M
A
.05O
.05M
B
Test:
Im Wahlversuch danach bevorzugen die Fliegen den Duft, in dem die beiden Komponenten das gleiche Mischungsverhältnis wie bei der Konditionierung haben, auch wenn die Konzentration anders ist. Als Vergleich dient ein Gemisch, in dem die Konzentration nur einer der beiden Komponenten abweicht.

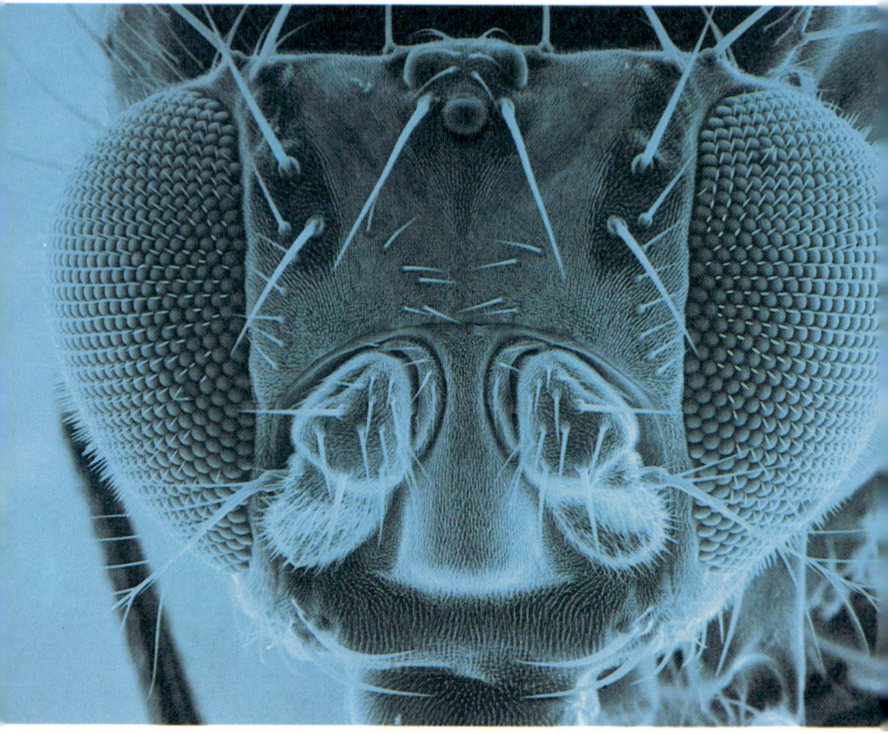

Abb. 8: Die Antennen der Fliegen, bei denen deutlich die Riechhaare auszumachen sind. Eine elektronenmikroskopische Aufnahme, auf der auch die Augen zu erkennen sind. (Photo M. Kage)

Lagen fast immer einsetzt: Sie versucht, so weit wie möglich »nach oben« zu kommen. Schüttelt man sie also in einer Glasröhre nach unten, tut sie nichts eiliger, als an der Wand wieder hochzulaufen. Dabei kann man ihr nun die Wahl zwischen zwei Röhren bieten, aus denen ihr unterschiedlich geschwängerte Luft entgegenströmt. So kann man die Wirkungen verschiedener Düfte auf Drosophila vergleichen oder auch ihre jeweilige Attraktivität bei verschiedenen Konzentrationen messen. Dabei treffen wir gleich auf eine uns introspektiv wohlbekannte duftpsychologische Grundtatsache: Attraktive Gerüche werden bei hoher Konzentration abstoßend, aber umgekehrt werden nicht alle abstoßenden Gerüche bei hinreichend niedriger Konzentration anziehend.

Gibt es in der Welt der Gerüche für die Fliege nichts weiter als gut und schlecht? Wir finden uns in der gleichen Lage wie bei der Untersuchung des Farbensehens: Das Spontanverhalten der Tiere verrät uns nicht sehr viel über ihr Innenleben. Ob sie innerhalb der guten und schlechten Gerüche verschiedene Qualitäten unterscheiden können, ist an ihrem Spontanverhalten nicht abzulesen. Aber ebenso wie beim Farbensehen kann man etwas mehr über das Innenleben der Fliegen durch Lernversuche erfahren. Die Abb. 7 zeigt ein Lernexperiment, welches demonstriert, daß *Drosophila* weit über die Qualitäten »gut« und »schlecht« hinaus Gerüche aufgrund ihrer chemischen Zusammensetzung unterscheiden kann. Wie sie das macht, werden wir im nächsten Abschnitt besprechen.

Insekten riechen mit ihren Antennen (Abb. 8). Was bei hinreichender Vergrößerung wie ein Pelz auf der Oberfläche der Antenne aussieht, sind die dicht gedrängten Sinneshaare, die die Geruchsrezeptoren enthalten. Die verschiedenen Rezeptorzelltypen sind jeweils für eine Gruppe aus der Fülle der flüchtigen Substanzen empfindlich, gerade so, wie die drei Sehpigmente der Farbrezeptorzellen sich das Spektrum des sichtbaren Lichts aufteilen. Die Ähnlichkeit der beiden Wahrnehmungsleistungen, der Unterscheidung von Farb- und Duftqualitäten, geht aber noch weiter. In beiden Fällen muß das Gehirn die Erregungen in den verschiedenen Rezeptorzelltypen miteinander vergleichen, um daraus die jeweilige Qualität zu errechnen.

Erst der Vergleich der Erregungen signalisiert die spezielle Mischung der Wellenlängen oder die chemische Beschaffenheit.

Das Nervennetz des Geruchssinnes kann etwas weiter in das Gehirn hinein verfolgt werden als das des Farbensehens. Die erste Station ist das Antennenganglion. Hier werden die Fasern der Riechzellen nach ihrer chemischen Empfindlichkeit in Klassen eingeteilt. Man erkennt 22 dicht gepackte kleine Nervenzentren, in denen die Riechzellen jeweils gleicher chemischer Empfindlichkeit mit nachgeschalteten Nervenzellen verbunden sind (Abb. 9). Die Fliege unterhält also ein kleines Labor, in dem blitzschnell und ohne Unterbrechung die aktuelle chemische Zusammensetzung der anströmenden Luft durch 22 Tests bestimmt wird. Die Zuordnung zwischen der chemischen Empfindlichkeit der Riechzellen und dem jeweils dazugehörigen Nervenzentrum im Antennenganglion muß sehr zuverlässig sein. Falsche Zuordnungen könnten zu dramatischen »Sinnestäuschungen« führen. Tiere, die sich von giftigen Stoffen anlocken lassen, wichtige Nahrungsquellen übersehen oder ihre Artgenossen vermeiden würden, hätten einen geringen Überlebens- und Reproduktionserfolg. Die richtigen Verbindungen werden wie im Fall der Sehzellen vermutlich durch das genetische Entwicklungsprogramm gewährleistet, das aber im einzelnen noch wenig bekannt ist.

Natürlichen Geruchsquellen entströmt meist eine Fülle verschiedener Substanzen in unterschiedlichen Konzentrationen. Die Meßstationen im Antennenganglion werden von diesen Substanzen verschieden stark erregt. Man kann zeigen, daß jedem Geruch ein bestimmtes Erregungsmuster im Antennen-

Abb. 9: Die Riechbahn der Fliege, der Weg des Geruchsinns ins Gehirn, beginnt mit dem sogenannten Antennenganglion, in dem kleine Nervenzentren zu erkennen sind (blau), von denen Zellen aufsteigen, die als Relaisneuronen durch die Spitze des Pilzkörpers laufen, sich dort verschalten und verzweigen (blau) und weiterziehen. Sie treffen im Pilzkörper auch auf die sogenannten Verhältniszellen (rot), von denen bekannt ist, daß die Zahl ihrer Fasern mit der geruchlichen Erfahrung anwächst (siehe Text). – Über der Zeichnung befindet sich eine mikroskopische Aufnahme des Nervengewebes.

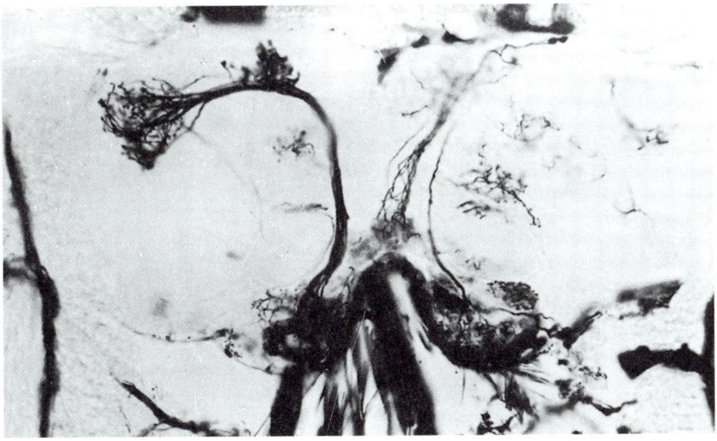

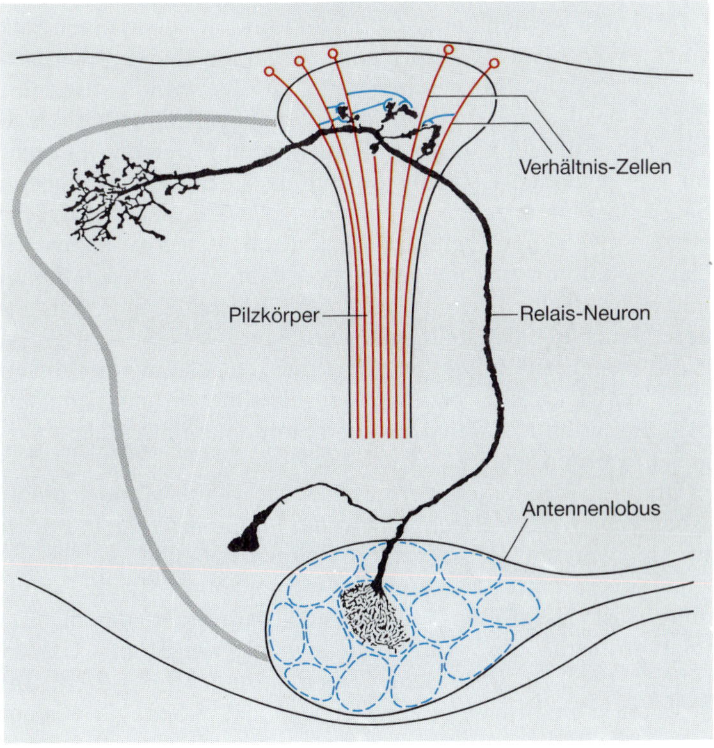
Verhältnis-Zellen
Pilzkörper
Relais-Neuron
Antennenlobus

ganglion entspricht. Könnte man das Erregungsniveau jeder Meßstation kontinuierlich aufzeichnen, so erhielte man die Partitur einer das ganze Fliegenleben lang fortdauernden vielstimmigen Duftsymphonie. Gespielt wird dies Stück für das *Drosophila*-Gehirn, das versucht, darin bestimmte Harmonien, Motive oder Themen zu erkennen, um, wenn nötig, in sinnvoller Weise auf ihre Ursachen, die Gerüche und Geruchsquellen, eingehen zu können.

Wir wissen noch nicht, was sich hinter dem Wort »erkennen« verbirgt. Hier geht es zunächst nur darum, wie ein Detektor im Gehirn gebaut sein könnte, der unter Tausenden verschiedener Erregungsmuster im Antennenganglion nur auf ein ganz bestimmtes anspricht. Wenn man einmal annimmt, daß im Gehirn einer mediterranen *Drosophila*-Art z. B. Lavendelduft von praktisch allen anderen natürlich auftretenden Düften unterschieden werden kann, muß man fordern, daß es einen Satz von Nervenzellen im Gehirn gibt, der gerade auf jenes Verhältnis der Erregungen zwischen den 22 Meßstationen anspricht, das für das Lavendelmuster im Antennenganglion charakteristisch ist. Für jeden weiteren Duft würden wir einen weiteren, für das jeweilige Erregungsverhältnis speziell empfindlichen Satz von Nervenzellen benötigen. Es wäre sicher nützlich, einen universellen Detektor für Duftqualitäten zu haben. In diesem müßten für alle möglichen Paare von Meßstationen mehrere verschiedene Erregungsverhältnisse durch jeweils andere Neurone dargestellt sein. Das gäbe zwar eine sehr große Zahl von Verhältniszellen, aber der entscheidende Vorteil wäre, daß dann jeder beliebige Einzelduftdetektor äußerst einfach durch die Kombination bestimmter Verhältniszellen aufgebaut werden könnte.

Ob diese Vorstellung verwirklicht ist, wissen wir noch nicht. Aber wenn wir der Riechbahn weiter ins Gehirn folgen, finden wir vielleicht eine Region, deren Bauplan nahelegt, daß sie sich zum Aufspüren von Duftmustern eignen könnte. In der Abbildung 9 ist das größte Nervenbündel dargestellt, das die Erregungsmuster des Antennenganglions weiter ins Gehirn transportiert. Bevor es sich in einem uns noch weitgehend unbekannten Gehirngebiet verzweigt, sendet es Seitenäste in ein

Gebilde, das aus einer großen Zahl äußerst dünner, paralleler Nervenfasern besteht. Die Anatomen haben diese Regionen, wegen ihrer entfernten Ähnlichkeit mit einem Pilz, als »Pilzkörper« bezeichnet. Könnten im »Pilzkörper« die Verrechnungsschritte ablaufen, mit denen das Fliegengehirn aus den Meßwerten des Antennenganglions Gerüche identifiziert? Könnten die Pilzkörperneuronen die Verhältniszellen sein? Noch kann diese Frage nicht mit Sicherheit beantwortet werden. Aber wir wissen, daß die Pilzkörper an der Geruchswahrnehmung entscheidenden Anteil haben.

Diese Erkenntnis geht auf Experimente an der Honigbiene zurück, in denen es gelang, Teile der Pilzkörper mit winzigen Kühlsonden vorübergehend auszuschalten oder mit elektrischen Impulsen zu stören. In genau kontrollierten Verhaltensversuchen ließ sich nachweisen, daß durch diese vergleichsweise milden Eingriffe das Gedächtnis der Bienen für Gerüche gestört wurde. Wenn man einer unbehandelten Biene einen Geruch gemeinsam mit Zuckerwasser anbietet, so wird das Tier noch Stunden danach bei bloßer Wahrnehmung des Geruchs allein seinen Rüssel herausstrecken und damit dem Beobachter zeigen, daß es nun auch Zuckerwasser erwartet. Es hat gelernt, den Geruch mit Nahrung in Verbindung zu bringen. Kühlung oder elektrische Reizung im Pilzkörper stören diesen Lernvorgang. Die Biene ist für diese Störung aber nur für eine kurze Zeit empfindlich – hat sich der Geruch erst einmal als Signal für Futter fest etabliert, was etwa 15 Minuten dauert, kann auch die Störung in den Pilzkörpern daran nichts mehr ändern.

Das Gedächtnis spielt bei den meisten Wahrnehmungsvorgängen eine wichtige Rolle, aber vermutlich ist es für das Riechen von ganz besonderer Bedeutung. In Verhaltensversuchen lassen sich Gedächtnisleistungen mit Gerüchen als Reiz oft am leichtesten nachweisen. Es gehört zum wichtigsten im Leben einer Biene oder Fliege, Gerüche kennenzulernen und später wiederzuerkennen; nur das ermöglicht ihnen z. B., effizient auch neue Nahrungsquellen zu erschließen.

Wir sind zunächst aufgrund allgemeiner Betrachtungen über die Erregungsmuster im Antennenganglion zu der Vermutung gelangt, daß die Pilzkörper an der Erkennung von Gerüchen beteiligt sein könnten. Die Bienenversuche zeigen nun, daß die Pilzkörper zumindest für das dauerhafte Kennenlernen von Gerüchen wichtig sind. Im nächsten Abschnitt werden wir zum Schluß noch einmal auf die Pilzkörper zurückkommen.

Genetische Grundlagen des Riechens

Angeborene Unempfindlichkeiten für bestimmte Gerüche sind beim Menschen selten. Bei Fliegen lassen sie sich aber verhältnismäßig leicht finden und weiterzüchten. So gibt es Fliegenstämme, die bei normaler Empfindlichkeit für die meisten Geruchsstoffe für eine bestimmte Chemikalie weit weniger empfindlich sind als der Wildstamm. Es zeigt sich in der Regel, daß solche selektiven Geruchsblindheiten auf Veränderungen in jeweils einem einzigen Gen beruhen. Mehrere Laboratorien arbeiten an der molekularen Analyse solcher Gene. Da die Wirkungsweise dieser Gene noch weitgehend unbekannt ist, werden die Ergebnisse mit Spannung erwartet. Die molekulare Analyse kann dem Gehirnforscher eine Reihe wichtiger Fragen beantworten. Zunächst möchte man wissen, ob das untersuchte Gen während der Entwicklung des Gehirns für die Entstehung des Nervennetzes gebraucht wird, das der Geruchserkennung zugrunde liegt, oder ob es zur molekularen Ausstattung gehört, die für das richtige Funktionieren dieses Netzes notwendig ist. Die modernen genetischen Methoden gestatten es, im Fliegengehirn die Gewebe und Zellen, ja sogar die Bereiche in oder auf der Zelle, sichtbar zu machen, wo das jeweilige Protein, das von dem betreffenden Gen gemacht wird, vorkommt.

Inzwischen verrät immer häufiger schon der Bauplan des Proteins dessen Funktion, denn in den internationalen Genbibliotheken sind heute schon die Baupläne so vieler Proteine gespeichert, daß man eine gute Chance hat, durch den Vergleich Ähnlichkeiten mit Molekülen zu entdecken, von denen schon Funktionen bekannt sind. Schließlich ermöglicht die molekulare Analyse, wie bereits besprochen (Abb. 2), auch bei anderen, mehr oder weniger nah verwandten Tierarten nach diesem oder jedenfalls einem ähnlichen Gen zu suchen.

Dieser Vergleich ist besonders interessant, denn aus der Ähnlichkeit eines bestimmten Gens im Vergleich zur allgemeinen Ähnlichkeit des Erbguts zweier Arten läßt sich ablesen, ob das betreffende Gen für Eigenschaften verantwortlich ist, in denen sich die Arten gleichen, oder für solche, in denen sie sich unterscheiden. So gibt es z. B. verschiedene *Drosophila*-Arten, die alle das gleiche Nahrungsspektrum ausnützen und deswegen vermutlich ähnliche Futterdüfte bevorzugen, andererseits aber die Geschlechtspartner der eigenen Art von denen der fremden am Geruch unterscheiden. Beim Studium eines für die Geruchswahrnehmung wichtigen Gens könnte der Vergleich der Baupläne unter Umständen verraten, ob das Gen für die Partnerwahl, die Nahrungssuche oder beide Lebensbereiche zuständig ist.

Die Genetik des Riechens ist noch sehr jung, und die Fortschritte werden durch die große Anpassungsfähigkeit der Geruchswahrnehmung an die Lebensbedingungen erschwert. Neben den bereits erwähnten Genen, die zur ererbten Empfindlichkeit der Fliege für bestimmte chemische Stoffe beitragen, sind zahlreiche Gene bekannt, die für das Kennenlernen von Gerüchen notwendig sind. Einige davon bestimmen biochemische Prozesse, von denen man durch Untersuchungen an Meeresschnecken weiß, daß sie an Lernprozessen beteiligt sind. Ob diese Gene in *Drosophila* das Geruchslernen auf dem gleichen Wege beeinflussen, ist noch ungewiß.

Einige andere Gene sind in unserem Zusammenhang besonders interessant: Mutationen in diesen Genen führen zu verkümmerten Pilzkörpern. Die Entdeckung paßt zu den vorher erwähnten Bienenversuchen, die gezeigt hatten, daß die Pilzkörper für das Geruchslernen eine wichtige Rolle spielen.

Zu diesem Befund paßt schließlich noch eine weitere Beobachtung: Die Zahl der Nervenfasern im Pilzkörper normaler Fliegen hängt von der Menge ihrer individuellen Erfahrungen ab. Tiere, die in Gruppen in großen Flugkäfigen mit vielerlei natürlichen Gerüchen gehalten wurden, hatten mehr Pilzkörperfasern als Tiere, die die Zeit einzeln in kleinen Zuchtbehältern verbringen mußten. Es scheint, als würde das Kennenlernen von Gerüchen zu dem Anstieg führen. Ausgerechnet die Fasern der sogenannten Verhältniszellen sind es, deren Zahl zunimmt. Möglicherweise baut sich das Fliegengehirn während des Fliegenlebens immer wieder neue spezifische Detektoren für Duftmuster, die in der speziellen Umwelt der Fliege vorkommen und für die Fliege wichtig sind. Ich habe vorgeschlagen, wie das vor sich gehen könnte. Nach diesem Vorschlag (Abb. 10) wachsen die Fasern von Verhältniszellen neu aus und werden vorübergehend durch ihre Verbindungen mit nachgeschalteten Nervenzellen zu Duftdetektoren rein zufälliger Spezifität zusammengeschaltet. Wenn nichts passiert und dieses Muster nicht – auch nur ungefähr – in einer wichtigen Lebenslage vorkommt, lösen sich die Verbindungen bald wieder auf, die Fasern der Verhältniszellen werden abgebaut und können von neuem auswachsen. Wird das Muster dagegen gleichzeitig mit einem wichtigen Ereignis wie der Entdeckung einer nahrhaften Futterquelle oder während einer Gefahr erregt, so verfestigen sich die Verbindungen zu den Verhältniszellen, die dabei erregt waren, und diese Fasern bleiben erhalten. Die freiwerdenden Plätze in dem Detektorensemble können nun wieder von anderen Verhältniszellen zufällig besetzt werden, so daß bei Wiederholung des Ereignisses wieder einige richtige (d. h. stark erregte) Verhältniszellen zusätzlich konsolidiert werden und der Detektor von Mal zu Mal spezifischer wird. Es sollte möglich sein, diese Vorstellung experimentell zu prüfen.

Im nächsten Kapitel wird besprochen, daß in der Wahrnehmung Detektoren für bestimmte Reizmuster immer in irgend-

Abb. 10: Ein Modell des Geruchslernens, mit dem vorgeschlagen wird, daß eine nachgeschaltete (extrinsische) Zelle aus dem Pilzkörper zu einem Thymiandetektor (THYM) wird, indem die Synapsen, die gleichzeitig vom Duftmuster des Thymians (T, H, Y, M) und von einem konditionierenden Neuron (z. B. Nektar) erregt werden, sich konsolidieren und die entsprechenden intrinsischen Nervenfasern (Verhältniszellen) dabei am Leben halten. Diese intrinsischen Fasern des Pilzkörpers werden in der Zeichnung durch die senkrechten Linien angedeutet, von denen die dick dargestellten als dauerhaft und die dünn dargestellten als labil angesehen werden.

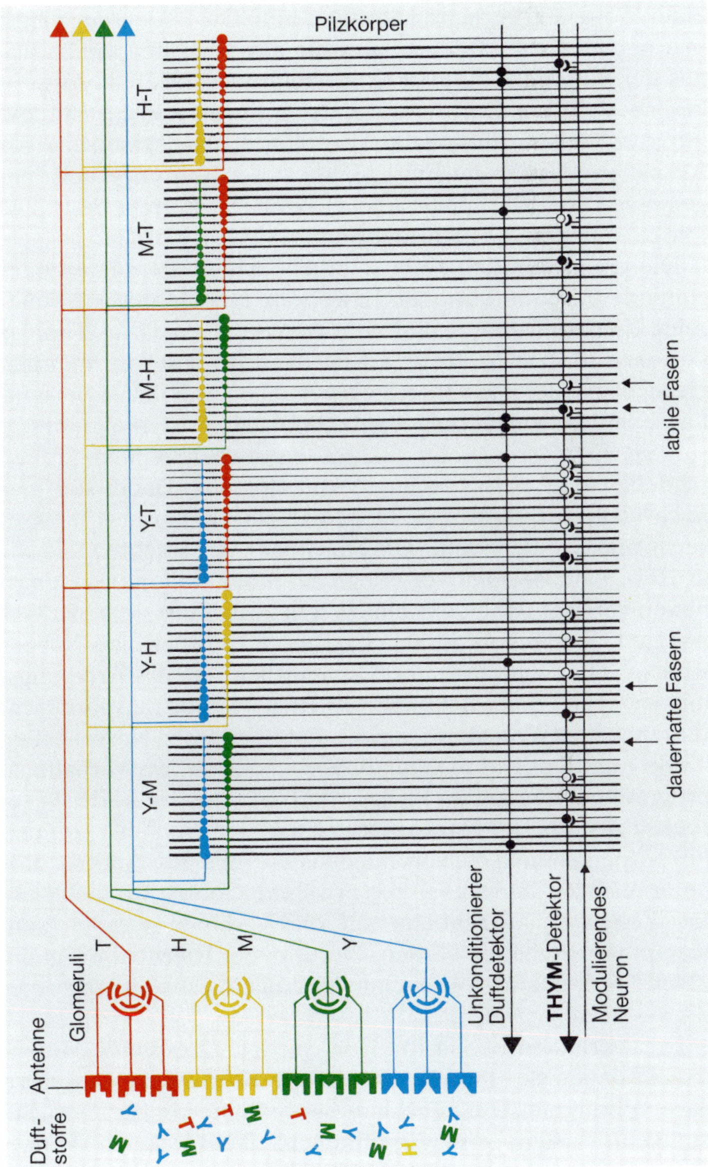

Pilzkörper
H-T
M-T
M-H
Y-T
Y-H
Y-M
labile Fasern
dauerhafte Fasern
Unkonditionierter Duftdetektor
THYM-Detektor
Modulierendes Neuron
T
H
M
Y
Glomeruli
Antenne
Duft-stoffe

einer Weise auf Verhalten bezogen sind. Die Bedeutung dieser neu gebildeten Duftdetektoren für das Verhalten ergibt sich aus der Situation, die den Konsolidierungsprozeß auslöst. So bedingt z. B. der Duftdetektor, der sich während der Entdekkung einer Nahrungsquelle konsolidiert hat, seinerseits das Verhalten, das für die Entdeckung dieser Nahrungsquelle angemessen ist. Der menschliche Beobachter stellt fest: Die Fliege assoziiert die Nahrungsquelle mit dem Geruch.

Die erste Funktion vieler Gerüche ist, zu alarmieren oder zumindest Aufmerksamkeit zu wecken. Der Geruch von Feuer reißt einen aus dem Schlaf. Ein fremder Geruch im Zimmer sagt einem: »Da ist etwas!« Erst danach registriert man den Geruch genauer und versucht zu verstehen, was ihn verursacht. Diese Selbstbeobachtung legt nahe, nach zwei Erkennungssystemen für Gerüche im Gehirn zu suchen, einem groben schnellen und einem genauen langsameren. Dabei soll hier noch nicht besprochen werden, wie ein Organismus die Geruchsquelle finden kann. Die Riechbahn der Insekten, die wir in Abb. 9 am Beispiel der Fliege ein Stück weit in das Gehirn hinein verfolgt haben, scheint sich in zwei Teilsysteme zu verzweigen. Wie schon gesagt, sind die Pilzkörper eine Nebenstrecke. Die Hauptäste der Nervenzellen, die das Erregungsmuster von den Antennenganglien weitertransportieren, führen in ein Gebiet des Gehirns, das über große Nervenzellen direkt mit dem Rumpfganglion verbunden ist, wo Verhaltensprogramme wie Laufen, Fliegen, Balz oder »Körperpflege« gespeichert sind. Der Pilzkörperweg andererseits führt von den Pilzkörperzellen in die verschiedensten Teile des Gehirns, darunter auch zurück in eben das erwähnte Gebiet, wo die direkten Zellen der Riechbahn auf die Verbindungszellen zum Rumpf umgeschaltet werden. Der Bau der Riechbahn legt die Zweiteilung in ein grobes schnelles und ein genaues langsameres System also nahe.

Die Verhaltensbeobachtungen an den *Drosophila*-Mutanten, in denen der Pilzkörperweg unterbrochen ist, passen zu diesem Bauplan. Die Fliegen dieser Stämme können Gerüche mit der normalen, hohen Empfindlichkeit entdecken und ungefähr richtig bewerten. Aber die Feinerkennung von Gerüchen scheint in den Pilzkörpermutanten tatsächlich gestört zu sein, obwohl die Verhaltensversuche diese Frage noch nicht endgültig beantworten konnten. In einem späteren Kapitel kommen wir auf die Zergliederung der Wirklichkeit im Gehirn zurück.

Die Millionen Insektenarten auf der Erde haben, soweit wir wissen, alle im Prinzip ein sehr ähnliches Riechsystem wie *Drosophila*. Natürlich gibt es große Unterschiede in der Zahl der Meßstationen im Antennenganglion und der Zahl der Zellen in den Pilzkörpern (Verhältniszellen). Natürlich können die Pilzkörper in den verschiedenen Arten unterschiedlich gebaut, können die Verbindungen zu anderen Gehirnteilen unterschiedlich stark ausgebildet sein. Aber alle diese Formen sind Variationen des gleichen Grundbauplans. Demgemäß dürfen wir auch annehmen, daß die Prinzipien der chemischen Analyse der Luft die gleichen sind, wenn auch vielleicht für die eine Art duftet, was für die andere stinkt, d. h. wenn auch die größten Unterschiede in der Empfindlichkeit, dem Unterscheidungsvermögen und der Bedeutung von Gerüchen für das Verhalten bei den verschiedenen Arten anzutreffen sind.

Über das Geruchssystem der Wirbeltiere ist viel weniger bekannt als über das der Insekten. Aber vermutlich sind die Prinzipien der Informationsverarbeitung sehr ähnlich. Auch hier gibt es eine begrenzte Zahl von Meßstationen mit unterschiedlichen Empfindlichkeiten für die verschiedenen chemischen Eigenschaften flüchtiger Substanzen. Auch hier müssen die Erregungen in diesen Meßstationen zur Erkennung von Duftqualitäten miteinander verglichen werden. Allerdings erscheint der Grundbauplan des Wirbeltiergehirns so anders als der der Insekten, daß man z. B. noch nicht weiß, welcher Teil des Wirbeltiergehirns dem Pilzkörper der Insekten von der Funktion her entspricht. Auf der Ebene der Bauelemente jedoch sind die Ähnlichkeiten unverkennbar, wie auch die oben erwähnten Wachstumsvorgänge im erwachsenen Gehirn und die große Lernfähigkeit für das Geruchssystem der Wirbeltiere ebenso charakteristisch sind wie für das der Insekten.

Ähnlichkeiten in der Funktion können, wie im Fall der Sehpigmente, auf einen gemeinsamen Ursprung hindeuten. Es gibt aber auch zahlreiche Belege dafür, daß sich ähnliche Leistungen unabhängig voneinander allein durch die Notwendigkeiten der Lebensbedingungen herausbilden können. Als Beispiel dafür haben wir das Farbensehen von Mensch und Biene erwähnt. An den Genen, von denen solche Ähnlichkeiten abhängen, kann man feststellen, welcher der beiden Entstehungswege vorliegt. Ob die Geruchswahrnehmung im Tierreich eine gemeinsame Wurzel hat oder mehrmals unabhängig entstanden ist, läßt sich heute noch nicht sagen. Es ist aber sicher ein Grundbedürfnis von Organismen, die chemische Zusammensetzung des Milieus zu ermitteln, in das sie eingebettet sind. Diese Information erweist sich nicht erst heute im technischen Zeitalter als lebenswichtig.

Was bedeutet: »einen Duft erkennen«?

Wir kommen in diesem Aufsatz immer wieder auf die Tatsache zurück, daß man nicht sagen kann, was ein Tier wahrnimmt, weil sich dieses »was« auf die objektive Welt bezieht und diese eine menschliche Vorstellung ist. Jakob von Uexküll wird der Gedanke zugeschrieben, jedes Tier lebe in seiner eigenen Welt: der Frosch in der Froschwelt, die Biene in der Bienenwelt usw. Diese Aussage läßt sich weder mit unserer Anschauung noch mit den Ergebnissen der Wahrnehmungsforschung vereinbaren. Richtiger wäre zu sagen, daß jeder Organismus nur mit einem kleinen Ausschnitt der Wirklichkeit in Berührung kommt. Die deutsche Sprache nimmt mit dem Begriff »Wirklichkeit« in intuitiv-genialer Weise auf die Beziehung zwischen der Wahrnehmung und ihrem Inhalt Rücksicht. Denn sie legt damit die Annahme eines einheitlichen Wirkungsgefüges zugrunde. In diese Vorstellung läßt sich die Wahrnehmung mühelos einordnen.

Wenn das Bienengehirn in der Partitur der Erregungen im Antennenganglion das Motiv »Thymian« entdeckt, ist damit zunächst nur gemeint, daß eine Gruppe von Nervenzellen selektiv auf dieses Muster anspricht. Dieser Sachverhalt aber wäre ganz und gar bedeutungslos, wenn diese Zellen nicht ihrerseits in irgendeiner Weise auf das Verhalten der Biene wirken würden. Der Einfluß mag äußerst vielfältig sein und von der jeweiligen Situation abhängen oder sich erst später in bestimmten Zusammenhängen äußern. Die Erregung in diesen Zellen kann im Einzelfall auch ganz ohne Effekt bleiben. Aber trotzdem ist sie im Prinzip auf Verhalten gerichtet. Wenn die Biene »Thymian«-Duft auf dem Tanzboden im Bienenstock an der Vortänzerin entdeckt, wird sie sich wahrscheinlich dieses Erregungsmuster als Suchbild für ihren nächsten Ausflug einprägen. Kommt sie dann beim Thymian an und findet dort eine reiche Tracht vor, wird sich dieses Suchbild durch Farbe und Form der Blüten vervollständigen. Aber auch das stärkste Suchbild wird sie nicht abhalten, bei aufkommendem Regen die Futtersuche einzustellen, und wenn sich eine andere Blütenart als ergiebigere Nahrungsquelle erweist, werden die Zellen, die auf das Thymianmuster ansprechen, ihren Einfluß auf das Verhalten weitgehend eingebüßt haben.

Ich habe versucht zu beschreiben, welche Bedeutung das Thymianmuster im Verhalten der Biene hat. Als Wirkungszusammenhang betrachtet, sind der Auslöser der Wahrnehmung (Thymian) und ihr Effekt (Besuch an den Thymianblüten) untrennbar miteinander verbunden. Die Bedeutung des Wahrgenommenen läßt sich nur im Zusammenhang mit dem Verhalten beschreiben. Diese Grundtatsache gilt zweifellos auch für den Menschen, soweit wir ihn als Teil der Natur betrachten.

Damit stellt sich die Frage, wie wir diese Betrachtung mit unserem subjektiven Erleben und also dem Begriff der Wahrnehmung vereinbaren können. Unter den vielen Teilproblemen, die sich hier ergeben, möchte ich nur eines herausgreifen. Wie ist es möglich, daß in unserem Erleben die Wahrnehmung so einseitig mit der Sensorik in Verbindung gebracht wird, wenn doch beides, Sinnesreize und Verhalten, für die Wahrnehmung gleich wichtig sind? Einerseits verbirgt sich dahinter das Problem, warum wir überhaupt in der Lage sind, unsere eigene Wahrnehmung wahrzunehmen. Dieser Frage soll im Schlußkapitel nachgegangen werden. Andererseits können wir die Gestalt der subjektiv erlebten Wahrnehmung eher verstehen, wenn wir uns klarmachen, wie die Sinnesleistungen mit dem Verhalten zusammenhängen. Diesem Thema ist das nächste

Kapitel gewidmet. Unser Beispiel vom Thymian und der Biene zeigt schon, daß die Beziehung außerordentlich variabel ist. Wir kennen zwar auch Sinnesreize, die ein besonderes Verhalten mit großer Zuverlässigkeit auslösen, aber in der Regel verändern sie, wie in unserem Beispiel, nur die *Wahrscheinlichkeiten*, mit denen verschiedene Verhaltensweisen in bestimmten Situationen auftreten, d. h. pauschal gesagt, die Verhaltensdisposition.

Es ist nützlich, sich zu vergegenwärtigen, daß die Wahrnehmung eine Form der Anpassung ist. Tiere (und der Mensch) sind autonome, mobile Wesen. Sie können ihre Wirklichkeit selbst aktiv gestalten und damit vielleicht durch ihr Verhalten Veränderungen der Außenbedingungen herbeiführen, die die Chancen ihrer Gene auf Vermehrung und Fortbestand verbessern. Sinnesdaten können die jeweilige Verhaltensdisposition des Organismus so lassen, wie sie ist, oder so beeinflussen, daß sie sich erst in späteren Lebensumständen auswirken. Aber sie können diese auch gelegentlich so dramatisch ändern, daß der Organismus unmittelbar agiert. In solchen Fällen reden wir von »auslösen«, wobei der Organismus auch dann meist mehr als eine Reaktionsmöglichkeit zur Verfügung hat. Es ist bedauerlich, daß in den letzten Jahrzehnten die messende Verhaltensforschung fast ausschließlich Reiz-Reaktions-Zusammenhänge studiert hat. Nur dadurch konnte sich die irrtümliche Vorstellung ausbreiten, Reiz-Reaktions-Ketten seien die elementaren Bausteine des Verhaltens.

Der Begriff der Verhaltensdisposition soll verdeutlichen, daß die Beziehung zwischen Sinnesreizen und Verhalten zwar unauflöslich, aber gleichzeitig kompliziert und offen ist. Die Beobachtung eines Verkehrsunfalls z. B. kann unser Fahrverhalten für das ganze weitere Leben verändern – falls wir einen Führerschein haben. Schon im Beispiel des Thymians war es unmöglich, alle potentiellen Wirkungen der Erregung der entsprechenden »Thymian«-Zellen auf das Verhalten der Bienen anzugeben. Trotzdem kommt es allein auf diese Wirkungen an. Wie anders als durch ihren Einfluß auf das Verhalten hätten Wahrnehmungsleistungen sich in der Evolution der Organismen bilden und erhalten können. Die außerordentliche Komplexität der Nervenverbindungen zwischen Sinnes- und Motorzentren im Gehirn spiegelt diese Situation wider. Jetzt wird deutlich, warum sich die subjektiv erlebte Wahrnehmung auf die Seite der Sinnesdaten beschränkt: Zu verwoben und durch Wahrscheinlichkeitsbeziehungen zu offen ist die Wirkung auf das Verhalten.

Ich fasse noch einmal zusammen: Ausgehend von der Untersuchung des Riechens haben wir in diesem Kapitel die *Wahrnehmung als die Veränderung von Verhaltensdispositionen durch Sinnesreize* beschrieben. Der entscheidende Begriff in dieser Feststellung ist die »Verhaltensdisposition«. Er berücksichtigt, daß die Beziehung der Sinnesreize zum Verhalten selbst meist im dunkeln bleibt. Diese Feststellung macht es einfacher, die Selbstbeobachtung der Wahrnehmung in den Rahmen der Wahrnehmungsforschung einzuordnen, d. h. zu verstehen, warum uns naiv die Wahrnehmung vorwiegend als Informationsaufnahme erscheint, während die Wahrnehmungsforschung die Wirkung der Sinnesreize auf das Verhalten mit einbezieht.

Am Beispiel der Orientierung wird untersucht, wie die Sinne auf das Verhalten wirken

In diesem Aufsatz ist schon mehrfach die Wahrnehmung von Tieren mit Hilfe von Orientierungsleistungen dargestellt worden. Es ist offensichtlich, daß Organismen, die sich aktiv fortbewegen, nicht ohne Orientierung auskommen. Orientierung gehört zu den wichtigsten Wahrnehmungsleistungen. An der Orientierung läßt sich die oben entwickelte Beziehung zwischen Sinnesreizen und Verhalten untersuchen und so die Tragfähigkeit des Begriffs der Verhaltensdisposition prüfen und mit Inhalt füllen.

In der Verhaltensforschung werden Orientierungsleistungen von Tieren gerne als Regelkreise beschrieben. Wie der Thermostat die Umwälzpumpe der Zentralheizung ausschaltet, wenn die Zimmertemperatur über den Sollwert steigt, so kann man die verhängnisvolle Eigenschaft der Motte, in die Kerzenflamme zu fliegen, als eine Wendetendenz beschreiben, die das Tier zur helleren Seite dreht; die Wendetendenz hört auf, sobald der Lichtfluß in beiden Augen gleich groß ist, d. h. die Flugrichtung genau in die Flamme zeigt. Wäre mit solchen Regelkreisen das Wesentliche von Orientierungsleistungen getroffen, so bestünde die Hoffnung, daß wenigstens bei niederen Tieren die Beziehung zwischen Sinnesreizen und Verhaltensäußerungen einfach, nämlich aus Reiz-Reaktions-Ketten, aufgebaut wäre. Man wäre dann allerdings in der schwierigen Situation, erklären zu müssen, warum unsere eigene Orientierung in der Regel unserem Willen zu unterliegen scheint und wir nicht von irgendwelchen Sinnesreizen zwanghaft in eine Richtung gedreht werden. In diesem Abschnitt wollen wir die visuelle Flugorientierung der Fliegen besprechen. Bei keinem anderen Organismus ist das Problem, wie sich Sinnesreize in der Orientierung äußern, bisher mit solcher Genauigkeit untersucht worden.

Ein Tier benutzt zur Orientierung bei der Fortbewegung sicher alle Sinne, die sich überhaupt dazu eignen. Den Zusammenhang zwischen dem Gesichtssinn der Fliege und ihrer Flugorientierung genau zu beschreiben stellt kein einfaches Problem dar. Verhaltensforscher haben deswegen schon vor etwa 40 Jahren mit großem technischen Aufwand ein Meßinstrument gebaut, mit dem eine einzige Größe der Flugorientierung registriert werden kann: die Drehkraft (Drehmoment), die die Fliege entwickelt, um ihre Flugrichtung in der Horizontalebene zu ändern oder beizubehalten (Abb. 11). Die Fliege wird dazu mit Kopf und Rücken starr an dem Gerät befestigt und kann nun ihre Flugkünste nur noch für den Apparat und den Wissenschaftler ausführen, der vor dem Oszillographenschirm steht und das Drehmoment dort als Leuchtspur verfolgt. Die entscheidenden Vorteile dieser Versuchsanordnung bestehen darin, daß man erstens sehr genau festlegen kann, welche Sinnesreize die Fliege erreichen sollen, daß zweitens das Verhalten der Fliege selbst keine zusätzlichen Sinnesreize erzeugt und daß drittens das Meßinstrument eine kontinuierliche, minuziöse Aufzeichnung des Drehmoments liefert, aus dem man viel von dem Verhalten ablesen kann, das die Fliege trotz ihrer unglücklichen Fixierung im ortsfesten Flug auszuführen versucht. Hängt man nun die Fliege in eine gleichförmig weiße Arena ohne jegliche Muster, die der Fliege als Landmarken dienen könnten – Segelflieger mögen sich einen Flug ohne Meßinstrumente in dichten Wolken vorstellen –, so zeigt sich augenblicklich, daß die Flugsteuerung nicht nur aus passiven Regelkreisen besteht. Die Fliege ist intensiv beschäftigt, langanhaltende oder kürzere Rechts- und Linkskurven auszuführen, vermutlich, um der heiklen Flugsituation zu entkommen. Dazwischen führt sie Serien von sehr kräftigen, kurzen Drehmomentimpulsen aus, Körpersaccaden, so genannt in Anlehnung an die schnellen Augenbewegungen (Saccaden) der Säugetiere. Die langsamen Drehmomentänderungen zwischen den schnellen Impulsen sind überlagert von winzigen Drehmomentschwankungen, die wir als Mikrosaccaden bezeichnen. Aber all diese Aktivität hat keine Wirkung, denn die Fliege ist festgeklebt. Sie ist fast vollständig orientierungslos. Vermutlich ist dieser Zustand für sie ebenso alarmierend, wie er es für uns wäre, aber darüber können wir bisher nur spekulieren.

Abb. 11: Eine Fliege am Drehmomentmeßgerät. Der Versuch wird im Text erläutert. (Photo R. Wolf)

Die Lage verbessert sich auch nicht wesentlich für die Fliege, wenn wir die Arena mit einer Textur auskleiden oder einen schwarzen senkrechten Balken als Landmarke einführen. Die Arena steht fest und auch die Fliege kann sich nicht fortbewegen. Die Aktivität der Fliege ist immer noch wirkungslos. Ausgiebige Messungen des Drehmoments zeigen allerdings, daß die Fliege ihre Kurven im Mittel etwas häufiger oder stärker auf den Balken zu als von ihm weg lenkt.

Wesentlich wirkungsvoller läßt sich das Flugverhalten beeinflussen, wenn die Textur bewegt wird. Die Fliege versucht dann, sich mitzudrehen, vermutlich als Maßnahme gegen die scheinbare eigene Drehung. Dieses Verhalten nennt man heute Optomotorik. Die Wahrnehmung von Bewegung ist mit Hilfe der Optomotorik intensiv untersucht worden (Abb. 11). Anders als bei der Farb- und Geruchswahrnehmung geht es dabei nicht darum, viele Qualitäten zu unterscheiden, sondern es geht neben der Bewegungsstärke vor allem um die Richtung. Zwei Sehzellen, die von verschiedenen Stellen des Sehraumes Licht erhalten, können durch eine relativ einfache Verschaltung als »elementarer Bewegungsdetektor« operieren und Bewegung entlang ihrer Verbindungsachse registrieren (Abb. 12). Der gesamte Sehraum der Fliege wird durch ein dichtgeknüpftes Netz solcher Bewegungsdetektoren erfaßt. Die Bewegungsrichtung, für die der jeweilige Detektor empfindlich ist, liegt durch die Anordnung der beiden Sehzellen im Auge (und die Polarität der Verschaltung) fest. An jeder Stelle des Sehraums wird mit mindestens sechs Detektoren unterschiedlicher Orientierung Bewegung gemessen. Man kann sich leicht vorstellen, daß dieser Aufwand für einen Flugakrobaten wie *Drosophila* notwendig ist.

Die Nervenzellen, die die elementaren Bewegungsdetektoren bilden, sind noch nicht identifiziert. Aber etwas tiefer im Gehirn findet man große Zellen, die die Erregung von Bewegungsdetektoren gleicher Orientierung sammeln. Wenn sich die Fliege z. B. um die senkrechte Körperachse dreht, bleibt dabei ein Teil der Detektoren ungereizt, nämlich alle die, die quer zur Bewegungsrichtung stehen. Werden nun die Erregungen aller Detektoren, deren Orientierung mit der Drehrich-

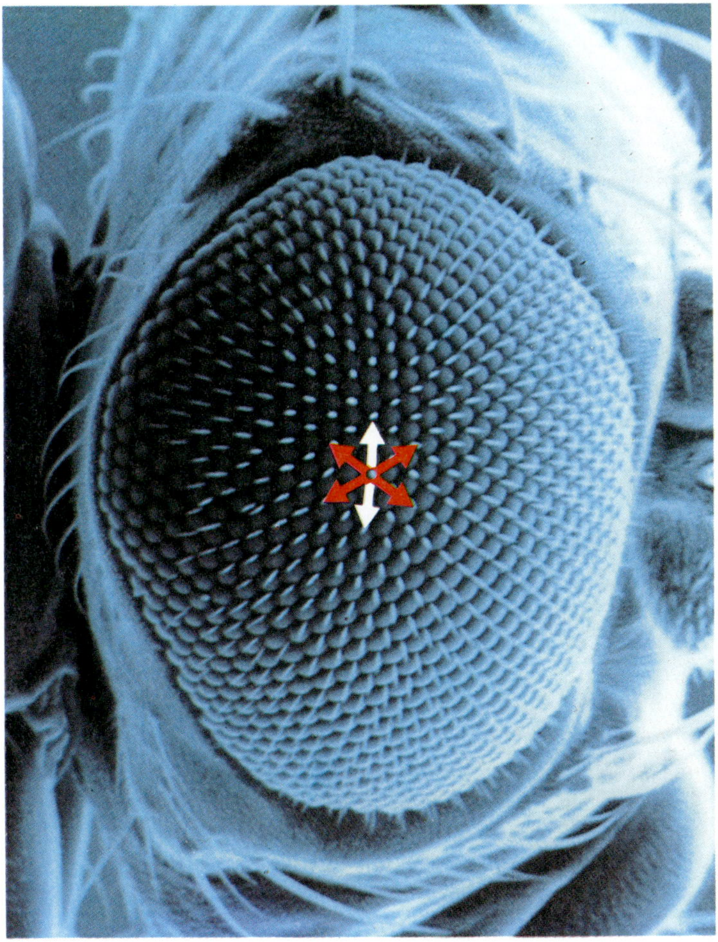

Abb. 12: Die Bewegungsdetektoren hinter dem Auge einer Fliege entstehen durch Verschaltung benachbarter Seh-Kanäle. Jeder Kanal ist mit jedem seiner 6 Nachbarn durch Bewegungsdetektoren verknüpft (Pfeile, nur für einen Seh-Kanal eingezeichnet), so daß jeder Punkt im Sehfeld hinsichtlich 6 verschiedener Bewegungsrichtungen aufgeschlüsselt wird. Die rot gekennzeichneten Detektoren z. B. werden bei Drehungen in der Horizontalebene angesprochen und für entsprechende Kurskorrekturen eingesetzt (siehe auch Abb. 13). (Photo M. Kage)

tung übereinstimmt, in einer Zelle zusammengefaßt, so stellt diese sogenannte Sammelzelle sozusagen die Drehung der Fliege um ihre senkrechte Körperachse dar, wobei eine sich frei bewegende Fliege natürlich auch noch andere als visuelle Sinnesdaten von ihrer eigenen Drehung erhält.

Verhaltensversuche an Mutantenstämmen, in denen die Sammelzellen fehlen oder falsch verschaltet sind, wie auch an großen Fliegen, in denen die Zellen mikrochirurgisch zerstört wurden, zeigen, daß diese Zellen tatsächlich für die Optomotorik notwendig sind. Die oben erwähnte Vermutung, die Optomotorik sei ein Verhalten zur Verhinderung von Eigendrehungen, erhält dadurch Unterstützung.

Jahrzehntelang ist die Optomotorik als Teil eines einfachen Regelkreises angesehen worden, mit dessen Hilfe Eigendrehungen durch Gegensteuern abgeschwächt oder sogar verhindert werden (Abb. 13). Dabei wurde die anfangs beschriebene Eigenaktivität der Fliege zunächst außer acht gelassen. Heute machen Mikrocomputer und digitale Steuerungstechnik es möglich, den Zusammenhang zwischen Optomotorik, Eigenaktivität und Flugorientierung bei *Drosophila* experimentell zu untersuchen. Dafür wird das bereits erwähnte Meßgerät zu einem Flugsimulator ausgebaut, in dem die Fliege mit ihrem Drehmoment die Arena selbst »steuern« kann, in Umkehrung der Freiflugsituation. Ein Drehmoment nach rechts hat zwar für die festgeklebte Fliege keinen Erfolg, für den entsprechenden visuellen Eindruck aber kann gesorgt werden, indem der Computer aus dem Drehmoment die Drehung berechnet, die eine freie Fliege durch das Drehmoment erfahren hätte, und nun statt dessen die Arena um den entsprechenden Winkelbetrag nach links dreht.

Die Untersuchungen mit dem Flugsimulator zeigen mehrere Prinzipien, nach denen die Sinnesreize und das Verhalten miteinander verknüpft sind. Für einen Organismus, der selbst aktiv ist, ist es eine der fundamentalsten Unterscheidungen festzustellen, ob Sinnesreize die Folge eigener Aktivität oder von Fremdeinwirkung sind. Die Sammelzellen, die höchst empfindlich darauf eingestellt sind, Drehungen der Fliege zu registrieren, tun das vermutlich unabhängig davon, ob die Drehung von Turbulenzen in der Luft oder von den Flugsteuermuskeln der Fliege verursacht wurde. Es wäre sinnlos, wenn die Verhal-

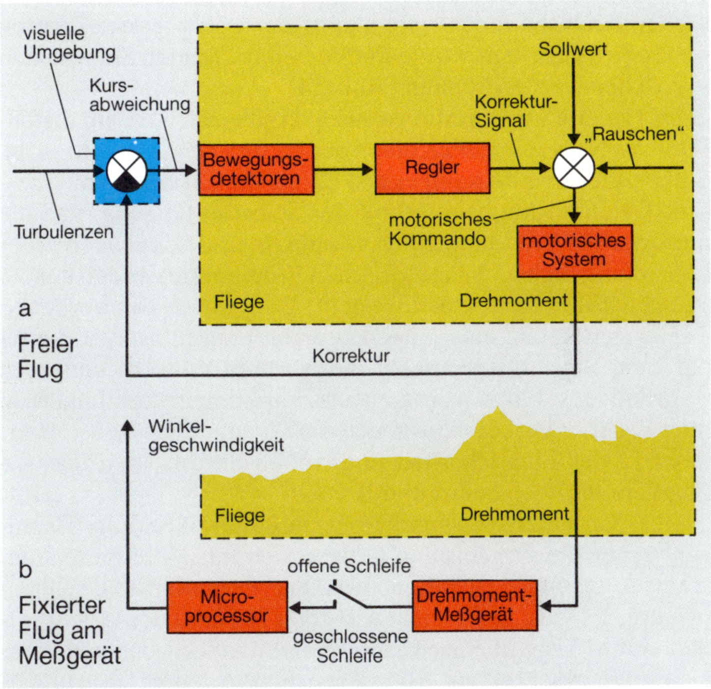

Abb. 13: Die Kybernetik betrachtet die Fliege zunächst als »black box«, von der nur Input und Output zugänglich sind, und versucht daraus Aussagen über Vorgänge im Inneren der Fliege abzuleiten. Die Optomotorik ist Teil eines Regelkreises, der den Flug stabilisiert (a). Die Bewegungsdetektoren hinter dem Auge (Abb. 12) registrieren eine Kursabweichung (z. B. eine Turbulenz) als Bewegung der Umgebung. Aus diesen Bewegungssignalen wird das Drehmoment für die entsprechende Kurskorrektur berechnet. Beim fixierten Flug im Labor (b) kann das Drehmoment fortlaufend gemessen werden, ohne daß sich die Lage der Fliege im Raum verändert (offene Schleife). Um in dieser Situation den freien Flug zu simulieren, kann ein Computer die Drehungen berechnen, die das Drehmoment verursachen würde, und über einen Motor das Panorama (Abb. 11) an Stelle der Fliege entsprechend bewegen (geschlossene Schleife).

tensdisposition der Fliege in beiden Situationen in gleicher Weise von den Sammelzellen beeinflußt würde. Deswegen werden Kopien der Befehle, die die Verhaltensaktivität verursachen, an bisher noch nicht identifizierte sensorische Zentren im Gehirn gegeben, wo sie mit den eintreffenden Sinnesdaten verglichen werden können (Abb. 14).

Das zweite Organisationsprinzip ergibt sich aus dem ersten. Weil das Nervensystem Kopien der motorischen Befehle an die Sinneszentren gibt, kann es den Erfolg der Eigenaktivität messen. Orientierung beginnt mit der Selbstbestätigung, daß die motorischen Programme den gewünschten Effekt haben, oder besser umgekehrt, die motorischen Programme werden auf die »gewünschten« Effekte eingestellt. Die Piloten von Verkehrsflugzeugen haben eine lange Liste von Funktionstests, die sie vor dem Start routinemäßig durchführen müssen, und auch während des Flugs werden viele Funktionen kontinuierlich überwacht. (Verkehrsflugzeuge sind erstaunlich zuverlässig. Aber in der Flugsicherheit übertreffen die Insekten unseren Flugverkehr noch bei weitem!)

Der Verhaltenswissenschaftler mißt Orientierungsleistungen. Aber die Organismen können sich mit Hilfe dieser Leistungen etwas verschaffen, das ich Orientiertheit nennen möchte. Es wird nicht leicht sein, den Zustand der Orientiertheit einer Fliege in einer bestimmten Situation genau und umfassend zu beschreiben. Aber selbst diese Aufgabe kann nur als ein erster Schritt verstanden werden, den Begriff der Verhaltensdisposition mit konkretem Inhalt auszufüllen. Der Begriff der Orientiertheit verdeutlicht, daß die Verfügbarkeit von Verhaltensmöglichkeiten zu den wichtigsten Informationen eines Gehirns gehört. Der Ausfall einer Funktion muß einschneidende Wirkungen auf die Verhaltensdisposition haben. In einem früheren Kapitel habe ich besprochen, daß Fliegen, denen man in einer dunklen Kammer einen Fleck Tageslicht zeigt, dorthin laufen, vermutlich, um dann dort im Freien wegfliegen zu können. Interessanterweise zeigen Fliegen mit verklebten oder abgeschnittenen Flügeln diese Verhaltensreaktion nicht. Sie würde ihnen ja auch nichts nützen. Der Verlust der Flugfähigkeit hat einen tiefgreifenden Einfluß auf eine Ver-

Abb. 14: Das 1950 von v. Holst und Mittelstaedt (Naturwiss. 37, 464) zum ersten Mal formulierte Reafferenzprinzip sieht im Schaltkreis der Fliege (Abb. 13) eine weitere Schleife vor. Hiernach werden Kopien der Befehle, die das Verhalten der Fliege beeinflussen, an (noch unbekannte) Zentren im Gehirn gegeben, wo sie mit den eintreffenden Sinnesdaten verglichen werden können.

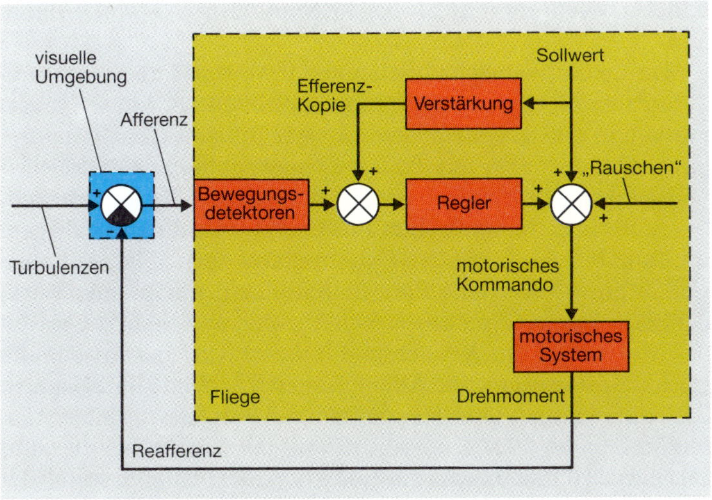

haltenssituation, in der der Flug nicht unmittelbar eingesetzt wird.

Ein weiteres Prinzip ist schon mehrfach erwähnt worden. Auch der Bewegungsreiz in der Optomotorik verändert nur die Wahrscheinlichkeit für das Auftreten der entsprechenden Drehmomentänderung: Sobald man sich im Flugsimulator das Drehmoment der Fliege bei kleinen Kursstörungen ansieht, stellt man fest, daß es keinen starren Zusammenhang zwischen Sinnesreiz und Verhaltensreaktion gibt. Die Optomotorik ist eine »zuverlässige« Verhaltensreaktion, wenn man Mittelwerte betrachtet. Die Optomotorik scheint nur deswegen Teil eines einfachen Regelkreises in der Flugorientierung zu sein, weil bei starken Reizen das Auftreten der entsprechenden Drehmomentantwort eine relativ hohe Wahrscheinlichkeit hat. Aber im momentanen Drehmoment drücken sich auch andere Verhaltensmöglichkeiten sowie die initiale Aktivität, sozusagen die Spontaneität, der Fliege aus. Der Flammentod der Motte ist nicht das Resultat einer präzise vorgezeichneten Flugbahn, sondern einer wenig beeinflußbaren hohen Wahrscheinlichkeit für Wendungen zur helleren Seite. Deswegen vernichtet sich die Motte in der Regel nicht schon beim ersten Anflug, sondern bei den Wiederholungen, die nicht unterdrückt werden können.

Warum die Wahrscheinlichkeiten jeweils so sind, ist eine andere Frage. Erregung in den Sammelzellen der Fliege ist vermutlich in der Regel ein zuverlässiger Indikator für Eigendrehung. Das darf aber nicht darüber hinwegtäuschen, daß Wahrnehmungen prinzipiell einen hypothetischen Charakter haben. Erregung der Sammelzellen muß nicht unbedingt auf Eigendrehung beruhen, wie der Flugsimulator zeigt. Fliegen haben sich in einer Welt ohne Flugsimulator, Motten in einer Wirklichkeit ohne Kerzen entwickelt. In der natürlichen Umwelt der Motte muß die Wendetendenz zum Licht eine vorteilhafte Verhaltensleistung sein. Aber welchen Vorteil sie ihr bringt, ist uns unbekannt. Die Kerzenflamme ruft eine »Sinnestäuschung« in der Motte hervor, die sie mit dem Leben bezahlt. Die Sinnesdaten bewirken eine radikale Fehlanpassung der Verhaltensdisposition. Genau das, eine Fehlanpassung, wenn auch zum Glück oft mit weniger dramatischen Konsequenzen, findet in unserer Wahrnehmung statt, wenn wir Sinnestäuschungen unterliegen. Eine optische Täuschung z. B. unterscheidet sich von einem Wahrnehmungsirrtum dadurch, daß sie durch genaueres Hinsehen nicht verschwindet. Das kennzeichnet sie als Fehlanpassung. Irrtümer beruhen dagegen darauf, daß Gehirne prinzipiell nicht fehlerlos arbeiten können, weil sie in jedem Moment nur begrenzt viel Information erhalten.

Disposition bedeutet die Bereitschaft zu bestimmten Verhaltensäußerungen und beinhaltet damit »Annahmen« über deren Erfolg. Thymianduft verspricht reiche Tracht. In der dunklen Kammer bedeutet das Tageslicht vielleicht die Freiheit. Die Erregung in der Sammelzelle, die für Eigendrehung spezialisiert ist, verheißt Kursstabilisierung durch Gegensteuern. All das sind »Vorhersagen«, daß bestimmte Verhaltensweisen erfolgreich sein könnten. Diese »Vorhersagen« mögen richtig oder falsch sein.

Wenn wir uns vom Hypothesencharakter der Wahrnehmung überzeugt haben, müssen wir deswegen nicht auch annehmen, daß die Sinnesreize nur die Wahrscheinlichkeiten für das Auftreten von Verhaltensweisen erhöhen oder erniedrigen. Man könnte sich vorstellen, daß es Sinnesreize gibt, die trotzdem mit vollkommener Regelmäßigkeit ein bestimmtes Verhalten auslösen, und ich halte für möglich, daß irgendwo im Tierreich isolierte Regelsysteme existieren, die so funktionieren. Von solchen »Vorhersagen«, wie den oben erwähnten, treffen allerdings ständig viele gleichzeitig im Gehirn ein und stellen sich dem Gehirn als mehr oder weniger dringlich dar. Nicht alle können getestet werden. Außerdem kann es profitabler sein, neue Abenteuer zu suchen, als den momentanen Zustand zu optimieren.

Es ist aber keine Annahme oder theoretische Forderung, sondern ein experimentelles Ergebnis der ausführlichen Studien der Flugsteuerung von *Drosophila*, daß, im Detail betrachtet, Reize nur statistisch beantwortet werden, sich aber aus diesen Einzelantworten äußerst zuverlässiges Verhalten zusammensetzt. Wir interpretieren diesen Befund als ein Wesenselement der Wahrnehmung und setzen ihn in Parallele zu unserer eigenen erlebten Wahrnehmung, die in der Regel auch nicht starr irgendwelche Bewegungen erzwingt, sondern uns Verhaltensmöglichkeiten eröffnet. Den Begriff der Verhaltensdisposition mit Inhalt zu füllen ist ein zentrales Anliegen der Wahrnehmungsforschung.

Unsere eigenen Orientierungsleistungen werden uns in besonderem Maße in Mangelsituationen bewußt, in denen uns wichtige Orientierungsmöglichkeiten entzogen sind. Genau solche Situationen werden in der Forschung experimentell erzeugt, um Orientierungsleistungen von Organismen zu messen. Im normalen Alltag empfinden wir dagegen verschiedene Grade von Orientiertheit: Wir wissen, was unter allerlei möglichen Lebensumständen zu tun wäre. Die Prinzipien der visuellen Flugorientierung, die wir hier besprochen haben, deuten darauf hin, daß auch Tiere Orientierungsleistungen verwenden, um Orientiertheit aufzubauen. Man darf wohl annehmen, daß die Evolution von Gehirnen ganz entscheidend durch die Entwicklung von Orientiertheit vorangetrieben worden ist. Orientiertheit ist ein Aspekt der Verhaltensdisposition – einer von vielen.

Zweifellos zeigen auch die Leistungen, die zu Orientiertheit führen, bei Mensch und Tieren ein hohes Maß an Übereinstimmung. Das gilt selbst dann, wenn sich Tiere dabei auf ganz spezielle Sinnesorgane verlassen, wie die Fledermäuse auf Ultraschallecho-Ortung oder Trübwasser-Fische auf elektrische Signale. So ist die Unterscheidung von selbst- und nicht selbsterzeugten Reizen z. B. gerade bei solchen Tieren besonders wichtig, die sich durch Aussenden von Signalen orientieren. Verschiedene Organismen können aufgrund ihrer unterschiedlichen Anpassung dem Forscher jeweils erleichtern, Antworten auf spezielle Fragen zu finden. Aber alle Organismen haben Anteil an der einen Wirklichkeit. Die große Variation im Tierreich beleuchtet das eine Thema von verschiedenen Seiten.

Das Gehirn zerlegt die Wirklichkeit in Einzelfunktionen

Die meisten Ereignisse beschäftigen mehrere unserer Sinne gleichzeitig. Der vorbeifahrende Lastwagen bedrängt Augen, Ohren und Nase; ein Windstoß kühlt die Haut und zerzaust die Haare, usw. In unser Gehirn gelangt die »Außenwelt« durch unsere Sinne; deren Meldungen werden an verschiedenen Stellen im Gehirn verarbeitet. Das Prinzip der Zergliederung findet sich auch im Detail. So bestimmt das Gehirn Farbe, Form und Bewegung jeweils über verschiedene Wege und Nervenzentren. Es gibt Patienten, die durch die Zerstörung eines eng umgrenzten Gehirnareals vollständig farbenblind geworden sind. Durch Experimente an Affen kennt man ein anderes Gebiet, in dem die Nervenzellen empfindlich für Bewegung in bestimmte Richtungen sind, aber unempfindlich für Änderungen in der Wellenlänge des Reizlichts oder für die Form des bewegten Musters. Diese Zellen erinnern an die Bewegungsdetektoren im Fliegengehirn. Wieder andere Gehirnregionen sind für die subtile Gestaltwahrnehmung notwendig, die es dem Affen ermöglicht, die Gesichter der Stammesgenossen zu erkennen.

Auch das Fliegengehirn zerlegt das Sehen in verschiedene Funktionen, wie das Studium der entsprechenden Gene verrät. Es gibt Fliegenstämme, bei denen das Bewegungssehen aufgrund eines genetischen Defekts ausgefallen ist, die Tiere aber Landmarken (und vermutlich Farben) noch wahrnehmen können. Umgekehrt stört genetisch bedingte Farbenblindheit nicht das Bewegungssehen. Ja, man kann sogar am Wildstamm mit ausgeklügelten Verhaltensversuchen nachweisen, daß die visuelle Kurssteuerung »farbenblind« ist, d. h., daß bewegte Farbkontraste, wenn sie die gleiche subjektive Helligkeit für die Fliege haben, nicht mehr als Bewegungsreize wirksam sind. Überraschenderweise kann auch der Mensch die Bewegung von Streifen unterschiedlicher Farbe, aber gleicher subjektiver Helligkeit nicht mehr richtig wahrnehmen.

Es wird immer wieder gefragt, wo im Gehirn diese segregierten Einzelfunktionen wieder zu der »Welt« zusammengesetzt werden. Ich hoffe, der Leser kann sich jetzt mit dem Gedanken befreunden, daß die Antwort lautet: nirgends. Es gibt kein Abbild der Welt im Gehirn, es gibt nur die Welt selbst. Im Gehirn gibt es nur Veränderungen von Verhaltensdispositionen. Wie diese Veränderungen organisiert und wo sie lokalisiert sind, das sind äußerst interessante, empirisch lösbare Fragen. Eine Maus, die sich bewegt und raschelt, erzeugt über verschiedene Sinnes- und Verarbeitungskanäle (Gehör, Bewegung, Gestalt) vielleicht jeweils ähnliche Veränderungen der Verhaltensdisposition der Eule. Aber, wie wir an mehreren Beispielen diskutiert haben, wirken sich solche Sinnesreize in der Regel auf viele verschiedene Verhaltensweisen aus, indem sie die Wahrscheinlichkeit des Auftretens dieser Verhaltensweisen im Hinblick auf die verschiedenen, in der Zukunft möglichen Bedingungen verändern.

Diese Frage ist kein akademisches »Glasperlenspiel«, sondern hat für viele Bereiche der Gehirnforschung praktische Bedeutung. Zum Beispiel lernen Bienen die Umgebung ihres Stocks beim ersten Ausflug kennen und haben ohne diesen

Lernvorgang erhebliche Schwierigkeiten, den Eingang wiederzufinden. Experimente zum Landmarkengedächtnis der Insekten scheinen bisher am ehesten erklärbar, wenn man annimmt, daß die Biene vor dem Stock eine »Photographie« der Szenerie anfertigt und aufbewahrt, um später die Landschaft mit dieser »Photographie« vergleichen zu können. Die hier favorisierte Betrachtungsweise würde dagegen nahelegen, daß die Biene auch in diesem Fall kein Abbild der Welt im Gehirn erzeugt, sondern durch ihre Flugaktivität vor dem Stock irgendwo in ihrem Gehirn wie im Fall des Duftlernens eine Nervenschaltung aufbaut, die später durch das ähnliche raum-zeitliche Erregungsmuster während des erneuten Anflugs zur Resonanz gebracht werden kann. Die Natur des Landmarkengedächtnisses in Insekten wird sich hoffentlich in den nächsten Jahren aufklären lassen.

Der entwicklungsgeschichtliche Ursprung des Gehirns ist ein molekulares Netz

Ich habe im letzten Kapitel den Einfluß der Sinne auf das Verhalten am Beispiel der visuellen Flugorientierung besprochen, und wir haben gesehen, daß diese Beziehung sich bei der Fliege mit dem Begriff der Orientiertheit charakterisieren läßt. In der Hinsicht ähneln die Tiere uns Menschen weit mehr als z. B. einem modernen Industrieroboter, der nach ganz anderen Gesichtspunkten gebaut ist. Vielleicht fragt sich der Leser, ob nicht noch primitivere Tiere mit wenigen Nervenzellen so einfache Reiz-Reaktions-Zusammenhänge verwirklicht hätten, daß man auf den Begriff der Verhaltensdisposition verzichten könnte.

Aber selbst wenn es irgendwo einen solchen Organismus gäbe, könnte dieses Funktionsprinzip keine Allgemeingültigkeit beanspruchen. Schon bei den einfachsten autonomen, mobilen Lebewesen, den einzelligen Bakterien, wirken sich die Sinnesreize nur als Veränderung einer »Disposition« aus. Das Bakterium wird von der Drehung seiner Geißel vorwärts getrieben und schlägt von Zeit zu Zeit eine zufällige neue Richtung ein, wenn sich die Drehung der Geißel für einen Moment umdreht. Erhöht sich zum Beispiel während einer Vorwärtsbewegung die Konzentration eines Nährstoffes, so wird die Wahrscheinlichkeit für den nächsten Richtungswechsel etwas geringer. Von Anfang an trifft also die Vorstellung, daß Sinnesreize ein Verhalten »auslösen«, nicht zu und kann nur als Sonderfall verstanden werden.

Beim Bakterium beruhen die Beziehungen zwischen Sensorik und Motorik auf dem Zusammenspiel vieler Proteine, die in die allgemeinen Stoffwechselreaktionen der Zelle eingebunden sind. Viele der Gene, die diesem Zusammenspiel im Bakterium zugrunde liegen, sind in den letzten 20 Jahren entdeckt worden (Abb. 15). Die Eigenschaften der Genprodukte und ihr Zusammenspiel werden in mehreren Laboratorien

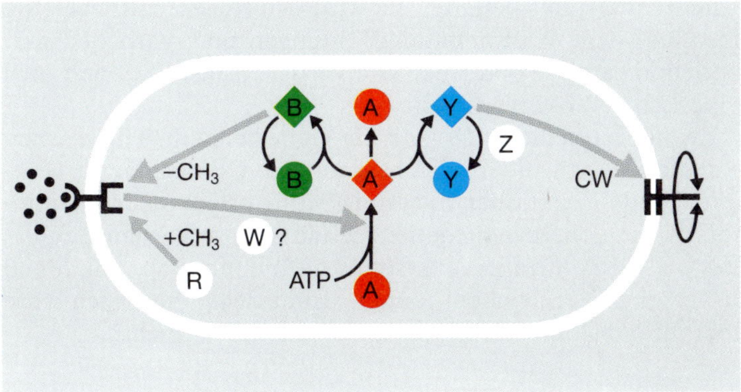

Abb. 15: Die Reaktion eines Bakteriums auf attraktive chemische Stoffe funktioniert über ein kompliziertes Wechselspiel von Proteinen, das hier in seinen Grundzügen angedeutet werden soll. Das molekulare Netz wird aktiviert, wenn ein Signalmolekül (•) seinen Rezeptor findet, der dadurch so verändert wird, daß er ein Molekül W aktiviert, das unter Einsatz von Energie ein weiteres Protein A aktiviert, das zwei weitere Proteine, B und Y, beeinflußt. Y wird so modifiziert, daß es nun in der Lage ist, die Drehung des bakteriellen Motors (Flagellum) zu ändern; und B wird darauf getrimmt, den Rezeptor wieder zu inaktivieren. Die zuerst angehängte chemische Gruppe (CH_3) wird wieder abgenommen. (Nach Parkinson [1988], Cell 53, 1)

untersucht. Wir wollen hier aber nur insoweit darauf eingehen, als wir uns klarmachen, daß ein solches molekulares Netz, wie man es heute von Einzellern kennt, vermutlich der entwicklungsgeschichtliche Ausgangspunkt des Nervennetzes war, das in hochentwickelten Tieren die Sinnesorgane mit dem Verhalten verbindet. Erst in neuester Zeit beginnt man dank der Methoden der modernen Genetik zu begreifen, daß auch das Nervennetz des Gehirns nur auf der Grundlage eines höchst komplizierten »molekularen Netzes« arbeitet. Ein großer Teil der Gehirnforschung wird sich in den nächsten Jahren damit beschäftigen, die molekulare Vielfalt des Gehirns zu erforschen.

Bei *Drosophila* sind inzwischen einzelne Gene dieses »Netzes« identifiziert und zum Teil isoliert worden. Einige sind an den Funktionen der Nervenzellen, andere am Aufbau des Zentralnervensystems beteiligt. Es wird sich zeigen, inwieweit die Trennung von Wahrnehmungsleistungen und Verhaltensmustern und damit die Existenz von Verhaltensdispositionen auch genetisch verankert ist.

Zu mehreren dieser *Drosophila*-Gene kennt man inzwischen homologe Gene anderer Tierordnungen. Ob sie aber dort entsprechende Funktionen haben, ist völlig offen, da der Grundbauplan in den verschiedenen Ordnungen so verschieden ist, daß wir die Zentralnervensysteme nach ihrem Bau funktionell bisher nicht vergleichen können. Ein solcher Vergleich wäre aber für die Gehirnforschung außerordentlich fruchtbar.

Die Wahrnehmung der Wahrnehmung

Dieser Aufsatz hat die Gemeinsamkeiten in der Wahrnehmung bei Mensch und Tier zum Thema: Die Gemeinsamkeiten werden einerseits auf die Ähnlichkeit der Gene (Homologien) und andererseits auf die eine Wirklichkeit, in der wir mit den Tieren leben (konvergente Evolution), zurückgeführt. Wir haben festgestellt, daß uns die Wahrnehmung eines Organismus in der Regel durch sein Verhalten zugänglich ist. Seine Verhaltensdisposition läßt sich bisher nicht anders sichtbar machen. Aber der Leser wird bemerkt haben, daß wir in den Experimenten mit *Drosophila* im Flugsimulator genaugenommen gar nicht mehr das Verhalten messen, sondern nur noch den Versuch der Fliege, sich zu drehen. Die Fliege ist starr mit dem Meßgerät verbunden. Wir besäßen ein noch viel feineres Dokument des Verhaltens, wenn wir in jeden Muskel der Fliege eine kleine Elektrode stecken könnten, die uns den Erregungszustand und damit die Kraftentfaltung des Muskels anzeigen würde. Allerdings müßten wir, um daraus das Verhalten rekonstruieren zu können, genau wissen, welche Gelenke die jeweiligen Muskeln bedienen. So träumen die Gehirnforscher schon lange vom sogenannten Neuroskop, einem Gerät, das den Erregungszustand jeder einzelnen Nervenzelle im Gehirn in jedem Moment anzeigt. Mit einem solchen Gerät könnte man unter Umständen objektive Daten über die Zustände der Netzwerke gewinnen, die den Verhaltensdispositionen zugrunde liegen. Damit würde man sich einen von der aktuellen Verhaltensmessung unabhängigen Zugang zur Wahrnehmung verschaffen.

Das Neuroskop liegt noch in ferner Zukunft. Aber die Entwicklung geht in diese Richtung. Es gelingt heute schon, im Säugetiergehirn bis zu ca. 100 Zellen gleichzeitig zu überwachen. Gemessen an den vielen Milliarden Zellen, die gleichzeitig aktiv sind, nimmt sich dieser Erfolg allerdings noch eher bescheiden aus. Im Fliegengehirn kann man die Nervenzellen anatomisch sichtbar machen, die über längere Zeit besonders aktiv waren. Dazu injiziert man den Fliegen eine radioaktive Substanz, die von den Gehirnzellen entsprechend ihrer Erregung aufgenommen wird, dort aber nicht weiterverarbeitet werden kann. Als Folge davon sammeln solche Nervenzellen besonders viel Radioaktivität an, die in der durch die Versuchsanordnung bestimmten Wahrnehmungs- oder Verhaltenssituation besonders aktiv sind. Anschließend kann man die Fliege in geeigneter Weise präparieren, eine Dünnschnittserie des Gehirns anfertigen und die Schnitte auf einen photographischen Film legen, der dann dort geschwärzt wird, wo die aktiven Nervenzellen liegen (Abb. 16). Diese Methode gibt Hinweise, welche Zellen, Zentren und Wege im Gehirn in verschiedenen Situationen besonders viel Stoffwechselenergie verbrauchen, und es ist denkbar, daß man durch die Kombination dieser Methode mit sorgfältig kontrollierten Verhaltensmessungen eines Tages Verhaltensdispositionen direkt sichtbar machen kann.

Aber schon längst bevor die Wissenschaft heute Methoden entwickelt, die Wahrnehmung im Gehirn zugänglich zu machen, haben wir unmittelbar Kenntnis von ihr, ohne auf Verhaltensbeobachtungen angewiesen zu sein, nämlich durch Introspektion. Wir können unsere eigene Wahrnehmung beschreiben und kritisch überprüfen. Davon haben wir in dieser Abhandlung mehrfach Gebrauch gemacht. Es ist allerdings nicht einfach, »hinter« der Wahrnehmung der Welt die Universalien der Wahrnehmung zu entdecken. Deswegen ist die Selbstbeobachtung in der Wahrnehmungsforschung in Verruf gekommen, zu Unrecht, wie ich meine.

Im folgenden soll dem Leser, wie bereits angekündigt, eine Erklärung für den evolutionsbiologischen Ursprung der Introspektion gegeben werden. Diese These lautet: *Introspektion entsteht mit der Kommunikation, genauer, durch das Sich-hinein-Versetzen in das Gegenüber.* Zur Erläuterung beginnen wir wieder bei der Fliege *Drosophila*. Kommunikation kommt bei *Drosophila* in der Balz vor (Abb. 17). Die Männchen laufen den Weibchen nach und umwerben sie mit einem für uns unhörbaren Gesang. Es hängt u. a. von der Qualität des Gesangs ab, ob das Weibchen das Männchen erhört. Die Untersuchung des Balzgesangs hat gezeigt, daß die Frequenz einer bestimmten Schwebung in diesem Gesang genau stimmen muß, damit er optimal werbewirksam ist. Nun gibt es ein Gen, dessen Zustand diese Schwebung beeinflußt; bestimmte Mutationen in dem Gen verlangsamen, andere beschleunigen sie. Mutationen dieser Art wurden vor ca. 20 Jahren zum ersten Mal entdeckt, und diese Fliegen werden seitdem als unabhängige »Rassen« gezüchtet.

Wie wirken sich die Mutationen auf die Weibchen aus? Bevorzugen die Weibchen die Männchen des eigenen Stammes, oder haben die Männchen des Wildstammes auch für sie den schönsten Gesang? Die Antwort ist eindeutig: Wie der Gesang der Männchen hat sich auch das »Schönheitsideal« der Weibchen verändert. Sie bevorzugen die eigene »Rasse« vor dem

Wildstamm. Offenbar wurde diese Übereinstimmung aber erst im Laufe der 20 Jahre durch Evolutionsvorgänge in den Zuchten hergestellt. Das Schönheitsideal der Weibchen hat sich durch Veränderung und Selektion anderer Gene dem Gesang der Männchen angepaßt. Auf der Zeitskala der Evolution sind 20 Jahre ein außerordentlich kurzer Abschnitt. Daß die Detektoren für das Schallmuster des Balzgesangs in so kurzer Zeit umgestellt werden konnten, wird verständlich, wenn man annimmt, daß für diese Abstimmung nur eine kleine Zahl von Genen verändert werden mußte.

Das Beispiel soll verdeutlichen, daß sich Sender und Empfänger in der Evolution nicht unabhängig voneinander entwikkeln können und deswegen in ihrer genetischen Organisation aufeinander bezogen sind. In Experimenten an Grillen und Fröschen hat sich die genetische Kopplung zwischen Sender und Empfänger direkt zeigen lassen. Was die Kopplung für das Gehirn bedeutet, liegt noch völlig im dunkeln. Es gibt gute Gründe anzunehmen, daß bei vielen Kommunikationsprozessen am Aussenden und Empfangen der Nachricht das gleiche Netzwerk im Gehirn beteiligt ist. So »versteht« der Empfänger zum Beispiel in manchen Fällen das Signal dadurch, daß er den

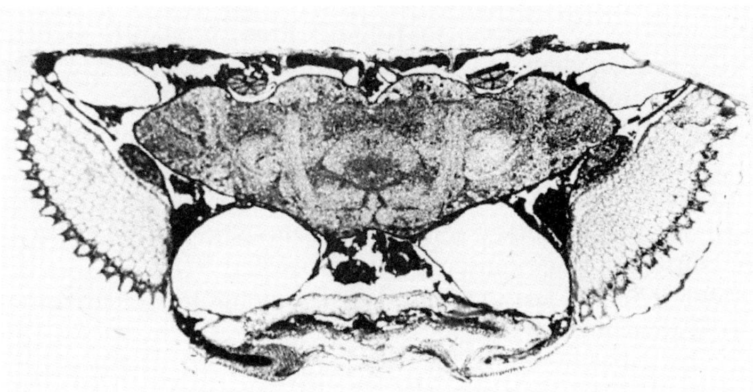

Abb. 16: Die »Strahlungsschatten« eines Dünnschnitts des Fliegenhirns, dessen dunkle Stellen andeuten, welche Nervenzellen aktiv waren. Für Details siehe Text. (Aufnahme B. Bausenwein)

Sender nachahmt. Dieses Prinzip ist möglicherweise schon in der Tanzsprache der Bienen verwirklicht. Die Arbeiterinnen im Stock scheinen die Richtungsweisung und Entfernungsangaben von der Vortänzerin aufzunehmen, indem sie ihr folgen und dabei selbst die Ortsangabe ausführen.

Man kann sich auch eine internalisierte »Nachahmung« vorstellen. Uns teilt sich die Gemütslage eines anderen scheinbar »unmittelbar« mit. Wenn wir aber einmal versuchen, rein »mechanisch« einen affektgeladenen Gesichtsausdruck herzustellen, bemerken wir, daß sich dabei unweigerlich auch ein Teil des entsprechenden Gefühls einstellt. Vielleicht versteht auch der Mensch die Gebärdensprache durch eine inzwischen fast vollständig nach innen verlegte Nachahmung.

Hier stellt sich die Frage, was in diesem Zusammenhang mit »innen« und »außen« gemeint ist. Diese Redeweise wird verständlich, wenn man sich klarmacht, wieviel mehr im Gehirn vor sich geht, als sich dann im Verhalten äußert. Die Gehirnaktivität steht zum Verhalten in einer ähnlichen Beziehung wie die Kabinettsitzung zur anschließenden Erklärung des Pressesprechers. Auch für Kabinette haben sich die Begriffe »innen« und »außen« eingebürgert.

In der Kommunikation zwischen Individuen der gleichen Art hat die Wahrnehmung sehr oft das Innenleben des anderen zum Gegenstand. Um im obigen Bild der Pressekonferenz zu bleiben – es geht dem Journalisten darum, zu verstehen, welche Konstellation im Kabinett, welche Motive der Regierung hinter der offiziellen Presseerklärung stecken. Mir scheint deswegen Introspektion ursprünglich die Fähigkeit zu sein, in das Gehirn des Artgenossen »hineinzuschauen«; die Anwendung dieser Fähigkeit auf einen selbst wäre dann eine sekundäre, zum Teil durchaus unerwünschte Errungenschaft.

Durch diesen Aufsatz zieht sich die Bemühung, solche Seiten der Wahrnehmung, die der Mensch mit den Tieren teilt, von den spezifisch menschlichen zu unterscheiden. Dabei zeigen sich überraschende Ergebnisse, die für die Wahrnehmungsforschung nicht unerheblich sind. In diesem Kapitel habe ich dafür geworben, die Introspektion als die Fähigkeit, sich in andere hineinzuversetzen, zu betrachten, und behaupte, daß diese Fä-

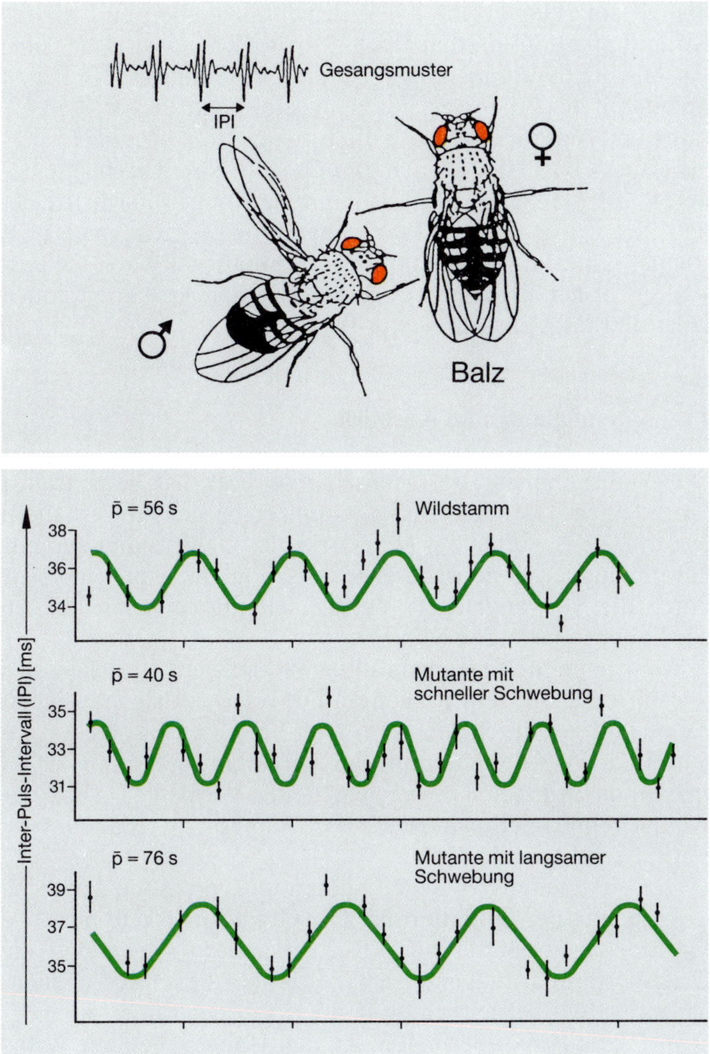

Abb. 17: Der Balzgesang bei Drosophila. *Die Schwebung entscheidet mit darüber, ob ein Männchen erhört wird. Dieses Charakteristikum des Gesangs kann durch eine Mutation verändert werden. (Nach Kyriacon und Hall [1980], Proc. Natl. Acad. Sci. USA 77, 672 a)*

higkeit eine Universalie der Wahrnehmung und so alt wie die Kommunikation überhaupt ist. Introspektion war sicher eine entscheidende Voraussetzung für die Entstehung der Reflexion und damit des Prozesses, der zu unserer begrifflichen Welt geführt und rückwirkend auch die Introspektion gründlich »modernisiert« hat. Hier ist nicht der Ort, die Naturgeschichte höherer menschlicher Wahrnehmungsleistungen nachzuzeichnen. Nur würde ich den Leser gerne davon überzeugen, daß ein solches Unterfangen nicht prinzipiell unmöglich wäre. Gemessen am bisher Erforschten ist das, wie der Artikel erkennen läßt, allerdings ein sehr weiter Weg.

Zusammenfassung und Ausblick

Die Wahrnehmung bei Mensch und Tier hat gemeinsame Grundlagen. Die Gemeinsamkeiten zeigen sich im Verhalten, in den Eigenschaften der Netzwerke des Gehirns und der darunterliegenden genetischen Organisation. Sie sind einerseits durch die Verwandtschaft, andererseits durch Ähnlichkeiten der Lebensumstände bedingt.

Wahrnehmungsleistungen eines Organismus beziehen sich nur mittelbar auf sein Verhalten. Die relative Unabhängigkeit davon läßt sich durch den Begriff der Verhaltensdisposition beschreiben. Aus der Kenntnis der Verhaltensdisposition lassen sich für das Auftreten der verschiedenen Verhaltensweisen nur Wahrscheinlichkeiten angeben. Die Sinnesreize verändern die Verhaltensdisposition.

Diese Beziehung zwischen Sinnen und Verhalten zeigt sich u. a. auch in der Orientierung. Die Organismen sind nicht die Marionetten orientierender Reize, sondern verwenden die Orientierungsleistungen, um Orientiertheit aufzubauen. Orientiertheit berücksichtigt den Erfolg oder Mißerfolg möglicher Verhaltensäußerungen. Zu den Universalien der Wahrnehmung gehört die Unterscheidung selbsterzeugter und fremderzeugter Sinnesreize wie auch das Sich-hinein-Versetzen in den Artgenossen bei der Kommunikation, das als die biologische Wurzel der Introspektion angesehen wird.

Die Vorstellung einer objektiven, vom Beschauer abgetrennten Welt ist dagegen eine spezifisch menschliche Leistung, die u. a. von der Reflexion, dem manipulativen Gebrauch der Hände und einer Symbolsprache abhängt und die der Mensch der modernen Industriegesellschaft in einem langen Sozialisationsprozeß jeweils als Kind erst lernen muß. Wir sind heute noch weit davon entfernt, das materielle Korrelat dieser Leistung im Gehirn beschreiben zu können.

Die Wahrnehmungsforschung wird dazu beitragen, die Beziehung zwischen der Wahrnehmung und »der Welt da draußen« besser zu verstehen. Denn ob wir an der Vorstellung einer an sich existierenden, objektiven Welt festhalten oder nicht, ob wir die Wahrnehmung, die wir erforschen, als Teil dieser Welt betrachten oder ob wir uns vergegenwärtigen, daß uns die Welt immer nur als Inhalt der Wahrnehmung erscheint – in der Wahrnehmungsforschung lassen sich die beiden nicht getrennt betrachten.

Literaturhinweise

Fischbach, K. F., Heisenberg, M., 1984: Neurogenetics and Behaviour in Insects. Journal of Experimental Biology *112*, 65–93.

Heisenberg, M., 1983: Initiale Aktivität und Willkürverhalten bei Tieren. Naturwissenschaften *70*, 70–78.

Heisenberg, M., 1985: Freiheit aus der Sicht der Verhaltensforschung. In Becker, G., Becker, H., Huber, L. (Hg.): Ordnung und Unordnung. München (Beltz).

Heisenberg, M., 1987: Neurogenetics of the Drosophila Brain. In Elsner, N., Creutzfeldt, O. (Hg.): New Frontiers in Brain Research. Proceedings of 15th Göttingen Neurobiology Conference. Stuttgart–New York (Thieme).

Heisenberg, M., Wolf, R., 1984: Vision in Drosophila. Genetics of Microbehavior. Heidelberg–New York (Springer).

Vor zwanzig Jahren hielt der bedeutende Physiker FRIEDRICH HUND *eine Reihe von Vorlesungen über die »Grundbegriffe der Physik«. Sein abschließendes Thema hieß »Die Begreifbarkeit der Natur«, und ganz am Ende fragte Hund, ob das »Ende der einfachen Physik« gekommen sei: »Es sieht so aus, als seien die einfachen Gesetze der Natur entdeckt. Jedenfalls wird zur Zeit das Komplizierte und Nichtlineare mühsam angegangen ... Wer heute Forscher ... werden will, muß sich an das Komplizierte wagen. Auch wer nur Verständnis für die heute lebendige Forschung erlangen will, kommt nicht darum herum.«*

Die Wissenschaftler haben sich inzwischen nicht nur an die Komplexität herangewagt, sie haben ihrem neuen Thema auch Einsichten abgerungen, für die der Begriff der Revolution nicht zu hoch gegriffen ist. Dieser Umsturz hat dabei den faszinierenden Aspekt, daß er durch Bilder illustriert werden kann, die uns durch ihre Schönheit begeistern. Er liefert diese Graphiken dabei mit Hilfe von Computern. Ohne Computer könnten wir weder diesen ästhetischen Aspekt wahrnehmen noch in der gebührenden Tiefe verstehen, wie die komplexe Natur funktioniert.

Was wir hier erleben, ist der Wechsel eines Paradigmas. Das gewohnte mechanische Bild der Natur wird durch ein Szenarium abgelöst, in dem sich algorithmisch entfaltende Zusammenhänge zeigen. Deren Komplexität kann einfach und verständlich zugleich nur dargestellt werden, wenn man sich auf die Sprache der Mathematik einläßt, auch wenn sie vielen Lesern Schwierigkeiten bereitet. Wir haben uns daher entschlossen, die Stelle, an der das alte Weltbild am nachhaltigsten zerbricht, in dieser Sprache beschreiben zu lassen.

GERT EILENBERGER, *geboren 1936 in Hamburg, ist Direktor des Instituts für Festkörperforschung in der Kernforschungsanlage in Jülich. Er hat in Göttingen Physik studiert und bei Friedrich Hund theoretische Festkörperphysik gelernt. Nach der Promotion hat sich Eilenberger mit der Supraleitung beschäftigt (und hierüber auch habilitiert). Seit 1976 interessiert ihn das Komplexe, das sich nicht mehr mit linearen Gleichungen fassen läßt, zunächst der geordnete Aspekt in Form sogenannter Solitonen – »Klumpen« in einem Wellenfeld –, und seit 1980 der hier dargestellte »chaotische« Aspekt.*

Gert Eilenberger
Komplexität

Ein neues Paradigma der Naturwissenschaften

Warum ist die Welt so kompliziert, wo doch die grundlegende Wissenschaft von der erfahrbaren Wirklichkeit, die Physik, so einfach ist?

Wer sich als Schüler oder Student mit der Physik vergeblich gequält, die Lebenswirklichkeit aber durchaus gemeistert hat, mag diese Frage als seltsam empfinden. Aber sie ist doch berechtigt!

Die Grundgesetze der Physik nämlich, von denen wir annehmen, daß aus ihnen »alles« folgt – Mechanik, Quantentheorie, statistische Physik und die Gesetzmäßigkeiten der Grundkräfte und Elementarteilchen (einschließlich Schwerkraft und Elektromagnetismus) –, diese Grundgesetze lassen sich auf wenigen Seiten niederschreiben; für die ausführliche Begründung und Erläuterung genügt ein halbes Dutzend Lehrbücher der theoretischen Physik.

Wie kann es sein, daß sich nach so einfachen Regeln eine so komplexe, im einzelnen schier undurchschaubare und unvorhersagbare Welt aufbaut, wie wir sie täglich erleben?

Zwei Einwände gegen die *Fragestellung* müssen behandelt werden, bevor wir die Frage selbst angreifen können: zum einen der Einwand, die Grundgesetze der Physik seien womöglich doch nicht komplett, und zum anderen der Einwand, die Frage impliziere einen simplen Reduktionismus, der so nicht zutrifft.

Zur Behandlung dieser Einwände möchte ich zunächst die bemerkenswerte *Erfahrungstatsache* diskutieren, daß die Welt in fast allen ihren Teilsystemen hierarchisch aufgebaut ist – und mit ihr natürlich auch die Wissenschaften untereinander.

Der hierarchische Aufbau der Welt und der Wissenschaften von ihr

Die Aussage, die Grundgesetze der Physik bestimmten »alles«, behauptet keineswegs, daß alle anderen Wissenschaften überflüssig oder Teilgebiete der Physik seien – so wenig wie ein Fundament schon das ganze Haus ist. Aber wie das Fundament des Hauses, so ist die Physik die unterste Schicht, die alle anderen Wissenschaften trägt; im Sinne eines Aufbaus der Erfahrungswirklichkeit in Schichten, der spätestens seit NICOLAI HARTMANN auch die Philosophen erstaunt und beschäftigt hat.

Betrachten wir als Beispiel ein Lebewesen, etwa ein Wirbeltier. Dieses ist als Ganzes in seinem Verhalten und der Einbettung in seine Umwelt Gegenstand der beschreibenden Biologie, auch vielleicht Gegenstand der Ethologie und der Ökologie. Sein Verhalten wird auf der höchsten Ebene durch seine Organe und durch deren Wechselwirkung untereinander und mit der Umwelt (durch Sinnesorgane) zu verstehen sein. Auf dieser Verständnisebene sind die Organe »Einheiten« und deren Funktionen »elementare« Gesetzmäßigkeiten. Die Biologen wären sicher glücklich, wenn sie auf dieser Ebene ein Lebewesen in seinem Verhalten voll verstehen könnten. Die Organe ihrerseits werden aber nun durch Zellen und deren Interaktionen bestimmt – besonders wichtig sind bei höheren Lebewesen natürlich die Nervenzellen; die Zellen durch Zellorganellen, diese durch Biomoleküle und diese durch die Chemie, deren letzte Einheiten die Atome mit ihren »chemischen« Gesetzmäßigkeiten sind. Damit sind wir bei den Gegenständen der Physik.

Diese simple, jedem über Biologie Informierten selbstverständliche Beschreibung ist wert, reflektiert zu werden: Ein Lebewesen ist nicht einfach eine Ansammlung von Atomen, die zusammenliegen wie ein Haufen Kieselsteine und irgendwie als Ganzes funktionieren, sondern es ist aufgebaut als eine Hierarchie einiger klar bezeichenbarer Funktionsschichten: Atome – Biomoleküle – Organellen – Zellen – Organe – Lebewesen. Jeder dieser Schichten entspricht eine wissenschaftliche Disziplin oder Teildisziplin.*

Das Tier war ein Beispiel. *Alle* stabilen Strukturen der Welt erscheinen in dieser Weise aufgebaut. Etwa im astronomisch-geologischen Bereich absteigend: Kosmos – Galaxienhaufen – Galaxien – Sternhaufen – Planetensysteme – Planeten – geologische Formationen. Oder im politischen Bereich: Staaten – Länder oder Provinzen – Kreise – Gemeinden. Jedes große Wirtschaftsunternehmen, jede Staatsregierung, jede Übersicht über die Kunstgeschichte oder jede Klassifikation der biologischen Spezies ist durch eine einfache Folge übereinanderliegender Schichten hierarchisch gegliedert. Hier liegt eine *Erfahrungstatsache* vor; ein durchgehendes Strukturierungsprinzip »der ganzen Welt«, welches keineswegs selbstverständlich ist und für welches nach Wissen des Autors noch niemand eine plausible Erklärung gefunden hat.**

Abstrahierend kann man das Prinzip des Schichtenaufbaus so darstellen: Die auf einer höheren Ebene A als »Einheiten« angesehenen Objekte a (z. B. Zellorganellen: Chromosomen, Ribosomen, Mitochondrien, Zellmembranen, ...) sind auf der nächstniedrigeren Ebene B aus Bausteinen b (im Beispiel: den Biomolekülen DNS, RNS, Proteinen, Lecithinen, ...) auf kunstvolle Weise zusammengesetzt. Die »Eigenschaften« α – d. h. die Art der Wechselwirkungen – der Objekte a (»das Ribosom setzt die in den Chromosomen gespeicherte Erbinformation in Proteine um, der energetische Treibstoff dazu wird

* Anmerkung der Herausgeber: Auf die Schichtenstruktur der realen Welt geht auch der Aufsatz von R. RIEDL im Mannheimer Forum 78/79 ein.

** Es sei denn eine Erklärung à la KANT: daß es sich um ein Strukturierungsprinzip handelt, welches durch die Art der menschlichen Erkenntnisfähigkeit der Erfahrungswelt aufgeprägt wird und gar keine Eigenschaft der Welt »an sich« ist. Diese »Erklärung« ist unplausibel, wenn man der evolutionären Erkenntnistheorie folgt: danach hat die Evolution unseren Verstand in Anpassung an vorhandene Strukturen der Welt geprägt, nicht umgekehrt.

von den Mitochondrien bereitgestellt«) sind auf der Ebene B ableitbar oder erklärbar durch die Wechselwirkungen β der Bausteine b (die *chemische* Wechselwirkung von RNS, Enzymen, ATP,...) *und* durch den Aufbau der Objekte a aus den Bausteinen b. Dabei spielt die mehr oder weniger große *Komplexität* im Aufbau der Objekte α eine große Rolle: deren Eigenschaften α sind keine geradlinigen, offensichtlichen Folgerungen der Bausteineigenschaften β; vielmehr ist die *Struktur* der Objekte a von überwältigendem Einfluß.

Am Beispiel des Verhältnisses von Chemie und Physik ist das besonders deutlich. Die physikalischen Eigenschaften der Konstituenten von Atomen – Kerne und Elektronen – sind ziemlich einfach (jedenfalls bei Energien, wie sie chemisch relevant sind); die chemischen Eigenschaften der Atome und Moleküle selbst aber, die »grundlegenden« Gesetze der Chemie also, sind bereits so komplex und vielfältig, daß sie sich nicht mehr, wie die der Physik, auf wenigen Seiten niederschreiben lassen. Steigt man eine Ebene weiter auf – etwa zu den Biomolekülen –, so nehmen Anzahl und Komplexität der möglichen Strukturen fast unüberschaubar zu; damit – wegen des schon betonten dominierenden Einflusses der Struktur auf die Eigenschaften – auch die Vielfalt möglicher Verhaltensweisen der Biomoleküle. Noch weiter aufsteigend wird die Anzahl der Möglichkeiten dann wirklich unvorstellbar groß. Ein wissenschaftlich vertretbarer Reduktionismus – oder in aufsteigender Richtung gesehen: »Synthesismus« – hätte also, von der Physik ausgehend, alle Ebenen Stufe für Stufe zu erklimmen und aus Strukturen und Eigenschaften auf der jeweils unteren die der jeweils oberen zu deduzieren. Dies müßte, über die Biologie hinausgehend, einerseits die Wirklichkeitsebenen erfassen, die Gegenstände der Medizin, Neurologie, Psychologie, Soziologie, Kultur-, Wirtschafts-, Rechts- und historischen Wissenschaften sind, andererseits Geologie, Klimatologie und globale Ökologie umfassen.

In der Praxis ist diese Synthese natürlich nicht einmal ansatzweise durchführbar. Das entscheidende Gewicht der Erklärungen liegt auf den *Strukturen*, die auf jeder Ebene realisiert sind. Fast alle Strukturen, die wir tatsächlich antreffen (oberhalb der

Ebene der Chemie), sind ja historisch entstanden. Das heißt, historische Prozesse: kosmologische, geologische, evolutionäre, ontogenetische, politische Zufälle, haben aus der unvorstellbar großen Anzahl *möglicher* Strukturen auf jeder Ebene eine jeweils *sehr* viel kleinere (aber immer noch unüberschaubar große) Anzahl realisiert und damit als Substrat für die nächsthöhere Ebene zur Verfügung gestellt.* Vorgefundene Strukturen – oberhalb der Ebene der Chemie – sind daher nicht als *notwendig* deduzierbar, sie sind bestenfalls verstehbar, nachdem man sie empirisch aufgefunden hat, und dies nur in Einzelfällen, nicht in ihrer Gesamtheit.

Das »synthetische Programm« ist also in der Praxis höchstens bruchstückhaft durchführbar. Als gedankliche Konstruktion aber, als wissenschaftliches Modell für den Aufbau der Welt, behält es seine Gültigkeit; damit bleiben die Grundgesetze der Physik das Fundament für »alles«. Und beantwortet dieses Modell »der Welt« nicht auch schon die eingangs gestellte Frage, warum die Welt so kompliziert ist? Nein. Es wurde ein Bauprinzip – das Prinzip der hierarchischen Schichtung – erläutert, welches wir vorfinden, wo immer in der Welt geordnete Strukturen existieren. Wir haben es beschrieben, aber nicht erklärt.

Kommen wir zum anderen Einwand:

Sind die Fundamente, d. h. die Grundgesetze der Physik, denn so zuverlässig und komplett bekannt, daß man ihre Einfachheit ohne weiteres behaupten könnte? Natürlich sind sie *nicht* komplett bekannt, aber alle Seinsebenen unterhalb der atomaren und oberhalb der planetaren gelten als Domänen

* Dies ist am eindrucksvollsten an den Biomolekülen abschätzbar. Es ist keinesfalls so, daß die biochemische Evolution einen auch nur nennenswerten Bruchteil aller denkbaren Enzyme hat ausprobieren (und somit optimieren) können. Wäre die gesamte Masse des Universums in Kopien der 20 Aminosäuren angelegt und würden diese im Sekundentakt zu jeweils neuen Kombinationen von 100 Aminosäuren Länge zusammengefügt, so müßte dieses gigantische Laboratorium etwa 10^{35} *Weltalter* lang arbeiten, um jedes mögliche Protein dieser Länge einmal herzustellen!

physikalischer Teildisziplinen (teils aus historischen, teils aus methodischen Gründen) (Abb. 1). Auf der Seite des mikroskopisch Kleinen kann man mindestens drei Schichten unterscheiden: die Physik der Atome, der Kerne und der subnuklearen Teilchen und Felder. Ob und gegebenenfalls wie die Schichtung nach unten (und über die Kosmologie hinaus nach oben) weitergeht, ist offen, doch hat dies *keine* Konsequenzen für unser Verständnis der »alltäglichen« Geschehnisse. Um dies zu begründen, muß ich etwas nachholen.

Das Bild der Schichten und ihres Aufbaus aufeinander wie die Stockwerke eines Hauses ist doch eine Vereinfachung. Wir haben vorausgesetzt, daß bei der Kommunikation der Schichten der »Dienstweg« strikt eingehalten wird: Die Objekte und Eigenschaften einer jeden Schicht hätten danach unmittelbaren Einfluß *nur* auf die nächsthöhere Schicht. Das ist *in dieser Schärfe* im allgemeinen nicht zutreffend, wie das Wort vom Dienstweg zeigt, der eben z. B. selbst in Verwaltungshierarchien nicht *immer* eingehalten wird. Gerade in soziologischen und ökologischen Systemen tritt dieses Phänomen der »Hierarchiebrechung« offenbar relativ häufig auf: die Schichtung wird durchbrochen, wird unscharf, und alles hängt von allem ab. Solche Systeme sind daher besonders schwierig als Ganzes zu verstehen. Eindrucksvolle Beispiele bieten historische Ereignisse, wo Einzelpersonen *völlig außerhalb* institutioneller Schichtung gewirkt und die Weltgeschichte verändert haben (LUTHER, LENIN), oder das klimatisch-ökologische System, wo eine »harmlose« chemische Substanz, das CO_2, eine Klimakatastrophe auszulösen im Begriff ist und damit auf alle lebendigen Systeme durchgreift.

Ganz im Gegensatz dazu ist der Dienstweg bei der Schichtung der atomaren und subatomaren Konstituenten der Materie besonders strikt eingehalten. Die Tatsache, daß es tieferliegende, »elementarere« Schichten unterhalb derjenigen der Atombausteine (Kern und Elektron) gibt, schlägt auf die chemischen, d. h. alltäglichen Eigenschaften der Materie nicht durch; dazu wären Energien notwendig, die bei natürlichen irdischen Vorgängen nicht vorkommen. (Im Innern von Sternen etwa ist dies anders.) Für unsere Fragestellung ist es daher un-

Abb. 1: »Ich möchte mich mit den größten und kleinsten Dingen im Universum beschäftigen, Galaxiensuperhaufen und Neutrinos. Ich hätte gern, wenn Du Dich um alles dazwischen kümmern würdest.« (Cartoon von Sidney Harris)

wesentlich, ob die Bausteine des Atoms und die Gesetzmäßigkeiten ihres Verhaltens vielleicht aus noch unbekannten tieferliegenden Schichten ableitbar sind; sie sind so endgültig, wie es Naturerkenntnis überhaupt nur sein kann*, und so einfach, daß sich unsere Fragestellung allemal rechtfertigt.

Eine deutliche Hierarchiebrechung liegt allerdings mit den Gesetzmäßigkeiten der sogenannten klassischen Physik vor: diese greifen auf viele Ebenen des Naturgeschehens direkt durch, beispielsweise die Mechanik und die Hydrodynamik. So braucht man offensichtlich nicht erst auf die atomare Ebene zurückzugehen, um etwa die Hebelwirkung eines Kieferknochens oder die Hydrodynamik des Blutkreislaufes zu verstehen. Doch sind gerade die Gesetzmäßigkeiten der klassischen Physik besonders »einfach« und lassen überhaupt nicht erkennen, wie die Komplexität der Welt durch sie zustande kommen könnte. Auch ist die klassische Physik aus der atomaren Physik ableitbar und sollte damit komplett sein. Oder etwa doch nicht? Wir werden im Abschnitt über die Naturgesetze und -modelle darauf zurückkommen.

Linearität: eine unzureichende Weltinterpretation

Die anschauliche Gegenüberstellung »natürlicher« und »technischer« Gegenstände (Abb. 2 und Abb. 3) läßt keinen Zweifel daran, daß es sich um qualitativ sehr unterschiedliche Dinge handelt. Dies wundert niemanden: Natur und Technik werden ja – heutzutage mehr denn je – als Gegensätze, gelegentlich sogar als unversöhnliche Gegensätze, empfunden. Dies sollte aber *doch* verwundern: schließlich ist Technik – sicherlich die moderne Technik – angewandte *Natur*wissenschaft. Warum also machen deren Derivate nicht den Eindruck des Natürlichen?

* Der Autor folgt der Auffassung des Philosophen Hans Albert, daß *jede* Erkenntnis grundsätzlich hypothetisch und daher anzweifelbar bleibt – aber letzteres doch je nach Gegenstand mit sehr unterschiedlicher Plausibilität.

Die Antwort auf *diese* Frage ist einfach: Technische Produkte sind geprägt durch *Linearität*, natürliche Gegenstände sind es nicht. Die Dominanz der geraden Linie, eng verknüpft mit der ihr anhaftenden *Eindimensionalität*, durchzieht die Mathematik seit der Euklidischen Geometrie, die Logik in ihrer Schlußweise in logischen *Ketten*, die Grundgesetze der Physik, die vielfach linear sind, die Funktionsweise technischer Geräte

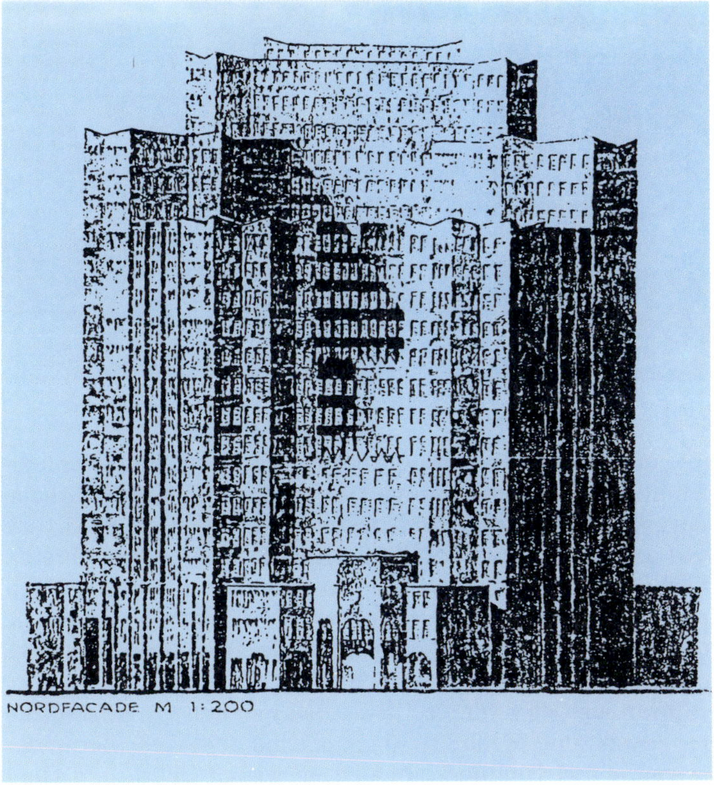

Abb. 2: Die Architekturzeichnung eines künstlichen Gegenstandes. Das Bild stammt von Martin Elsässer aus dem Jahre 1921. Es zeigt den Aufriß der Nordfassade eines in Berlin geplanten Turmhauses. (Architektursammlung der TU München)

Abb. 3: Ein kalifornischer Eichbaum aus dem Arastradero-Naturschutzgebiet bei Palo Alto. Er wurde von Michael McGuire aufgenommen.

als eindimensionale kausale Abfolge von Schritten und schließlich die geometrische Formgebung in der Technik. Natürliche Gegenstände dagegen sind weder in ihrer Gestalt linear (sie sind überwiegend »fraktal«, der Begriff wird noch erläutert), noch ist ihre Funktionsweise im allgemeinen durch Kausal*ketten* beschreibbar, sondern vielmehr durch hochdimensionale komplexe Kausal*gewebe* – der von K. LORENZ verwendete Begriff *Wirkungsgefüge* ist hier sehr treffend.

Offensichtlich fehlt also *doch* etwas an den Grundgesetzen der Physik, und es muß zu tun haben mit dem Überwiegen des Linearen und Eindimensionalen im wissenschaftlichen Denken. Die beginnende Hinwendung zu einem anderen Paradigma ist Gegenstand der folgenden Kapitel.

Zunächst aber: Wie kommt es zu dieser Dominanz? Der Autor wagt sich mit seiner spekulativen Teilantwort weit vor, denn er kann keine psychologische oder anthropologische Fachkompetenz in Anspruch nehmen. Ihm erscheint aber gerade ein *Forum* wie dieses geeignet, auch ernsthafte vorwissenschaftliche Spekulationen zur Diskussion zu stellen.

Die zuletzt gestellte Frage ist verknüpft mit einer noch tieferen und interessanteren: Wie ist überhaupt zu verstehen, daß die mathematischen und logischen Fähigkeiten des Menschen (als Spezies) eine so ungeheure *Reichweite* haben? Diese Fähigkeiten sind ja evolutionär entstanden in Anpassung an die alltägliche Umwelt des altsteinzeitlichen Jägers und Sammlers und seiner Primatenvorfahren, und sie haben sich in den letzten 8000 Jahren (bloßen 400 Generationen!) nach Ansicht der Humangenetiker nicht mehr entscheidend verändert. Wie kann es sein, daß die geistige Ausstattung von uns (!) Steinzeiterfordernissen wohlangepaßten Menschen ausreicht, um verstehend in die entferntesten Seinsschichten des Mikrokosmos und Makrokosmos einzudringen, Schichten, die nie einen Anpassungsdruck auf unseren Verstand ausgeübt haben können?

Zumindest den geometrischen Teil unserer mathematischen Fähigkeiten verdanken wir wohl – übrigens im Zusammenhang mit unserer Greifhand – (wie von verschiedenen Autoren, u. a. K. LORENZ, nahegelegt) unseren baumkletternden Primatenvorfahren, die eine überaus zutreffende innere Raumrepräsentation benötigten. Die geometrischen Eigenschaften des Raumes (jedenfalls in Form von Abstraktionen; das Abstraktionsvermögen nach logischen Kategorien dürfte eine spätere Errungenschaft sein, die mit dem Spracherwerb zusammenhängt) als Grundlage der Mathematik sind offenbar auch für entferntere Seinsschichten noch formgebend.*

* Man könnte hier weiter spekulieren, daß mit der Quantenphysik nach unten und der relativistischen Kosmologie nach oben diese Einbindung verblaßt und daß dies unserem Verständnis schließlich unüberwindliche Grenzen setzt. Der Autor hält es deshalb für wahrscheinlich – obgleich er sich das Gegenteil wünscht –, daß wir als Spezies geistig zu beschränkt sind, um die Schichtenfolge *beliebig* weit verstehend durchdringen zu können.

So weit, so gut. Unsere innere Raumrepräsentation ist aber eng verbunden mit unseren *visuellen* Fähigkeiten, und für diese ist, wie WIESEL und HUBEL mit ihren bahnbrechenden Arbeiten gezeigt haben, die Zerlegung optischer Eindrücke nach *geraden* Linien ein entscheidendes Element! Diese geraden Linienstücke, an denen das Auge (oder eigentlich der visuelle Cortex) unser »Weltbild« festmacht, sind als Marken aber nur deshalb zweckmäßig, weil sie *selten* sind: die *Ausnahmeobjekte* sind leicht zu entdecken und im Auge zu behalten, nicht die typischen »chaotischen« Muster, die das Gesichtsfeld füllen. Eine analoge Strategie wird wohl auch für das taktile und motorische Austasten unserer Umwelt maßgebend sein.

Hier scheint die tiefste psychologische Wurzel für unsere Voreingenommenheit zugunsten des Linearen in der Mathematik und den mathematisierten Naturwissenschaften zu liegen – eine Voreingenommenheit zugunsten des *Untypischen*!

Die Geometrie von EUKLID, deren Arithmetisierung durch DESCARTES sowie die raffinierten mathematischen Gedankengebäude der Moderne, welche das zentrale theoretische Werkzeug der Physik darstellen, sind in weiten Teilen durchdrungen vom Paradigma des Linearen. Diese Feststellung mag zunächst verwundern, hat doch schon EUKLID Kreise, Kegelschnitte und ähnliche »nichtlineare« Kurven betrachtet. Doch auch bei diesen geometrischen Objekten obsiegt *im Kleinen* das Lineare: es

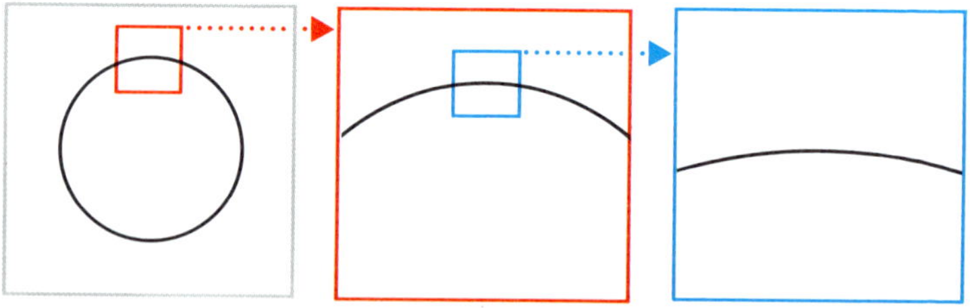

Abb. 4: Charakteristisch für die Figuren der euklidischen Geometrie ist die Beobachtung, daß die »krummen« Gebilde um so gerader werden, je näher man sie betrachtet. Dies wird hier an einem einfachen Kreis demonstriert.

Abb. 5: Im Gegensatz zu den glatten Figuren der euklidischen Geometrie (Abb. 4) kennt die Mathematik auch Figuren, die mit wachsender Vergrößerung keineswegs gerade werden. Die gezeigte Kochsche Kurve *dient als Beispiel. Sie wird durch die Vorschrift konstruiert, daß jede gerade Linie in drei gleichlange Teile geteilt wird, von denen das mittlere Stück anschließend verdoppelt und »hochgeklappt« wird. Aus einem schlichten Strich entsteht so im ersten Schritt die hütchenartige Figur, auf der vier gerade Abschnitte sind, von denen jeder wieder nach der gegebenen Vorschrift behandelt wird. Dies kann man fortsetzen, bis ein Gebilde entsteht, das unendlich fein gezackt und unendlich lang ist.*

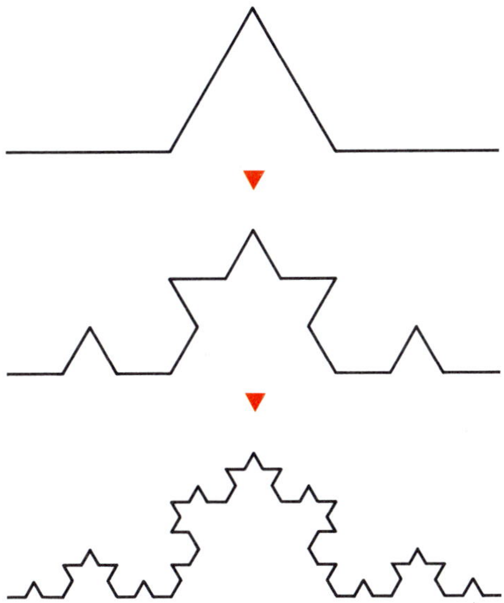

sind *glatte* Objekte, die bei wachsender Ausschnittsvergrößerung immer linearer werden (Abb. 4).

Bis zum Anfang dieses Jahrhunderts hat die Mathematik sich fast ausschließlich mit solchen »glatten« Objekten befaßt, Kurven etwa, die fast überall eine Tangente haben. Daß es überhaupt mathematische Objekte gibt, die sich ganz anders verhalten – zum Beispiel die nach Abb. 5 zu konstruierende Kochsche Kurve, die *fast nirgendwo* eine Tangente hat –, war gegen Ende des 19. Jahrhunderts zwar bekannt (durch WEIERSTRASS, CANTOR und andere), galt aber bei Mathematikern und Physikern als *Ärgernis*, als eine Pathologie, geeignet für ein mathematisches Gruselkabinett ohne Relevanz für wissenschaftliche Anwendungen.

Tatsächlich verhalten sich für den unbefangenen Betrachter natürliche Formen eigentlich eher wie Abb. 5 und weniger wie Abb. 4. Die Zackenlinie der Alpen, die Topographie eines Flußlaufes, die Form einer Wolke, ja selbst die scheinbar glatte Rinde einer Buche werden beim näheren Hinsehen keineswegs »glatter«, geradliniger, analog zur Abb. 4; sie behalten vielmehr in jeder Ausschnittsvergrößerung eine gezackte Form bei und sind darin (wenn auch nicht mit der gleichen Regelmäßigkeit) der KOCHschen Kurve ähnlich.* Deren »fraktale« Geometrie ist die zutreffende Geometrie natürlicher Muster; hierauf und auf die Konsequenzen hat der französische Mathematiker B. MANDELBROT seit 30 Jahren nachdrücklich hingewiesen. Auch der treffende Terminus *fraktal* (von lat. frangere = brechen) stammt von MANDELBROT.

Die gerade Linie ist aber nicht nur durch ihre relative Seltenheit in der Natur als Markierung besonders qualifiziert, sondern auch durch ihre Symmetrie, ihre leichte Identifizierbarkeit: eine Linie ändert ja ihr Erscheinungsbild nicht, wenn sie in sich verschoben wird – oder wenn der Beobachter (bzw. das Auge) sich entlang ihr bewegt.

Diese Symmetrie hat einen trivialen, nichtdestoweniger aber umfassenden Einfluß auf die Mathematik und die mathematische Naturbeschreibung gehabt: *lineare* Gleichungen, auch solche mit beliebig vielen gekoppelten Komponenten, sind *explizit* lösbar. Das heißt, man kann nicht nur (was meist nur Mathematiker interessiert) die *Existenz* von Lösungen beweisen,

* Der Leser mag versuchen, die Länge eines Flußlaufes oder einer »natürlichen« Staatengrenze (nicht gerade der »künstlichen« im mittleren Westen zwischen den USA und Kanada) auf Karten verschiedener Maßstäbe nachzumessen!

die dabei selbst unbestimmt bleiben; vielmehr kann man diese Lösungen mit endlich vielen Symbolen explizit hinschreiben und sie somit sowohl numerisch leicht bestimmen als auch weitere mathematische Manipulationen mit ihnen anstellen.

Dies hat dazu geführt, daß bei der mathematischen *Modellierung* natürlicher Systeme lineare Zusammenhänge besonders beliebt sind. Linearer Zusammenhang heißt dabei: Eine doppelt so große Ursache hat auch eine doppelt so große Wirkung; kein Mengenrabatt, aber auch keine Progression wie bei der Einkommensteuer (Abb. 6). Dabei kommt es natürlich darauf an, auf welche Weise man Ursachen und Wirkungen mißt: gemeint sind Modellierungen, die sich bei *geschickter Wahl* der zu messenden Größen auf lineare Zusammenhänge reduzieren lassen. Um das an einem Beispiel zu erläutern:

Unsere Sinnesphysiologie registriert die physikalische Intensität eines Reizes nicht linear, sondern logarithmisch: eine

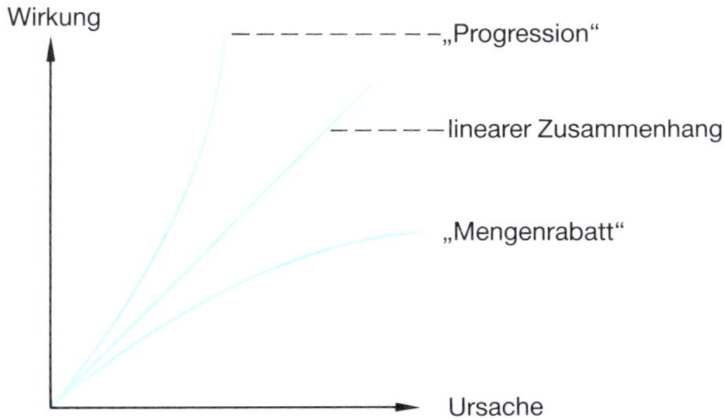

Abb. 6: Ein linearer Zusammenhang zwischen Ursache und Wirkung ist dadurch definiert, daß eine Vervielfachung der Ursache die entsprechende Vervielfachung der Wirkung nach sich zieht. Wenn Mengenrabatt gewährt wird, besteht kein linearer Zusammenhang mehr. Die doppelte Menge Ware kostet nicht mehr doppelt soviel Geld. Bei der Steuerprogression geht es manchmal auch andersherum. Wer – etwa zu Weihnachten – zwei Gehälter bekommt, muß mehr als doppelt soviel Steuern zahlen.

Verzehnfachung der (physikalischen) Lichtintensität, etwa während der Morgendämmerung, erzeugt den subjektiven Eindruck eines bestimmten Helligkeitszuwachses, eine nochmalige Verzehnfachung erzeugt nochmals denselben subjektiven Zuwachs. Diese logarithmische Meßlatte ist interessanterweise auch in unserer Psychologie verankert: wenn man 100,– Mark im Lotto gewonnen hat und der Nachbar 200,– Mark, ist man vielleicht neidisch. Hat man selbst 10100,– Mark gewonnen und der Nachbar 10200,– Mark, dann hat er »praktisch« genausoviel gewonnen. Erst wenn er mit 20000,– Mark wieder das Doppelte gewonnen hätte, wäre man wieder neidisch; es kommt auf das *Verhältnis* an, nicht auf die *Differenz*. Ein solcher Zusammenhang ist für unsere Diskussion also ebenfalls ein linearer, die »geschickte« Wahl der Meßgröße besteht hier darin, daß man den Logarithmus verwendet.

In diesem Sinne ist eine große Anzahl naturwissenschaftlicher Grundgesetze linear. Mehr noch: die überwiegende Anzahl von Beispielen und Übungsaufgaben in unseren Lehrbüchern beruht – wenn auch gelegentlich sehr verkappt – auf linearen Zusammenhängen. Das liegt einfach daran, daß Beispiele zur Übung natürlich nur taugen, wenn sie *explizit* einlösbar sind – aber explizite Lösbarkeit und Linearität bedingen einander (von selteneren Ausnahmen abgesehen)! Es ist in diesem Zusammenhang ein Zufall von geradezu welthistorischer Bedeutung, daß auch die Geometrie der Planetenbewegung (Abb. 7) auf einen solchen linearen Zusammenhang zurückführbar ist: *nur deshalb* konnten KEPLER und NEWTON deren Gesetzmäßigkeiten entschlüsseln und damit die naturwissenschaftliche Revolution der Neuzeit auslösen.

Wir haben jetzt erklärt, warum es wohl dazu gekommen ist, daß Physik und in ihrem Gefolge moderne Technologie und die anderen mathematisierten Naturwissenschaften vom Paradigma des Linearen durchdrungen sind.

Nun war natürlich schon immer offensichtlich, daß es auch physikalische Systeme gibt – recht »einfache« sogar –, deren mathematische Beschreibung sich auch durch noch so ge-

Abb. 7: Bei der Kepler-Ellipse, *auf der ein Planet die Sonne umkreist, ändert sich der Abstand r entlang der Bahn. Die Bewegung des Planeten erfolgt so, daß der Kehrwert des Radius (1/r), der als Funktion des Winkels beschrieben wird, wie ein harmonisches Pendel um den eingezeichneten Wert ($1/r_0$) schwingt. Solch ein Pendel wird durch eine lineare Gleichung beschrieben.*

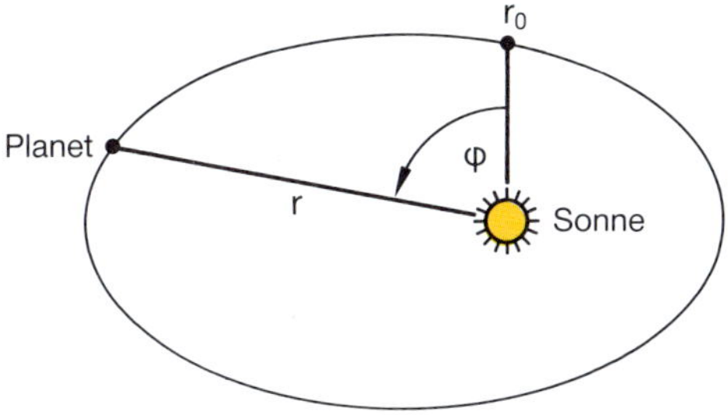

schickte Darstellung nicht aufs Lineare reduzieren läßt. Vor der Ankunft großer Computer war aber praktisch niemand in der Lage, die Dynamik solcher Systeme numerisch zu verfolgen. Deshalb war es naheliegend, davon auszugehen, daß das *qualitative* Verhalten wirklich nichtlinearer Systeme dem der linearen Systeme durchaus ähnlich ist – nur daß man eben die Lösungen leider nicht *explizit* hinschreiben kann.

Damit wurde unterstellt:

- *daß bei* ungefähr *gleichen Ausgangspositionen (bei wiederholter Beobachtung desselben Systems) auch* ungefähr *ähnliches Verhalten des Systems zu irgendeiner späteren Zeit zu erwarten ist, und*
- *daß aus* einfachen *Grundgesetzen, d. h. aus leicht deutbaren, mathematisch simplen Grundgleichungen, auch* einfache *Verhaltensweisen, d. h. qualitativ leicht überschaubare Lösungen, resultieren.* Der Leser wird bemerken, daß die eingangs gestellte thematische Frage genau diesen Sachverhalt suggeriert!

Wir werden im folgenden sehen: Beide Unterstellungen sind falsch!

Das Gegenbeispiel: die logistische Gleichung

Um die Bedeutung der Nichtlinearität im folgenden an einem Beispiel erklären zu können, ist die Benutzung einiger einfacher mathematischer Begriffe unumgänglich; eine rein verbale Darlegung würde nicht nachvollziehbar und damit inhaltlich leer bleiben. Glücklicherweise genügt unsere Schulmathematik, die Symbole werden jeweils sorgfältig erläutert und durch Abbildungen veranschaulicht. Nach Überzeugung des Autors lohnt sich für den Leser der Versuch, die vielleicht ungewohnte mathematische Sprache nachzuvollziehen, denn die Konsequenzen des Dargelegten für das naturwissenschaftliche Weltbild sind revolutionär.

Der belgische Mathematiker VERHULST hat 1845 ein einfaches mathematisches Modell für das zeitliche Anwachsen oder Schrumpfen einer Population von Lebewesen aufgestellt, sagen wir Seemöwen, deren Anzahl lediglich durch das Nahrungsangebot begrenzt ist. Wenn das Nahrungsangebot gerade für M Möwen ausreicht, und es sind m Möwen vorhanden, dann betrachtet VERHULST für den Bruchteil

$$p = \frac{m}{M}$$

die folgende Entwicklungsgleichung, die in der Literatur als »logistische« Gleichung bekannt ist und die wir zuerst hinschreiben und dann erläutern:

$$\dot{p} = b \cdot (1 - p) \cdot p \qquad (1)$$

In dieser Gleichung ist $\dot{p}$ der Zuwachs oder der Verlust pro Zeiteinheit, zum Beispiel in einem Jahr. Wenn die Population klein ist, dann kann man sich vorstellen, daß die Zahl der Möwen einfach proportional zum Bestand wächst. In diesem Fall wäre $\dot{p} = b \cdot p$, und der Faktor b beschreibt die Vermehrungsrate der Möwen – Bruterfolg abzüglich Sterberate –, wenn die Nahrungsbegrenzung keine Rolle spielt. In der logistischen Gleichung wird diese Situation einer anfänglich kleinen Population dadurch erfaßt, daß p sehr klein und

$(1-p)$ praktisch gleich 1 ist, was bei einer Multiplikation keinen Einfluß hat. Wenn sich nun die Zahl der Möwen dem Maximum nähert, das versorgt werden kann, wenn also p größer wird und auf 1 zustrebt, macht sich der Faktor $(1-p)$ bemerkbar. Aus der ungestörten Vermehrungsrate b wird die Vermehrungsrate unter Berücksichtigung der Nahrungskonkurrenz, die sich in der Gleichung als $b \cdot (1-p)$ findet. Diese Vermehrungsrate verschwindet, wenn die Zahl der Möwen das Maximum M erreicht, für das Nahrung vorhanden ist (dann ist $p=1$), und sie wird sogar negativ bei überschießender Population. In diesem Fall ist aus Nahrungsmangel der Bruterfolg dann kleiner als die Sterberate. Wir sehen an dieser Stelle, welche Vorzüge die mathematische Sprache hat. Die Überlegungen aus dem langen letzten Abschnitt können mit ihrer

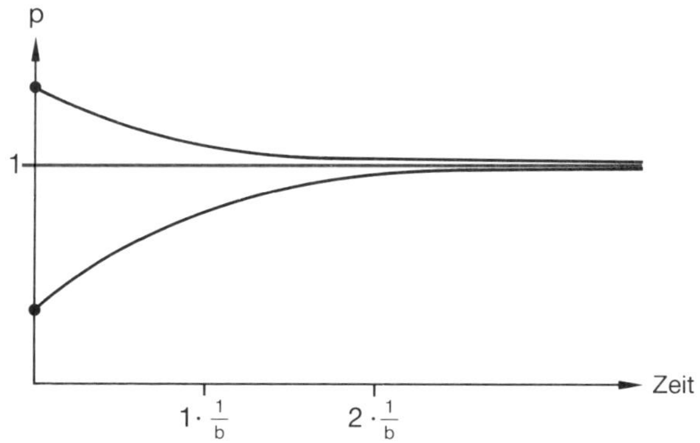

Abb. 8: Die Verhulst-Gleichung *führt immer dazu, daß zuletzt so viele Möwen vorhanden sind, wie das Nahrungsangebot ermöglicht. Der Bruchteil p wird also im Laufe der Zeit auf den Wert 1 zulaufen. Diesem Zustand kann sich eine Möwenpopulation von zwei Seiten aus nähern, nämlich von oben und von unten. Zunächst kommen wir von oben. Zu Beginn können mehr Möwen da sein, als ernährt werden können. In diesem Fall ist p größer als 1, und die Kurve sinkt im Laufe der Zeit ab. Wenn das Nahrungsangebot zu Beginn mehr als ausreichend ist, ist p kleiner als 1, und die Kurve steigt im Laufe der Zeit von unten her an.*

Hilfe zu einem Satz zusammengefaßt werden, der Gleichung (1) nämlich.

Die logistische Gleichung ist eine verkappte lineare Gleichung, die man explizit lösen kann. Die Lösung besagt, daß die Population sich mit einer typischen Zeitkonstanten von $\frac{1}{b}$ Jahren dem Gleichgewichtswert $p = 1$ asymptotisch nähert, gleichgültig von welcher Ausgangssituation (Abb. 8). Der Parameter b geht nur in trivialer Form in die Lösung ein; benutzt man als Zeiteinheit (statt ganzer Jahre) $1/b$ Jahre, verschwindet er völlig. Einfaches System, einfache Gleichung, einfache Lösung!*

Wenn man nun das Modell »verbessert«, indem man berücksichtigt, daß Möwen sich ja nicht kontinuierlich vermehren, sondern in Schüben, z. B. mit nur einer Brutperiode im Jahr, so erhält man eine »Differenzengleichung«:

$$P_{n+1} = a \cdot P_n \cdot (1 - P_n) \qquad (2)$$

P wird hier also nicht mehr als kontinuierliche Funktion der Zeit betrachtet, sondern jeweils als P_n am Anfang jedes Jahres n gemessen; Gl. (2) beschreibt dann die resultierende Population P_{n+1} zu Anfang des folgenden Jahres $n+1$. Die rechte Seite der Gleichung beschreibt nun nicht mehr den *Zuwachs*, sondern das *gesamte* Ergebnis der nächstjährigen Möwenzählung. Entsprechend sind die Größen in (2) etwas anders zu interpretieren: a ist jetzt nicht die Zuwachs*rate* [wie b in (1)], sondern der Zuwachs*faktor* pro Jahr (bei kleiner Anfangspopulation), und $P_n = 1$ ist hier nicht mehr die Populationsdichte, bei der es keinen *Zuwachs* mehr gibt, sondern die (größere) Populationsdichte, bei der bis zum nächsten Jahr leider *alle* verhungern müßten: $P_{n+1} = 0$. Es ist nicht schwierig, bringt aber auch keinen Erkenntnisgewinn, die Bezugsgrößen von (1) und (2) ineinander umzurechnen.

* Für mathematisch Interessierte: Man betrachtet die Größe $q = 1/p$; $\dot{q} = -\dot{p}/p^2 = b(1-q)$ ist damit linear. Die Lösung ist $q(t) = 1-(1-q(0)) \exp(-bt)$.

Man würde nun naiv erwarten, daß die Modifizierung des Modells von (1) nach (2) zwar zu einer leichten quantitativen Veränderung der Resultate führt und damit eine bessere Beschreibung des ins Auge gefaßten biologischen Systems darstellt, daß aber doch qualitativ nicht viel geändert wird.

Doch weit gefehlt: Die so einfach aussehende Gleichung (2) hat je nach Wert des Parameters *a* eine unerwartete Fülle z. T. äußerst »chaotischer« Lösungen. Sie ist zum Musterbeispiel dafür geworden, was *Nichtlinearität* in der Naturbeschreibung wirklich bedeutet, und hat entscheidend dazu beigetragen, das im letzten Kapitel skizzierte »lineare« Naturverständnis ad absurdum zu führen!

Die *Dynamik*, die durch Gleichung (2) beschrieben wird, kann man ohne Rechnung geometrisch leicht veranschaulichen (Abb. 9). Man trägt für die Funktion (2) P_{n+1} über P_n auf und

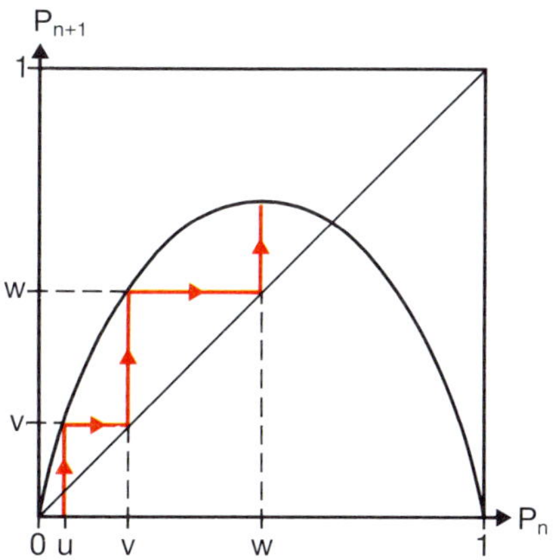

Abb. 9: Um sich mit den Eigenschaften der betrachteten logistischen Gleichung vertraut zu machen, trägt man P_{n+1} gegen P_n auf und wählt eine Ausgangspopulation $P_1 = u$. Den Wert v für P_2 findet man, indem man bis zu der Parabel hochgeht und ihren Wert auf der senkrechten Achse abliest. Um herauszufinden, wie groß P_3 im nächsten Jahr sein wird, muß der Wert v auf die horizontale Achse übertragen werden. Dies gelingt mit Hilfe der Diagonalen. Damit kann der nächste Schritt vollzogen und der Wert w für P_3 gewonnen werden.

erhält eine nach unten geöffnete Parabel, die durch die Punkte 0 und 1 läuft und deren Höhe durch den Parameter a bestimmt ist. Beginnt man im Jahre 1 mit einer Anfangspopulation $P_1 = u$, so erhält man den Wert v für P_2, indem man vom Punkt u auf der horizontalen Achse bis zur Parabel hochgeht und den Wert v auf der vertikalen Achse abliest. Um festzustellen, wie groß dann im darauffolgenden Jahr P_3 wird, muß man zuerst den Wert v von P_2 als neuen Ausgangswert auf die horizontale Achse übertragen. Dies geschieht, indem man waagrecht bis zur Diagonalen vorrückt, auf der ja beide Koordinaten denselben Wert haben. Damit kann man jetzt den nächsten Schritt der »Iteration« der Gleichung (2) vornehmen und erhält so w für P_3 und so fort.

Betrachten wir die Dynamik für einen Parameterwert a, der kleiner als 2 ist, etwa $a = 1.6$ (Abb. 10). In diesem Fall nähert sich die Populationsdichte schrittweise immer mehr dem »Fixpunkt« $P_F = 0.375$, an dem $P_n = P_{n+1}$ ist und so der Wert P von Jahr zu Jahr konstant bleibt: für diesen Wert ist die Population mit dem Nahrungsangebot im Gleichgewicht. Dies ist qualitativ und sogar quantitativ so, wie wir es in Analogie zum kontinuierlichen Modell (1) erwarten würden.

Eine ganz andere Dynamik erhalten wir dagegen für den Parameterwert $a = 4$ (Abb. 11). Hier kann, für bestimmte, ganz harmlos aussehende Anfangspopulationen u der »Extinktionspunkt« $P_n = 1$ erreicht werden, von dem aus bis zum nächsten Jahr die gesamte Population verschwindet ($P_{n+1} = 0$). Für benachbarte Ausgangssituationen geschieht dagegen *etwas qualitativ völlig anderes* (Abb. 11).

Dies ist schon überraschend. Viel sensationeller ist: Die Entwicklungsgleichung (2) ist zwar unzweifelhaft *strikt deterministisch* – das heißt, aus einer *exakt* gegebenen Situation P_n bestimmt sie das Folgeverhalten $P_{n+1}, P_{n+2}, \ldots$ eindeutig und exakt. Kann man die Größen P_n aber nur mit *endlicher* Genauigkeit bestimmen – und diese Voraussetzung ist bei empirischen Meßgrößen *grundsätzlich immer* gegeben –, dann ist bei $a = 4$ für große m die Folge der im Abstand von m Jahren gemessenen Populationen $P_{n+m}, P_{n+2m}, \ldots$ *so unvorhersehbar und irregulär wie ein Würfelspiel!*

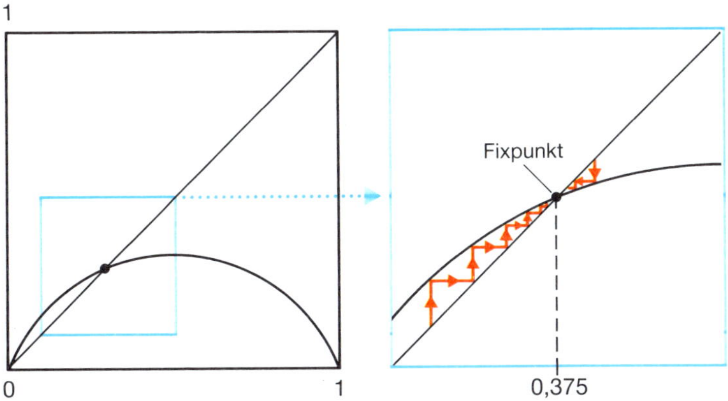

Abb. 10: Die in Abb. 9 (und im Text) erläuterte Methode zur Erfassung der dynamischen Eigenschaften der logistischen Gleichung wird in dieser Abbildung für den Fall angewendet, daß der Parameter a kleiner als 2 ist. Die Kurve nähert sich einem Fixpunkt, der hier bei 0,375 liegt.

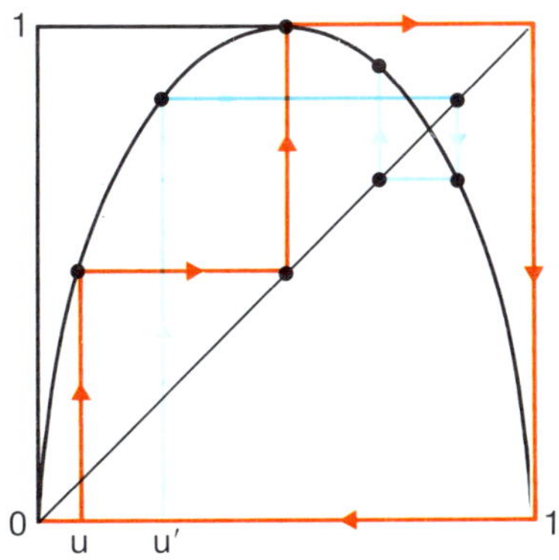

Abb. 11: Wenn der Parameter a den Wert 4 annimmt, passiert etwas, das qualitativ neu ist. Dann wird nicht mehr (wie in Abb. 10) ein Fixpunkt angesteuert, vielmehr kann plötzlich der Extinktionspunkt p = 1 erreicht werden, von dem aus die Population der Möwen verschwindet.

Hier liegt ein Schlüssel zum Verständnis der Irregularität des Naturgeschehens, und der Autor möchte dies deshalb etwas eingehender in der Sprache der Mathematik vorführen. Zunächst muß gesagt werden, daß diese Art von *deterministischem Chaos* nicht auf die spezielle Dynamik der Gleichung (2) beschränkt ist (dann wäre diese bloß eine mathematische Kuriosität), sondern ein Verhalten darstellt, welches bei nichtlinearen Entwicklungsgleichungen zwar nicht notwendig auftritt, aber doch – wie man heute weiß – *typischerweise* für viele Werte der Parameter. Die Gleichung (2) ist damit ein Prototyp – sie ist tatsächlich die *einfachste* wirklich nichtlineare Entwicklungsgleichung: sie enthält nur einen Parameter (a), eine Variable (P) und die einfachste denkbare Nichtlinearität (nämlich einen quadratischen Term, wenn man die Multiplikation auf der rechten Seite der Gleichung durchführt).

Für den Parameterwert $a = 4$ hat man noch dazu Glück, und das wollen wir im folgenden ausnutzen: Die Gleichung wird explizit lösbar! Durch eine trickreiche Umrechung* in eine neue Meßgröße φ, die (wie P) auf das Intervall zwischen 0 und 1 beschränkt ist, erhält man eine neue Gleichung, aus der wir die oben behaupteten, chaotischen Eigenschaften ableiten können. Sie läßt sich schreiben als

$$\varphi_{n+1} = 2\varphi_n \bmod 1 \qquad (3)$$

und graphisch darstellen, wie es in Abb. 12 gezeigt ist. In dieser Gleichung müssen wir zunächst den Ausdruck »mod 1« erläutern. Er bedeutet, daß bei den Zahlenwerten für die neue Größe nur die Stellen zu berücksichtigen sind, die hinter dem Komma

* Es wird $P_n = \sin^2(\pi\varphi_n)$ eingeführt, mit der Beschränkung $0 \leq \varphi_n \leq 1$. Jedem P-Wert zwischen 0 und 1 entsprechen also *zwei* φ-Werte. Wer sich an die Schulmathematik mit $\cos^2 \alpha = 1 - \sin^2 \alpha$, $\sin 2\alpha = 2 \sin \alpha \cos \alpha$ und $\sin^2 \alpha = \sin^2(\alpha - \pi)$ erinnert, kann leicht ausrechnen, daß aus $P_{n+1} = 4P_n(1 - P_n)$ folgt: $P_{n+1} = \sin^2(\pi \cdot 2\varphi_n)$ oder auch $= \sin^2[\pi(2\varphi_n - 1)]$.

Abb. 12: Die graphische Darstellung der umgerechneten logistischen Gleichung (3). Wegen der Modulo-1-Vorschrift liegen alle möglichen Werte nur in dem gezeigten Streifen.

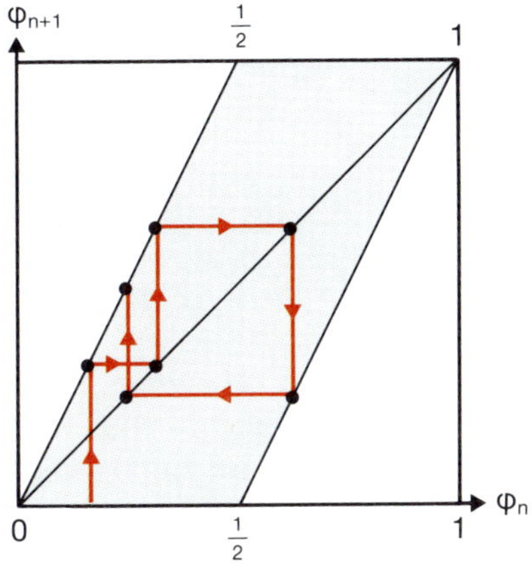

stehen. Die ganzzahligen Anteile läßt man fort. Also 3,629 mod 1 ist gleich 0,629. Wir werden gleich sehen (Abb. 13), was dies für die Dynamik des Systems bedeutet, müssen uns aber im folgenden darüber klar sein, daß die in der neuen Gleichung (3) auftauchenden Größen φ keine anschaulichen Eigenschaften mehr haben und inhaltlich nur über die Umrechung im ursprünglichen Populationsmodell interpretiert werden können. Leser ohne Erfahrung im Umgang mit der mathematischen Sprache können an dieser Stelle den Eindruck gewinnen, daß wir einfach nur neue Übersetzungen ausprobieren, die auf den ersten Blick eher unverständlich wirken. Aber wir sind schon am Ziel. Mit dieser neuen Formulierung können wir vorführen, wie die Unvorhersagbarkeit entsteht.

Die in Abb. 12 und Gleichung (3) dargestellte Dynamik ist eine Karikatur des Teigknetens (Abb. 13): Ein Teigstück (das Intervall zwischen 0 und 1) wird auf die doppelte Länge ausgewalzt, in der Mitte auseinandergeschnitten, die Hälften werden aufeinandergelegt (die rechte Hälfte wird dazu um die Länge 1

Abb. 13: Die Karikatur des Teigknetens, bei dem ein Teigstück – das gezeigte Intervall – zunächst auf seine doppelte Länge ausgewalzt (Faktor 2 in der Gleichung) und dann in der Mitte durchgeschnitten wird. Die rechte Hälfte wird um die Länge 1 nach links verschoben und dabei auf die linke Hälfte gelegt. Anschließend werden beide Stücke wieder zu einem Teigstück der ursprünglichen Länge vereinigt.

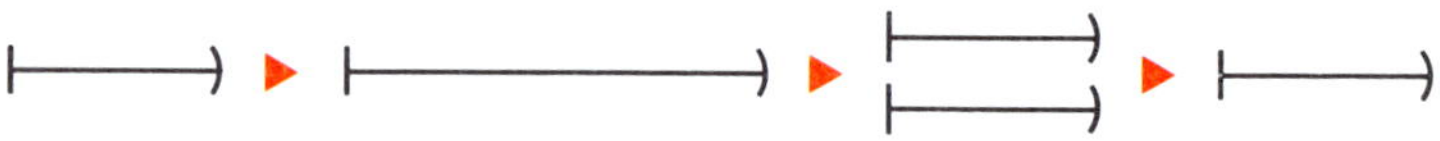

nach links verschoben – dies ist die »mod 1«-Vorschrift) und wieder zu einem Teigstück der ursprünglichen Gestalt verschmolzen. Jeder Bäcker weiß, daß dies eine gute Methode ist, Material schnell durchzumischen; die Punkte jedes kleinen Teigstücks *s* werden dabei schließlich gleichmäßig auf das ganze Intervall verteilt – die Dynamik heißt auch unter Mathematikern »mischend«.

Die *numerische* Konsequenz dieses Vorgangs können wir sehr überzeugend und elegant nachvollziehen, indem wir uns der mathematischen Darstellung von nicht ganzen Zahlen durch »Stellen nach dem Komma« bedienen. Dazu schreiben wir jeden Anfangswert $u = \varphi_1$ als

$$u = 0, z_1 z_2 z_3 \ldots$$

Wir tun dies dabei nicht im uns geläufigen Dezimalsystem, wo die Stellen $z_1, z_2, \ldots$ Ziffern zwischen 0 und 9 wären, sondern im *Binärsystem*, wie es Computer benutzen, in dem $z_1, z_2, \ldots$ nur die Ziffern 0 oder 1 sein können. Wenn man im Zehnersystem eine beliebige Zahl mit 10 multipliziert, wird als Ergebnis bei der Zahl das Komma um eine Stelle nach rechts gerückt: also zum Beispiel $10 \cdot 0{,}352 = 3{,}52$. Dasselbe passiert im Binärsystem bei einer Multiplikation mit 2. Also $2 \cdot 0{,}1001 =$

1,001. Oder wenn man dies allgemeiner faßt: Wenn $u = 0, z_1 z_2 z_3 \ldots$ ist, dann ist

$$2 \cdot u = z_1, z_2 z_3 \ldots,$$

und wenn man noch die »mod 1«-Vorschrift beachtet (also die ganzzahligen Anteile ausläßt)

$$2 \cdot u \mod 1 = 0, z_2 z_3 \ldots$$

Damit haben wir eine sehr einfache numerische Darstellung für das zukünftige »Schicksal« eines Anfangswertes φ_1 unter der Dynamik (3): aus

$$\varphi_1 = 0, z_1 z_2 z_3 \ldots$$

wird nach $n - 1$ Schritten:

$$\varphi_n = 0, z_n z_{n+1} z_{n+2} \ldots,$$

wobei die jeweils erste Ziffer nach dem Komma angibt, ob sich der Punkt in der linken Hälfte des Intervalls ($z_n = 0$) oder der rechten Hälfte ($z = 1$) befindet. Die Folge der Nullen und Einsen in φ gibt also an, wie der Punkt unter der Dynamik hin und her springt – typischerweise mit der *Unvorhersagbarkeit* und *Irregularität* einer Folge von Kopf oder Adler beim Werfen einer Münze.

Letzteres ergibt sich aus einer einfachen, aber wichtigen Eigenschaft der Zahlen: *Alle* Sequenzen, die man sich vorstellen kann, kommen als Zahlen gleichberechtigt vor.* Die uns *ge-*

* Um pedantisch zu sein: Es ist 0,999... = 1,000... und binär 0,111... = 1,000... Für eine *eindeutige* Darstellung von Zahlen muß man deshalb Ziffernfolgen ausschließen, die in eine ununterbrochene Einserreihe nach rechts einmünden.

läufigen Zahlen bestehen aus Ziffernfolgen (binär wie dezimal) mit *regulären* Mustern oder Bildungsgesetzen, z. B. (binär):

$$0,110000\ldots = 3/4 \quad \text{oder} \quad 0,101010\ldots = 2/3.$$

Solche Zahlen sind jedoch *hoffnungslos* in der Minderheit. Wählt man eine Zahl sozusagen »blind« aus einem Intervall aus – etwa als einen nur mit endlicher Genauigkeit meßbaren Anfangswert –, so wird man *nie* auf eine Zahl mit regulärem Muster stoßen, sondern immer auf eine *typische* Zahl, die (im Binärsystem) genauso aussieht wie eine typische Folge von Münzwürfen. (Wir haben übrigens ein sehr gutes intuitives Gespür für diese Häufigkeitsverteilung: Wenn beim Würfeln ums Bier jemand *immer* dieselbe Zahlenfolge würfelt, sind wir *sicher*, daß er mogelt!)

Stellen wir uns nun vor, wir hätten im Jahre 1 den Anfangswert φ_1 gemessen – z. B. auf 1‰ genau, was 10 Binärstellen entspricht. Wir kennen also die ersten zehn Ziffern z_1 bis z_{10}, über die Ziffern ab z_{11} wissen wir *nichts*, diese Stellen machen ja für den anfänglichen Zahlenwert φ_1 auch nur wenig aus. Wir wollen dann beobachten, wo in den Folgejahren n die Werte φ_n liegen, links oder rechts der Mittellinie in Abb. 11. Für die ersten zehn Jahre ist diese Position auf Grund der Messung vorhersagbar, ab Jahr 11 jedoch ist das Ergebnis so unvorhersagbar wie beim Münzwurf.

Auch wenn wir (auf den groben Raster rechts/links) das Verhalten nun 10 weitere Jahre messen, indem wir z_{11} bis z_{20} beobachten, in der Hoffnung, daraus vielleicht auf die noch fernere Zukunft extrapolieren zu können: vergebens, die Position φ_{21} im 21. Jahr wird von z_1 bis z_{20} nicht mehr beeinflußt. Wir haben hier das Phänomen der *Anfangswertempfindlichkeit*: Unmeßbar kleine Ungenauigkeiten im Anfangswert bestimmen nach genügend langer Zeit das Geschehen vollständig. Oder mit Bezug auf den Schluß des vorhergehenden Kapitels:

Aus beliebig ähnlichen *Anfangszuständen können sich – auch bei ganz einfachen deterministischen nichtlinearen Systemen – nach längerer Zeit* völlig unterschiedliche *Endzustände entwikkeln.*

Um es mit dem einprägsamen Bild vom »Schmetterlingseffekt« der Meteorologen zu verdeutlichen: Die kleinen Luftwirbel, die ein Schmetterling verursacht, den man von einer Blume aufscheucht (oder nicht), haben vielleicht Einfluß darauf, ob im darauffolgenden Jahr ein Wirbelsturm eine Stadt verwüstet (oder nicht)!

Hier soll nochmals die entscheidende Bedeutung der Nichtlinearität betont werden. Auch in linearen Systemen kann eine anfänglich kleine Störung mit der Zeit anwachsen, wenn das System »instabil« ist (z. B. eine Monokultur von Pflanzen, die von einem Schädling befallen wird). Dieses Wachstum ist bei linearen Systemen aber nach Art und Größe völlig vorhersagbar. Das heißt, man kann den Langzeiteffekt jeder vorgestellten anfänglich kleinen Störung sehr genau abschätzen; Ursache und Wirkung hängen in übersichtlicher, »geordneter« Weise zusammen. Genau dieses Element des *geordneten* Zusammenhangs wird von der Nichtlinearität völlig unterdrückt – wir haben im obigen Beispiel gesehen: Nach dem 10. Jahr kann *alles* passieren. Auf eine Zeile gebracht heißt das: *Determinismus und Vorhersagbarkeit sind nicht dasselbe!*

Das Feigenbaum-Szenario

Mit der Betrachtung des unterschiedlichen Verhaltens der Fälle $a = 2$ und $a = 4$ sind die Parameterwerte erschöpft, für welche die Gleichung (2) *explizit* lösbar ist; die ganze Fülle von Verhaltensweisen des Systems offenbart sich erst, wenn man den Computer zu Hilfe nimmt.

So gibt es Parameterwerte (wie den schon besprochenen Wert $a = 1.6$), bei denen sich die Population – unabhängig vom Ausgangszustand – immer auf ein stabiles Gleichgewicht einpendelt. Für andere, bestimmte Wertebereiche von a durchläuft die Population nach einer Einschwingphase periodisch immer wieder denselben Zyklus, der je nach Wahl von a zwei, drei oder irgendeine andere Anzahl von Jahren dauern kann. In Abb. 14 ist ein solcher Fall gezeigt – beginnend mit einem Wert P_1 nimmt die Population über P_2 nach P_3 zu und alterniert von da an: $P_1 \rightarrow P_2 \rightarrow P_3 \rightarrow P_4 \rightarrow P_3 \rightarrow P_4 \ldots$ Es kann gezeigt werden, daß (bei dem zu Abb. 14 gehörenden Wert von a) die Population für *jeden* Anfangspunkt, mit Ausnahme von P_F, schließlich in diesen Zyklus einläuft.

Der Fixpunkt P_F selbst ist im Vergleich zu Abb. 10 instabil geworden. Fängt man nämlich mit dem mathematisch exakten Wert von P_F an, so bleibt das System zwar bei P_F, aber jede noch so kleine Abweichung durch äußere Störungen (die bei natürlichen Systemen – im Gegensatz zu mathematischen Modellen – nie auszuschließen sind) treibt das System von P_F fort in den Zweierzyklus hinein, der gegen Störungen stabil ist.

Um sich ein Bild von der Vielfalt der möglichen Verhaltensweisen des Systemes für verschiedene Parameterwerte a zu machen, läßt man den Computer ein Panorama erstellen (Abb. 15): Für jeden* Wert des Parameters a zwischen 2 und 4 – in Abb. 15 auf der Horizontalen aufgetragen – läßt man die Dynamik mit irgendeinem Wert P_1 anfangen und rechnet dann z. B. P_1 bis P_{10000} aus. Die Werte P_1 bis P_{5000} etwa werden ignoriert, um sicherzugehen, daß während dieser Zeit der Vorgang des Einpendelns auf das Langzeitverhalten (jedenfalls mit der Genauigkeit des Computers) abgeschlossen ist. Die Werte P_{5001} bis P_{10000} werden dann in der Vertikalen über dem betreffenden Wert a aufgetragen.

Ganz links in Abb. 15 erhält man dabei nur *einen* Punkt: Es ist $P_{5001} = \ldots = P_{10000} = P_F$, das System hat sich auf ein stabiles Gleichgewicht eingependelt. Bei $a = 3$ findet die erste »Bifurkation« statt: Für Werte von a zwischen 3.0 und 3.5 erhält man jeweils *zwei* Punkte, dies bedeutet, daß die Population sich auf einen Zweierzyklus eingependelt hat: $P_{5001} = P_{5003} = \ldots$; $P_{5002} = P_{5004} = \ldots$ so wie in Abb. 14. Insgesamt erkennt man eine Fülle von weiteren Details: 4er-Zyklen, 8er-Zyklen, ganz rechts (beginnend bei $a = 3.8284$) als »Fenster« in dem »chaoti-

* In Wirklichkeit natürlich nur für *endlich* viele Werte a auf einem Raster, welches eng genug ist, um optisch den Eindruck des Kontinuierlichen zu erzeugen.

Abb. 14: Beispiel für einen Parameterwert, bei dem die Dynamik schließlich in den alternierenden Zustand $P_3 \to P_4 \to P_3 \to P_4 \to \ldots$ einläuft. Der Fixpunkt P_F ist instabil, eine kleine Auslenkung aus P_F führt schließlich auch auf den alternierenden Zustand (Ausschnitt).

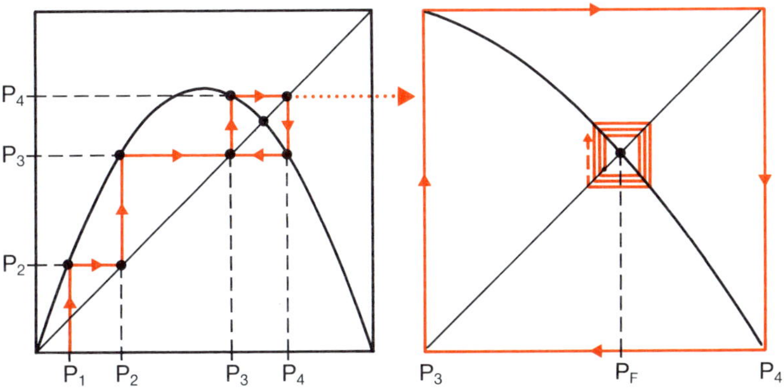

schen Band« einen 3er-Zyklus, der in einen 6er, dann 12er-Zyklus usw. übergeht. Schließlich gibt es Parameterwerte a, bei denen man sehr viele verschiedene Punkte in der Vertikalen erhält, bei denen also das System nicht in einen periodischen Zyklus einmündet. Wir haben einen solchen Fall mit $a = 4$ (rechter Rand des Bildes) schon kennengelernt: für solche Parameterwerte ist das System »mischend«, also in der dargelegten Weise chaotisch. Für andere »chaotische« Parameterwerte (außer $a = 4$) mischt die Dynamik aber nicht das ganze zugelassene vertikale Intervall zwischen 0 und 1, sondern nur Teilstücke desselben; gewisse Bereiche in der Vertikalen werden nach dem Einschwingen offensichtlich nie mehr aufgesucht. Die weiterhin aufgesuchten P-Bereiche konstituieren einen *seltsamen Attraktor*, im Gegensatz zu den Zyklen (= *periodische* Attraktoren). Attraktoren deshalb, weil diese Bereiche die P-Werte »anziehen«.

Dieses Bild stellt das »FEIGENBAUM-Szenario« dar – so genannt nach dem amerikanischen Physiker M. FEIGENBAUM, der als erster eine mathematische Begründung dieser Struktur gefunden hat. Es enthält eine außerordentliche Fülle hochinteressanter Details, die hier nicht erläutert werden können.

Wichtig sind für unsere Diskussion drei Aspekte, die auch in den folgenden Kapiteln noch wiederkehren werden:

A) Die *Komplexität* dieses Gebildes, welche die zweite Unterstellung vom Schluß des Kapitels 2 entkräftet: *Einfache* Gesetzmäßigkeiten *können äußerst komplexe* Folgerungen *haben, die selbst bei Zuhilfenahme von Computern im Detail fast unausschöpflich bleiben.*

B) Das Phänomen der *Selbstähnlichkeit*: An geeigneten Stellen des Gebildes genommene Ausschnitte (Ausschnitte a, b, x der Abb. 15) sind bis auf Vergrößerungsfaktoren und eventuell eine leichte Verzerrung mit dem *gesamten* Szenario identisch. Dies ist das gleiche Phänomen der Selbstähnlichkeit wie bei der KOCHschen Kurve oder wie bei der Struktur von Bäumen, Farnwedeln oder Bergketten: Das FEIGENBAUM-Szenario hat stellenweise eine fraktale Struktur, die sich (anders als beim Farnwedel) *ad infinitum* fortsetzt; eine unendliche Folge von ineinandergeschachtelten »russischen Puppen«.

C) Die Eigenschaft der *Universalität*. Die Entdeckung der Universalität dieses Szenarios durch M. FEIGENBAUM vor etwa 10 Jahren war eine wissenschaftliche Sensation ersten Ranges. Universalität bedeutet, daß die Charakteristika der Abb. 15 nicht eine Besonderheit der Dynamik der Gleichung (2) sind. Eine *ganze Klasse* von dynamischen Systemen verhält sich qualitativ und teilweise quantitativ identisch wie Abb. 15.

Der quantitative Aspekt der Universalität besteht z. B. darin, daß zwei aufeinanderfolgende Ausschnitte *a, b identische* Bilder* ergeben, wenn man jeweils den kleineren Ausschnitt um

* Um weiterhin pedantisch zu sein: *Exakt* ist dies erst in der Grenze beliebig kleiner »Gabeln«, die numerisch und zeichnerisch in Abb. 15 nicht mehr sichtbar gemacht werden. Es ist aber schon bei den gezeigten Ausschnitten eine gute numerische Approximation.

die Faktoren $\delta = 4.66920\ldots$ (parallel zur vertikalen Achse) und $-2.500\ldots$ (parallel zur horizontalen Achse bei gleichzeitiger Vertauschung von oben und unten) vergrößert. Die »FEIGENBAUM-Konstante« δ ist damit eine *universelle* numerische Konstante, etwa vergleichbar mit der Zahl π. So wie man die Zahl π näherungsweise empirisch wiederfindet, wenn man bei einem Atomkern, einem Tennisball oder einem Saturnring Umfang mit Durchmesser vergleicht, so hat man auch in etlichen Untersuchungen physikalischer dynamischer Systeme, von der Hydrodynamik über elektronische Schwingkreise bis zur Laserphysik, die Feigenbaumkonstante empirisch wiedergefunden: als Zahlenverhältnis von Werten experimenteller Parameter, bei denen die Dynamik des Systems über 2er-, 4er-, 8er-Zyklen etc. schließlich ins chaotische Verhalten überging. Man ist versucht, Hamlet zu variieren: Und wird es Chaos, hat es doch Methode.

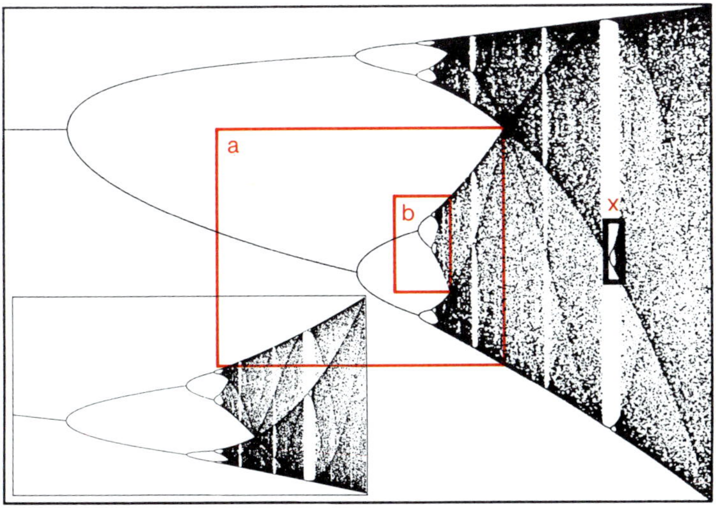

Abb. 15: Das von einem Computer erstellte Panorama, das ein Bild von der Vielfalt der Verhaltensweisen gibt, die in der betrachteten Gleichung steckt. Die Ausschnitte werden im Text erläutert.

Man kann sich die Klasse der dynamischen Systeme, die zum FEIGENBAUM-Szenario führen, veranschaulichen und zugleich verstehen, warum solche dynamischen Systeme nicht ganz selten sind. In dem Seemöwenmodell von VERHULST hatten wir es mit einer einzigen Meßgröße zu tun – der Population P, ausgedrückt in Einheiten einer Maximalpopulation. Das war sicher eine sehr radikale Vereinfachung der Entwicklung von Möwenpopulationen. In den allermeisten natürlichen Systemen wird es eine Vielzahl von »dynamischen Variablen« geben, P, Q, R, $S, \ldots$, die sich abhängig voneinander und deterministisch als Folge der Systemdynamik gleichzeitig ändern (Möwen, Fische, Algen, Plankton, Nährstoffe...). Zugleich wird es eine Vielzahl von Systemparametern geben, die für ein gegebenes System zwar zeitlich konstant sind (Anzahl der Nistplätze, durchschnittliche Wassertemperatur...), aber von System zu System jeweils unterschiedliche Werte haben können; Werte, die bei experimentellen Systemen auch willkürlich eingestellt werden können. Um sich eine solche Dynamik geometrisch zu veranschaulichen, brauchte man also als Analoga zum a-Intervall und P-Intervall des Kapitels 3 abstrakte, höherdimensionale Räume: einen »Parameterraum« und einen »Zustandsraum«. Ein »Punkt« des letzteren hätte die Koordinaten P_n, Q_n, $R_n \ldots$, Meßwerte für die Größe der Populationen der Möwen, Fische, Algen etc. im Jahre n. Daraus entsteht dann der »Punkt« mit den Koordinaten P_{n+1}, Q_{n+1}, $R_{n+1} \ldots$, im darauffolgenden Jahr.

Man kann nun die Dynamik solcher höherdimensionalen Systeme wieder mit der Analogie des Teigknetens (vergleichbar Abb. 13) veranschaulichen. Um das Vorstellungsvermögen nicht übermäßig zu strapazieren, beschränken wir uns auf drei Zustandsvariablen, also dreidimensionale Zustandsräume.

Ein »Punkt« P_n Q_n R_n beschreibt in dieser Analogie die Koordinaten eines Mehlkörnchens, dieses wird beim nächsten Knetvorgang nach P_{n+1} Q_{n+1} R_{n+1} befördert. Sieht man nicht nur auf *einen* Punkt, sondern darauf, wie der *ganze* Zustandsraum »geknetet« wird, so hat man mit einem Schlag einen Überblick über das Schicksal aller Mehlkörnchen, d. h. über die Entwicklung *aller* denkbaren Zustände aus dem Jahr n in neue Zustände im Jahr $n + 1$ (Abb. 16).

Abb. 16: Die Dynamik eines höherdimensionalen Systems, bei dem man danach schaut, wie der ganze Zustandsraum »geknetet« wird. Wir betrachten dabei den Fall der Expansion in einer Richtung und falten diese einmal.

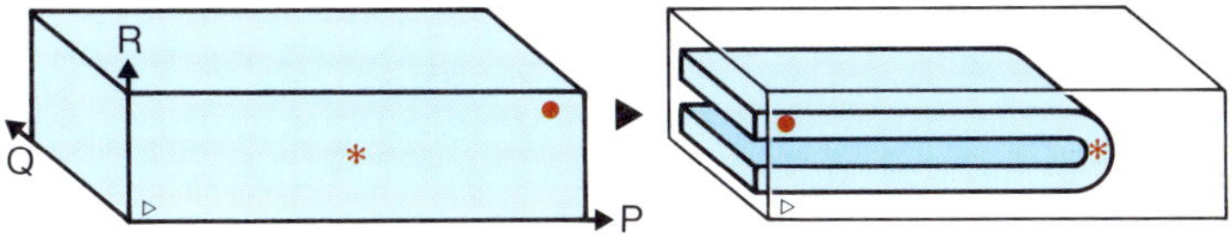

Es gibt dabei allerdings einen wichtigen Unterschied zwischen Kuchenteig und Zustandsraum: Ersterer verändert seinen Volumeninhalt beim Kneten nicht, letzterer aber sehr wohl – das Volumen von Zustandsräumen wird durch die Systemdynamik (in der Regel) *verkleinert*. Das ist eine abstrakte mathematische Folgerung aus der Tatsache, daß alle natürlichen Systeme »dissipativ« sind; sie *verbrauchen* an irgendeiner Stelle Stoffe oder Energie oder genauer: sie setzen nutzbare Energie (z. B. Lichtenergie für die Photosynthese) in nutzlose Energie (z. B. Umgebungswärme) um.

Wie könnte solche Volumenminderung geometrisch aussehen? Im einfachsten Fall schrumpft ein Objekt dadurch, daß seine Ausdehnung in alle Richtungen verkleinert wird. Bei Fortsetzung dieses Prozesses muß es schließlich auf einen »Fixpunkt« zusammenlaufen. Das beschreibt wieder den Fall, wo die Dynamik in einen stabilen, stationären Endzustand hineinläuft (wie in Abb. 10).

Der Volumeninhalt kann aber auch dann schrumpfen, wenn die Ausdehnung in einigen Richtungen *zunimmt*, solange nur diese Zunahme durch Kontraktion in anderen Richtungen überkompensiert wird. Eine solche *Ausdehnung*, soll sie bei Wiederholung nicht zu einem explosiven Anwachsen von Meßgrößen führen (was natürlich auch vorkommen kann: von der Heuschreckenplage bis zur Supernovaexplosion), muß mit einer *Faltung* (oder einem ähnlichen Vorgang, z. B. wie in Abb. 13) einhergehen (Abb. 16).

Wenn nur *eine* expanisve Richtung mit *einfacher* Faltung auftritt (wie in Abb. 16) und wenn die Kontraktion quer dazu bei Wiederholung dieses Prozesses schließlich das Volumen zu einem eindimensionalen Gebilde zusammenzieht, dann ergibt sich für letzteres der Knetvorgang der Abb. 17: wir haben damit qualitativ die VERHULST-Dynamik der Gleichung (2) wiedergefunden. Ein System, welches sich so verhält, zeigt bei Parametervariation das FEIGENBAUM-Szenario. Dessen wesentlicher Parameter a – cum grano salis das Maß der »Höhe« h der Faltung – hängt dann irgendwie von allen Koordinaten des vollen »Parameterraumes« ab.

Es folgt aus dieser Diskussion, daß das FEIGENBAUM-Szenario in gewisser Weise das *einfachste* aller denkbaren nichtlinearen Szenarien ist. Es gibt aber keinen theoretischen Grund, warum Faltungen nicht komplizierter ausfallen können oder warum Systeme mit vielen Variablen nicht mehrere expandierende Richtungen im Zustandsraum haben können, von denen jede für sich auf unterschiedliche Weise gefaltet wird. Der Phantasie der Systembäcker, wie man einen z. B. 7dimensionalen Zustandsraum kneten könnte, sind keine Grenzen gesetzt. Dabei wäre 7 noch eine kleine Zahl; praktisch wichtige dynamische Systeme (z. B. ökologische oder gesellschaftliche) haben oft sehr viel mehr Systemvariable – das Wetter hat gar unendlich viele.

Naturgesetze und Naturmodelle

Die Ergebnisse, die in den beiden vorangehenden Kapiteln diskutiert wurden, haben außerordentlich aufregende Konsequenzen für das naturwissenschaftliche Weltbild. Sie sind aber sehr abstrakt. Im folgenden sollen diese Konsequenzen durch weitere Beispiele etwas anschaulicher gemacht werden; zuvor aber ist etwas Grundsätzliches zur mathematischen Modellierung von Naturvorgängen zu klären.

Von GALILEI stammt die Behauptung, daß wir im Buche der Natur lesen können, wenn wir die Sprache verstehen, in der es geschrieben ist: diese Sprache sei die Mathematik.

Abb. 17: Wenn wir das Volumen des in Abb. 16 gezeigten »Knetvorganges« auf eine Dimension zusammenziehen, finden wir qualitativ die Dynamik der logistischen Gleichung wieder.

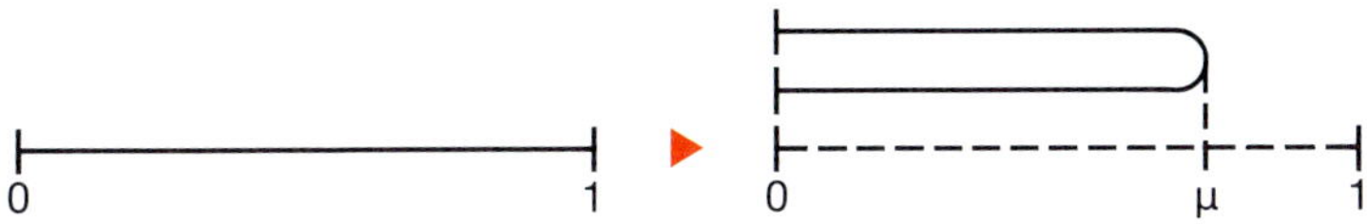

Was wir aus einem Buch herauslesen, kann nun aber niemals ein *getreues* Abbild der Wirklichkeit sein: es enthält *immer* Verkürzungen, Projektionen eines unendlich vielseitigen, unendlich detaillierten Ausschnittes der Realität in die Endlichkeit unserer Begriffe und Interessen. Es ist daher zu diskutieren, welcher Art die Verkürzung ist, wenn wir Naturgeschehen in der Sprache der Mathematik beschreiben, und wie der so entstehende »Text« zu interpretieren ist. Es stellt sich heraus, daß man zwei ganz unterschiedliche Arten mathematischer Naturbeschreibung unterscheiden muß: »Naturgesetze« und »Naturmodelle«. Beispielsweise die Gleichung (2) des Kapitels über die logistische Gleichung ist sicherlich kein »Naturgesetz« für die Populationsdynamik von Möwen, es ist vielmehr eine radikale Vereinfachung, die man so oder auch anders vornehmen kann: ein »Modell«; wenn man will, eine Karikatur. Dieses Modell wird auf keinen Fall den Anspruch erheben können, wirkliches Naturgeschehen quantitativ korrekt zu beschreiben. Es wird deshalb zu diskutieren sein, wozu man solche Modelle überhaupt betrachtet.

Anders das Naturgesetz. Als Beispiel betrachte man das Newtonsche Grundgesetz der Mechanik: Masse mal Beschleunigung gleich Kraft. Die Bezeichung *Naturgesetz* für diese mathematische Beziehung unterstellt, daß diese »im Prinzip« Naturgeschehen *quantitativ exakt* wiedergibt. Mit der Genauigkeit, mit der Massen, Beschleunigungen und Kräfte überhaupt empirisch ermittelt werden können, sollten diese Beziehung *und ihre mathematischen Folgen* immer und überall erfüllt sein. Entsprechendes wird für jedes Naturgesetz zunächst unterstellt.

Das Fortschreiten der Wissenschaften hat jedoch gezeigt, daß es ganz so nicht ist; Naturgesetze sind *nicht*, wie man im vorigen Jahrhundert vielleicht gelegentlich glaubte, ewige und unabänderliche, *absolute* Wahrheiten. Wenn man die Meßgenauigkeit immer weiter steigert oder den Gültigkeitsbereich für immer »extremere« Situationen austestet, findet man schließlich Abweichungen. Im Falle des NEWTONschen Grundgesetzes treten diese Abweichungen bei Geschwindigkeiten nahe der Lichtgeschwindigkeit oder bei Vorgängen im atomaren Bereich auf; es verliert dort seine Gültigkeit und muß durch die Relativitätstheorie bzw. die Quantentheorie oder gar eine Kombination von beiden ersetzt werden.

Deshalb ist nun das NEWTONsche Grundgesetz nicht etwa »falsch«; es ist vielmehr eine Approximation, ein *Grenzfall*, der eine genaue, ja eine phantastisch genaue mathematische Beschreibung mechanischer Naturvorgänge abgibt, sofern diese den Grenzen seines Gültigkeitsbereiches nicht zu nahe kommen.

Es wäre daher auch nicht zweckmäßig, dieses altehrwürdige Gesetz fallenzulassen und etwa gänzlich durch seine »Verbesserung«, die relativistische Quantentheorie, zu ersetzen. Die darin formulierten Naturgesetze sind begrifflich und mathematisch ungleich schwieriger zu handhaben, und ihre Anwendung könnte im Geltungsbereich der klassischen Mechanik doch zu keiner brauchbaren Verbesserung führen.

Grundsätzlicher noch: Es ist zu vermuten, daß *alle* sogenannten Naturgesetze einen begrenzten Gültigkeitsbereich haben und damit prinzipiell Näherungen, Projektionen sind, für die keine Absolutheit beansprucht werden kann. Allerdings sind nicht bei allen Gesetzen Gültigkeitsgrenzen bekannt.* Da

* Unter den Fachleuten der mathematischen Physik, die als Forschungsgegenstand die derzeit »tiefste« bekannte Schicht der subatomaren Teilchen und Felder bearbeiten, ist sogar die Hoffnung weit verbreitet, man könnte eine »TOE« finden, eine »Theory of Everything«, die das endgültige, exakte und absolute Naturgesetz wäre. Unter gewissen allgemeinen *qualitativen* Forderungen würde

die Gültigkeitsgrenzen des gesamten Korpus der bekannten Naturgesetze sehr weit herausgeschoben sind, tut diese prinzipielle Relativierung, dieser Verlust an absoluter Autorität, der Anwendung dieser Gesetze keinen Abbruch, weder in der Technik noch als Mittel zum Weltverständnis.

Nun ist es so, daß die »Information« (im Sinne einer kompletten Bestimmung) darüber, wie sich ein bestimmtes physikalisches System zu verhalten hat, zwar in der Summe der (für das System relevanten) Naturgesetze niedergelegt ist, aber doch ungefähr nur so wie die Struktur eines Lebewesens in seinem Genom, d. h. wie ein Rosenstrauch im Samenkorn. Die Analogie ist recht treffend (wenn man einmal so tut, als sei die Ontogenese ausschließlich von innen gesteuert, d. h. ohne zufällige Umwelteinflüsse). Ein umfassender Geist nämlich, der die Biochemie vollständig überblickte, könnte, wie wir glauben, Struktur und Funktion eines jeden Organismus aus dessen Genom ablesen wie aus einer Bauzeichnung. Genauso könnte dieser Geist aus den Naturgesetzen das künftige Verhalten eines physikalischen Systems ablesen, *wenn er nur die Mathematik vollständig überblickte*. Wie also das Genom erst durch die Biochemie *entfaltet* wird, so werden die Naturgesetze erst durch die Mathematik entfaltet!

Diese Einsicht ist der Schlüssel zum Verständnis einer ganzen Reihe von Sachverhalten, die bisher angesprochen wurden. Die Entdeckung des FEIGENBAUM-Szenarios und seiner Universalität, so sieht man jetzt, ist die Entdeckung einer *mathematischen* Gesetzmäßigkeit, welche die *Entfaltung* bestimmter Klassen nichtlinearer Entwicklungsgesetze reglementiert. Dieses Szenario, ebenso wie eine ganze Reihe anderer universeller Szenarien, die inzwischen für nichtlineare Systeme

man von dieser Theorie (wenn man sie denn hätte!) noch gern beweisen, daß sie die *einzig mögliche* mathematisch konsistente Theorie ist, daß also das absolute Naturgesetz aus *Notwendigkeit* so ist, wie es ist! Der Autor kann die Faszination dieser Idee durchaus nachvollziehen, akzeptiert sie auch als Zielsetzung, hält aber ihre Realisierbarkeit nicht für plausibel.

gefunden wurden, ist also gar kein *Naturgesetz* im Sinne einer Gesetzmäßigkeit, die empirisch aufzufindende Beziehungen zwischen Meßgrößen mehr oder weniger approximativ darstellt. Dies alles ist vielmehr Bestandteil des mathematischen Apparates, der den Naturgesetzen übergeordnet ist wie die Biochemie dem Genom.

Auch können wir jetzt die Frage vom Schluß des Eingangskapitels beantworten, ob vielleicht an den Gesetzen der klassischen Physik doch etwas fehlt: Es fehlt wohl nichts an den eigentlichen Naturgesetzen, aber es fehlt der Überblick über die mathematischen Gesetzmäßigkeiten nichtlinearer Systeme. Diese Gesetzmäßigkeiten erscheinen auf einmal ungleich subtiler, substantieller und komplexer, als nach der Unterstellung »Einfaches Gesetz – einfache Konsequenz« zu erwarten war! Und sicherlich sind diese Gesetzmäßigkeiten bei weitem nicht ausgelotet; um in der Analogie zu bleiben: Wir kennen das Genom recht genau, aber kaum die Biochemie, die es umsetzt.

Schließlich können wir nun die Frage vom Beginn dieses Aufsatzes nach der Relevanz mathematischer *Modelle* des Naturgeschehens (im Gegensatz zu Natur*gesetzen*) beantworten. Es sind »mathematische Experimente«, möglichst einfache Gleichungen, erfunden, um den einen oder anderen charakteristischen Zug natürlicher Systeme einzufangen und auf seine mathematischen Konsequenzen zu untersuchen. Sicherlich könnte man solche natürlichen Systeme unter Einbeziehung aller relevanten Naturgesetze ganz realistisch modellieren, und man muß dieses tun, wenn man quantitative Aussagen machen will.

Für die Erforschung mathematischer Regelmäßigkeiten sind naturgetreue Modellierungen jedoch zu kompliziert, zu schwer handhabbar und würden möglicherweise mehrere unterschiedliche mathematische Phänomene in einer unentwirrbaren Mischung zeigen. Die einfachen Modelle, wenn sie geschickt gewählt sind, zeigen dagegen Phänomene wie das FEIGENBAUM-Szenario in Reinkultur und gestatten so, diese Phänomene im Detail zu verstehen. Dies natürlich auch in der Absicht, schließlich solche Phänomene in ihrer Mischung an realistischen Systemen wiederzuerkennen und zu entwirren und so zu einem Verständnis wirklicher Naturvorgänge in ihrer ganzen Komplexität zu kommen.

Nach dieser Vorbereitung sollte die Einordnung der in den nächsten Kapiteln als Beispiele vorgestellten mathematischen Modelle nicht mehr schwierig sein.

Mathematische Modelle oder Kunstwerke?

In den beiden folgenden Kapiteln sollen Beispiele für komplexes nichtlineares Verhalten gezeigt und erläutert werden. Diese Beispiele sind mit Hilfe von Computern erzeugt worden und sind zu interpretieren als mathematische *Modelle* im Sinne des letzten Kapitels.

Als erstes sollen noch einmal Abbildungen diskutiert werden, die seit 1982 weltweit auf Ausstellungen und durch Veröffentlichungen (unter anderem in der Zeitschrift GEO) vor allem *wegen ihres großen ästhetischen Reizes* ungewöhnliches Aufsehen erregt haben. Sie wurden in dieser Form erstmals von H. O. Peitgen und P. H. Richter (Universität Bremen) vorgestellt. Die Systemgleichungen stellen eine mathematische Erweiterung unseres Populationsmodells, Gleichung (2), auf je *zwei* Dimensionen für Variable und Parameter dar. Wenn man sich dieses mathematische Modell durch ein Naturgeschehen veranschaulichen möchte, kann man an einen chemischen Reaktor denken, in dem Konzentrationen u und v zweier Ausgangssubstanzen durch gesteuerten Zufluß konstant gehalten werden – dies wären die System*parameter* – und in dem zwei Reaktionsprodukte mit den zeitlich veränderlichen Konzentrationen x und y erzeugt werden – dies wären die System*variablen*. Die Reaktion ist als autokatalytisch vorzustellen, das heißt, die zu einem Zeitpunkt n gemessenen Konzentrationen x_n, y_n beeinflussen auf bestimmte nichtlineare Weise die Konzentrationen x_{n+1}, y_{n+1} zu einem späteren Zeitpunkt $n+1$ (etwa in Sekunden gemessen). Die betrachteten Gleichungen entsprechen keinem wirklichen chemischen System, aber sie haben doch Ähnlichkeit mit chemischen Reaktionsgleichungen, und die chemische Sprechweise hilft, die mathematischen Inhalte vorstellbar zu machen.

Mathematisch haben wir eine Parameter*ebene* – bestehend aus Punkten mit den Koordinaten u und v. In dieser Ebene geschieht zeitlich nichts; jeder Punkt entspricht bestimmten »Betriebsbedingungen« des Reaktors, und wenn wir (wie in Abb. 18 bis 21) Strukturen in dieser Ebene graphisch darstellen, dann heißt das, daß wir *verschiedene Betriebsbedingungen* miteinander vergleichen (wie im FEIGENBAUM-Szenario, Abb. 15, verschiedene Werte des Parameters a – nur daß wir dort Parameter a und Variable P gemeinsam auftragen konnten).

In der Variablen*ebene* – bestehend aus Punkten mit den Koordinaten x und y – findet die Dynamik statt bei jeweils *festen* Betriebsbedingungen; jeder »Punkt« x_n, y_n springt während des nächsten Zeitschrittes an eine durch die Gleichungen bestimmte andere Stelle x_{n+1}, y_{n+1} (darin besteht die »Reaktion«). In dieser Ebene können wir uns die zeitliche Abfolge von Zuständen veranschaulichen (Abb. 22 bis 24): Diese Dynamik kann je nach den Werten x_1, y_1, mit denen man beginnt, unterschiedlich verlaufen (ähnlich zu den beiden unterschiedlichen Verläufen der Abb. 11).

Die Gleichungen selbst sind für das weitere Verständnis nicht wesentlich; sie sollen aber dem mathematisch interessierten Leser nicht vorenthalten werden. Punkte in der Ebene kann man sehr elegant als sogenannte *komplexe Zahlen* darstellen, indem man die imaginäre Einheitswurzel i benutzt (mit $i^2 = -1$). Schreibt man mit deren Hilfe

$$w = u + iv \quad \text{sowie} \quad z = x + iy, \tag{4}$$

dann werden die zwei betrachteten Systemgleichungen (je eine für x_{n+1} und y_{n+1}) sehr elegant zu einer einzigen Gleichung

$$z_{n+1} = w + z_n^2 \tag{5}$$

zusammengefaßt; dies ist die *einfachste* nichtlineare Gleichung, die sich in komplexen Zahlen für eine schrittweise Entwicklung hinschreiben läßt!

Abb. 18: Die sogenannte Mandelbrot-Menge, *die als »Apfelmännchen« bekannt ist und die »kritischen Werte« der Betriebsparameter untersucht, wie der Text erläutert.*

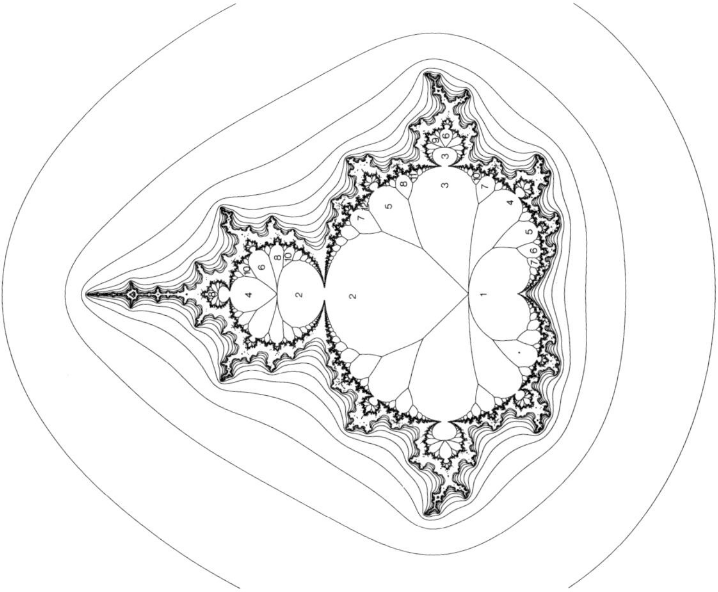

Wenn man die Größen w und z als gewöhnliche, reelle Zahlen interpretiert, d.h. v und y Null setzt, dann ist diese Gleichung (5) bis auf eine einfache Umformung* (»Koordinatentransformation«) *identisch* mit der Gleichung (2) unserer Populationsdynamik! Es handelt sich also bei dem hier untersuchten Modell um eine mathematisch naheliegende Verallgemeinerung des »Möwenmodells«, die aber eine andersartige inhaltliche Interpretation verlangt.

Man kann nun verschiedene »Betriebsbedingungen« des Systems mit folgender Fragestellung untersuchen:

* Man setze $z = a\,(\frac{1}{2} - P)$ und $w = (\frac{a}{2} - \frac{a^2}{4})$.

Wenn man von einer sehr kleinen Anfangskonzentration der Reaktionsprodukte *x, y* ausgeht, wie sind die Betriebsparameter *u, v* einzustellen, so daß schließlich eine ständige Zunahme der Produkte erfolgt? Die Antwort gibt Abbildung (18) als Darstellung in der *u-v*-Ebene: Für Parameterwerte *innerhalb* der facettierten, unregelmäßig berandeten Figur (der nach ihrem Entdecker so genannten MANDELBROT-Menge) gibt es *gar kein* Anwachsen, das System läuft in einen stationären Zustand (einen Fixpunkt für Parameterwerte in der Facette 1) oder in periodische Zustände hinein (2er-, 4er-, 3er-... -Zyklen für Parameterwerte in Facetten 2, 4, 3 usw.). Bei Betriebsbedingungen mit *u-v*-Werten *außerhalb* der MANDELBROT-Menge kommt es dagegen zu einem schließlichen Anwachsen von *x* und *y*, dessen Geschwindigkeit mittels der außen liegenden glatten Linien angedeutet wird. Diese sind als Linien gleicher Geschwindigkeit zu interpretieren, wobei weiter außen liegende Linien einer größeren Geschwindigkeit entsprechen.

Wenn man – um die chemische Interpretation weiterzuspinnen – nun zwar eine Zunahme der Reaktionsprodukte erreichen wollte, aber keine explosive, sondern eine langsame, so müßte man mit Parameterwerten im Randbereich der MANDELBROT-Menge arbeiten und daher die Struktur dieses Bereiches genauer untersuchen.

Die Folge der spektakulären Abbildungen 19, 20 und 21 ist das Ergebnis einer computergraphischen Untersuchung dieses Randbereiches (PEITGEN und RICHTER) in schrittweise zunehmender Ausschnittvergrößerung. Die Farbgebung ist dabei willkürlich, sie dient dazu, die Bereiche unterschiedlicher »Reaktionsgeschwindigkeit« (entsprechend den Bereichen zwischen äußeren Linien der Abbildung 18) gegeneinander abzusetzen und entspringt dem graphischen Geschick der Autoren. Das schwarze Gebiet bedeutet nach wie vor: keine langfristige Zunahme.

Die Details dieser Struktur sind schier unerschöpflich und wiederholen sich in jeder Vergrößerung in mannigfacher Kombination; im Prinzip ist dies ähnlich, in der Ausführung jedoch ungleich verwickelter als im oben geschilderten FEIGENBAUM-Szenario. Die inhaltliche Bedeutung ist die, daß in diesem

Randbereich die verschiedenen Möglichkeiten des Systemverhaltens in unbeschreiblich delikater Weise von den Parametern abhängen; ganz unterschiedliche Verhaltensweisen liegen be-

Abb. 19: Wenn man eine Serie von fortlaufenden Ausschnittsvergrößerungen am Rande der Mandelbrot-Menge *anfertigt – der jeweils eingerahmte Bereich wird weiter betrachtet –, sieht man, wie sich viele Details wiederholen. Das Apfelmännchen ist schier unerschöpflich und taucht selbst immer wieder auf.*

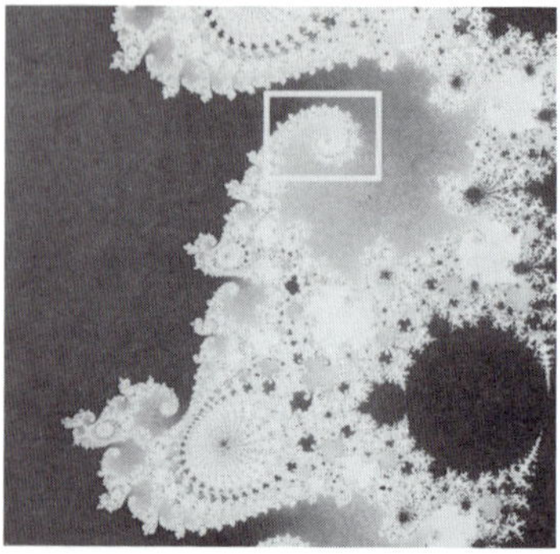

Abb. 20: Die Fortsetzung der Ausschnittsvergrößerung, die in Abb. 19 begonnen wurde und mit Abb. 21 noch eine Steigerung erfährt, wobei die willkürliche Farbzuordnung verändert wird.

liebig dicht beieinander und wechseln sich in rascher Folge ab, wenn man an den Parameterwerten »dreht«. Die Steuerung eines solchen Systems, etwa durch Rückkopplung auf die Parameterwerte, wäre hier praktisch ausgeschlossen.

Schauen wir uns auch noch die x-y-Ebene der Variablen an, mit einer etwas anderen Fragestellung. Hier werden zu jeder Abbildung die Parameterwerte u und v festgehalten, und zwar haben wir Werte aus dem *Innern* der MANDELBROT-Menge gewählt. Dies bedeutet ja, daß das System, bei $x = y = 0$ gestar-

Abb. 21: Mit dem letzten gezeigten Ausschnitt der Mandelbrot-Menge *tauchen wir so tief in die Struktur ein, daß ein Vergrößerungsfaktor von mehr als einer Million in jede Richtung erreicht wird.*

tet, in einen periodischen Zyklus (oder Fixpunkt) einläuft. Die Frage ist: für *welche x-y-Anfangswerte* läuft das System in den Zyklus ein? Für sehr *große* Anfangswerte sicher nicht; wegen des quadratischen Terms in der Entwicklungsgleichung (dem »autokatalytischen« Charakter der »Reaktion«) werden die Variablenwerte unbegrenzt und immer schneller wachsen, falls erst einmal sehr große Werte x_n, y_n erreicht sind. In Abb. 22 ist nun die *Variablen*ebene dargestellt, rot diejenigen Anfangswerte x_1, y_1, von denen aus das System schließlich in einen Zyklus einläuft, grün diejenigen, von denen ausgehend es »explodiert«.

Der fraktale Rand dieses Gebietes (die sogenannte JULIA-Menge) besteht aus denjenigen x-y-Werten, für die das System sich nicht entscheiden kann, ob es nach außen »explodieren« oder nach innen auf den periodischen Zyklus laufen soll. Fängt man mit einem Wertepaar x_1, y_1 auf dem Rand an, so liegt jeder daraus folgende Zustand x_n, y_n ebenfalls auf dem Rand und die Folge dieser Zustände hüpft typischerweise auf diesem Rand in sehr regelloser (wenn auch strikt deterministischer) Weise hin und her. Alle Folgezustände füllen schließlich den Rand vollständig aus, so daß man auf diese Weise die Figur mit Hilfe *eines* geeigneten Anfangswertes computergraphisch erzeugen kann.

Das Innere des rotgetönten Gebildes ist das »Einzugsgebiet«, das »Bassin«, des periodischen Endzustandes für einen bestimmten Parameterwert. Für verschiedene Parameterwerte sieht dieses Bassin in der x-y-Ebene unterschiedlich, aber in jedem Fall fraktal aus. (Ausgenommen ist der langweilige Fall $u = v = 0$, wenn der Rand ein Kreis vom Radius 1 ist.)

Was kann man aus den Abbildungen 18 bis 24 lernen (außer, daß Mathematik auch vom künstlerischen Standpunkt interessant sein kann)? Zunächst einmal sind diese Gebilde selbstverständlich Gegenstand mathematischer Forschung und Begriffsbildung. So hat z. B. der *fraktale* (nirgendwo glatte) Rand dieser Bassins wegen seiner intrikaten Faltung in immer kleinere Ausbuchtungen und Ecken keine endliche Länge; er nimmt sozusagen mehr Raum in Anspruch als jedes endliche Linienstück, aber doch weniger Raum als ein Flächenstück. Man kann diesem Rand nun mathematisch eine Maßzahl zuordnen, die den Charakter einer *Dimension* hat; größer als 1 (wie die Linie), aber kleiner als 2 (wie die Fläche), und diese Maßzahl charakterisiert den Grad der »Zerknitterung« der Begrenzung. Interessanterweise hat unsere Fähigkeit zur visuellen *Mustererkennung* dies schon lange »gewußt«: je weniger zerknittert, desto näher an der Linie (Abb. 23), je stärker zerknittert, desto näher an der Fläche. In Abb. 24 gehört alles, was schwarz gezeichnet ist, zum *Rand*!

Abb. 22: Die Darstellung der Variablenebene. Innen (rot) liegen die Anfangswerte, von denen das System aus in einen Zyklus einläuft. Von außen (grün) kommend »explodiert« es.

Zum zweiten: Diese Begrenzungen, an denen Quantität in Qualität umschlägt, d. h. bei denen eine Änderung der Parameter oder der Ausgangssituation ein qualitativ andersartiges Systemverhalten auslöst, sind bei nichtlinearen Systemen meistens sehr verwickelt. Die hier gezeigten Abbildungen sind dafür typisch, auch wenn Details natürlich von System zu System völlig anders aussehen können. Wenn wir einmal annehmen (auch wenn dies sicher nur bedingt zutrifft), daß auch wirtschaftliche, soziale oder ökologische Prozesse hochgradig nichtlineare *deterministische* Systeme mit vielen Variablen

Abb. 23 und 24: Zwei Beispiele für Julia-Mengen, *die aus den Punkten bestehen (fraktaler Rand), an denen sich das System nicht entscheiden kann, ob es nach außen »explodieren« oder nach innen auf den Zyklus einlaufen soll.*

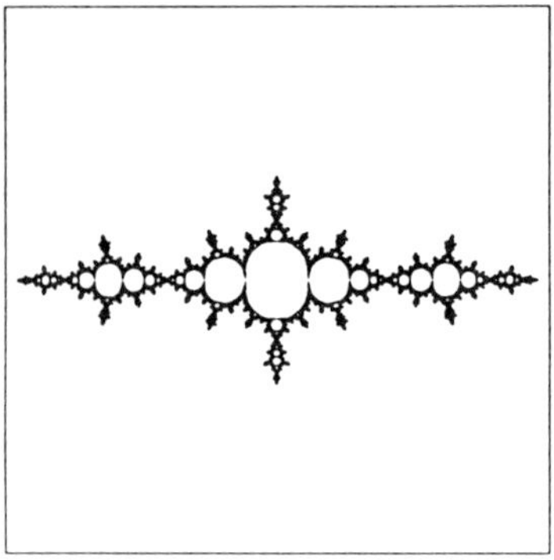

23

24

sind, an deren Parametern und Ausgangssituationen ständig »gedreht« wird, dann versteht man, warum das Geschehen auf diesen Gebieten nicht langfristig vorhergesagt werden kann. Das gilt zumindest dann, wenn man sich vom Kerngebiet etablierter Stabilität in Randbereiche vorgewagt hat – nach üblichem Sprachgebrauch liegt dann eine *Krise* vor: Wirtschaftskrise, militärische Krise, ökologische Krise usw.*

Drittens: Die Abbildungen haben zunächst zu tun mit dynamischen *Prozessen*, d. h. mit zeitlichen Abfolgen und *nicht* mit statischen Gebilden. Andererseits hat man beim Betrachten das Gefühl, daß die Muster dieser Gebilde zwar immer noch

* Mitten in solchen Krisen beanspruchen seltsamerweise Politiker die seherische Gabe, immer noch ganz genau zu wissen, in welche (je nach Couleur unterschiedliche) Richtung man die Parameter verändern müßte, um wieder in das Gebiet der Stabilität zu kommen. Der bescheidenere Wissenschaftler würde lieber ganz, ganz vorsichtig nach der Methode von Versuch und Irrtum verfahren.

unnatürlich viel Regelmäßigkeit aufweisen, daß sie aber doch den Konturen natürlicher Gebilde viel näher stehen als alles, was Wissenschaft und Technik bisher hervorgebracht haben. Auch kommen sie Mustern künstlerischer Gestaltung näher: Abb. 24 erinnert den Autor z. B. an barocke Stukkaturen. Wir wollen deshalb im nächsten Abschnitt diskutieren, inwieweit man nicht nur die Komplexität natürlicher *Abläufe*, sondern auch natürlicher *Gestalten* mit Hilfe der nichtlinearen Dynamik besser verstehen kann.

Schließlich noch eine methodische Bemerkung: Es ist schon durch die wenigen Abbildungen, die hier gezeigt wurden, eigentlich offensichtlich, welche große Bedeutung die Computergraphik bei der *Bewertung* nichtlinearer Vorgänge gespielt hat und wohl erst recht in Zukunft noch spielen wird. Natürlich kann eine Graphik im strikten mathematischen Sinne kein *Beweis*mittel sein. Ein Beweis ist jedoch gewöhnlich »nur« der Abschluß einer langen Forschungsanstrengung: man muß zunächst wissen, *was* man eigentlich beweisen möchte, ja, welche Frage man eigentlich stellen sollte. Und hierbei ist die graphische Veranschaulichung der vielen Daten, die der Computer nichtlinearen Gleichungssystemen entlockt, völlig unentbehrlich. Man stelle sich vor, statt der eindrucksvollen Abbildungen 18 bis 24 hätten wir einige 100 Seiten *numerischer* Computerausdrucke diskutieren wollen!

Dem Leser wird vielleicht aufgefallen sein, daß in diesem Kapitel wie in Kapitel 3 zeitlich *diskrete* Modelle als Beispiele für die Komplexität nichtlinearen dynamischen Verhaltens vorgestellt wurden. Die Zeitvariable war das ganzzahlige n, die Zeit rückte in Einheitsschritten vor wie eine Bahnhofsuhr. Es liegt deshalb der Einwand nahe, daß die physikalische Zeit ja doch kontinuierlich fließt und daß *alle* Naturgesetze diesen kontinuierlichen Zeitfluß nachbilden: durch die Verwendung von Differentialquotienten nach der Zeit [wie in Gleichung (1)]. Vielleicht sind die zeitdiskreten Systeme deshalb unrealistisch? Das ist nicht so: man kann aus zeitkontinuierlichen Systemen zeitdiskrete durch eine »stroboskopische« Beobachtung machen, indem man Zustände nur zu bestimmten Zeitpunkten *beobachtet* (Möwenzählung zu Beginn der Brutperiode!) und sich das Geschehen dazwischen aus der ursprünglich zeitkontinuierlichen Systemgleichung für jeden Schritt »aufintegriert« denkt. Zeitdiskrete Modelle haben den numerischen wie auch den didaktischen Vorteil, mit weniger Variablen, d. h. geringerer Raumdimension auszukommen.

Von »Wolken und Uhren«

Von »Wolken und Uhren« spricht der Philosoph POPPER in einem Kontext, in dem er Determinismus und Nichtdeterminismus diskutiert. Er unterscheidet dabei nicht zwischen Determinismus und Vorhersagbarkeit, die *Uhr* ist ihm das Symbol des Determinismus: »Alle physikalischen Systeme sind Uhren.« Nach der vorangegangenen Diskussion sehen wir in der Uhr eher eine – z. B. von einem Pendel, einem *linearen* System – zuverlässig gesteuerte und deshalb *vorhersagbare* Maschine. Die *Wolke* symbolisiert für POPPER dagegen das Nichtdeterminierte, das Zufällige, und er versucht an ihrem Beispiel zu begründen, daß das Weltgeschehen keineswegs deterministisch abläuft »wie ein Uhrwerk«.

Den »zufälligen« Charakter der Gestalt einer Wolke wird gewiß niemand bestreiten, aber kaum ein Physiker wird deswegen akzeptieren, daß Wolken Kronzeugen für Nichtdeterminismus seien: das *makroskopische* Weltgeschehen sowie die *Gestalten* natürlicher Objekte müssen letztlich als Folge der *deterministischen* Naturgesetze der klassischen Physik * verstanden werden.

* Man unterscheidet »klassische« Physik von der »Quantenphysik«, welche das Geschehen auf der Ebene der Atome und darunter beschreibt. Ob dieses Geschehen deterministisch ist oder nicht, muß als ungeklärt angesehen werden. Eine Mehrzahl von Fachleuten neigt dazu, die Frage zu verneinen. Das Problem liegt darin, daß zwar die *Gleichungen* der Quantenphysik unzweifelhaft deterministisch sind, daß aber die dadurch beschriebenen Größen nur eine *statistische* Interpretation in der Welt des Beobachtbaren haben.

Wie also kommt »Zufälligkeit« in Wolkengestalten, Gebirgssilhouetten oder dem Geäst von Bäumen zustande? Die Antwort liegt dem Leser nun sicher nahe: er wird in ihnen die *Spuren* dynamischer Prozesse vermuten, *eingefrorene* (bei den Wolken besser: auskondensierte) *Dokumente* aus der Vergangenheit von Abläufen, die gleichzeitig deterministisch und irregulär wie Würfelspiele sein können. Jede Wolke wird eine andere Gestalt bekommen, wenn sich in der Bewegung der Luftmassen, aus denen sie kondensiert, die Konsequenz der 20. Dezimale der Ausgangssituation entfaltet.

Wenn der Begriff *zufällig* hier verwendet wird, ohne ihn sorgfältig zu definieren, so meinen wir ihn im Sinne des naiven Sprachgebrauchs: ungeplant, unvorhersehbar und ohne daß eine nutzbare Regel daraus abgeleitet werden könnte – so wie man einen alten Schulfreund »zufällig« im Urlaub wiedertrifft.

Die klassische Physik kennt zwei Quellen der Zufälligkeit:

Die eine Quelle liegt darin, daß alle Gegenstände und Systeme der makroskopischen Welt vom Wassertropfen bis zum Galaxienhaufen aus *sehr vielen* Teilchen (der nächsttieferen Schichten) zusammengesetzt sind und daß der *Anfangszustand* eines jeden dieser Teilchen – wann immer man den »Anfang« der Beobachtung setzen will – sehr viele zufällige Komponenten enthält.

Beim Wassertropfen sind diese Teilchen die Wassermoleküle, von denen jedes (teilweise) unabhängig von allen anderen zu einem bestimmten Zeitpunkt seine eigene *zufällige* Geschwindigkeit hat. Zwar sind viele Eigenschaften des Tropfens nach dem Gesetz der großen Zahl* wieder einfach beschreibbare kollektive Mittelwerte über die Moleküle, so etwa die Temperatur des Tropfens. Dennoch bewahrt die individuelle – und wie wir meinen – deterministische Bewegung aller

* Dieses ist – ähnlich wie die FEIGENBAUM-Universalität – wieder Teil eines übergeordneten mathematischen Apparates, der die Entfaltung des kollektiven Verhaltens vieler Teilchen regelt. In diesem Fall handelt es sich um die »statistische Thermodynamik«, eine etwa 100 Jahre alte Disziplin der Physik.

Teilchen den einmal vorhandenen (sehr großen) »Vorrat« an Zufälligkeiten im Kleinen. Der Physiker kann diesen Vorrat mittels einer »Entropie« genannten Größe quantitativ erfassen.

Die zweite Quelle von Zufälligkeiten entspringt daraus, daß alle Systeme, die wir betrachten, ein wenig *offen* sind, also unkontrollierten, eben »zufälligen« Einflüssen von außen *grundsätzlich* nicht in mathematisch exakter Weise entzogen werden können. Auch ein noch so sorgfältig geplantes Laborexperiment kann eine Apparatur nicht von *allen* Einflüssen durch den »Rest« der Welt abschirmen, auch nicht für eine begrenzte Zeit; man kann diese Einflüsse höchstens unmeßbar klein machen. Es spielt bei diesen zufälligen äußeren Einflüssen wiederum keine Rolle, ob der Ablauf der Geschehnisse im Rest der Welt und die dadurch bedingte Einflußnahme deterministisch ist oder nicht.

Es ist wichtig, festzustellen, daß Zufälle aus beiden Quellen *definitionsgemäß* einen kleinen oder sehr kleinen Einfluß haben – zumindest kurzfristig. Ein Objekt oder ein System (als sinnvoll *abgrenzbares* Konglomerat miteinander wechselwirkender Objekte) wird nämlich überhaupt nur dann als ein vom Rest der Welt separater Gegenstand in Betracht gezogen, wenn Zufallsereignisse unbedeutend sind.

Oder anders: Um ein bestimmtes Vorkommnis oder Phänomen zu verstehen, wird es (in der Wissenschaft wie im täglichen Leben) als Bestandteil eines »Systems« betrachtet. Dieses System wird durch Einbeziehung räumlich *außen* liegender sowie (im Sinne der Schichtenstruktur) *unten* liegender Ausschnitte der Welt gedanklich zusammengestellt und so lange erweitert, bis noch verbleibende Einflüsse von außen und unten »unwesentlich« erscheinen. Insofern ist es in gewisser Weise Sache von Definition, was man zu einer wissenschaftlich erfaßbaren Systemdynamik hinzurechnen und was als zufälligen Einfluß ausgrenzen will – nur, daß ein Rest von Außen und Unten immer verbleibt und der Zufall daher nie *völlig* eliminiert werden kann.

Eine der entscheidenden neuen Einsichten aus der Untersuchung dynamischer Systeme (vom Schluß des logistischen Kapitels) war ja die Feststellung, daß der Einfluß der »20. Stelle nach dem Komma« in den Anfangsbedingungen typischerweise *nicht klein bleibt*. Nach der Methode von Dehnung und Faltung des Variablenraums kann sich ja jede noch so kleine anfängliche Abweichung *systematisch entfalten*, bis sie das Geschehen vollständig dominiert. Es kommt dabei für das makroskopische Geschehen nicht darauf an, ob sich diese 20. Dezimale in den Variablen eines Systems von Anfang an deterministisch aus noch höheren Dezimalen entwickelt hat oder ob sie ein Resultat der kleinen zufälligen Einwirkungen war, die ständig an der jeweils 20. (oder irgendeiner anderen) Dezimale »rütteln«.

Damit kommen wir zurück zu der Frage, wie die irregulären *Gestalten* der Natur aus den unvorhersagbaren dynamischen *Abläufen* entstehen.

Als Beispiel betrachten wir ein einfaches Modell für die Topographie der Erde von R. F. Voss. Wir stellen uns vor, der Erdball sei anfänglich eine völlig glatte Kugel, mit einer erkalteten harten Schale wie ein Pingpongball, mit brodelndem Magma gefüllt. Das Magma wird innen geheizt (im wesentlichen durch den radioaktiven Zerfall des Kaliumisotops K^{40}) und durch Wärmeverluste durch die harte Schale von außen gekühlt; dies führt zu den »brodelnden« Konvektionströmungen im Innern. (Aus Laborversuchen weiß man, daß unter geeigneten Bedingungen Konvektionsströmungen Musterbeispiele für deterministische dynamische Systeme mit sehr *turbulentem* Verhalten sind.) Diese Strömungen führen zu Reibungskräften innen an der harten Schale, die dadurch gelegentlich Versetzungen erleidet an Stellen, an denen die Kräfte eine Bruchgrenze überschreiten. Diese Versetzungen erscheinen dann ihrer Lage und Richtung nach »zufällig«, obwohl durch die Magmabewegung verursacht. In Abb. 25–28 sehen wir, daß diese Annahme ausreicht, um ein typisches Bild der Topographie der Erde zu erzeugen.

Das Modell besteht darin, daß wir vereinfachend so tun, als wenn jede Versetzung auf einem Großkreis um die Erde herumläuft – so als hätten wir sie wie einen Apfel in zwei gleiche Hälften zerschnitten und die Hälften etwas versetzt wieder zusammengeklebt (Abb. 25). Man wiederholt den Vorgang mit völlig zufälligen (vom Computer »ausgewürfelten«) Schnittrichtungen und Versetzungshöhen und erhält – in geeigneter

Kartenprojektion – die Abbildungen 25 (10 Versetzungen), 26 (20 Versetzungen), 27 (100 Versetzungen) und 28 (500 Versetzungen). Die Farbgebung entspricht der bei geographischen Karten üblichen, wobei die Höhe des Meeresspiegels willkürlich festgesetzt wurde. Es ist frappierend, wie *echt* die so erhaltene Topographie in Abb. 28 aussieht; man könnte durchaus glauben, daß unser Planet vor dem Aufbrechen des Superkontinents Pangäa und dem Beginn der Kontinentalverschiebung so ausgesehen haben könnte.

Eine Fortführung dieses Faltungsprozesses oder ein erneuter Beginn mit der glatten Kugel liefert wegen der Zufälligkeit der Faltungen jeweils andere Muster, jedoch mit gleichartigen Charakteristika – man »glaubt«, echte Karten zu sehen. Allerdings erscheint die Abb. 28 im Vergleich zu echten Karten doch etwas zu sehr »zerknittert«, das gilt auch für die Küstenlinie. Man kann die schon erwähnte fraktale »Dimension« für diese Oberfläche bestimmen, und erhält den Wert 2,5. Oberflächen mit etwas kleineren Dimensionen erscheinen dem Auge natürlicher. In den Abbildungen 29 und 30 sind zwei (auf ähnliche Weise auf dem Computer erzeugte) »Landschaften« mit den Dimensionen 2,15 bzw. 2,5 gegenübergestellt. Abb. 29 gibt die natürlichere Landschaft wieder; bei Abb. 30 würde man sagen: ungewöhnlich, aber nicht unmöglich; vielleicht ein sehr inhomogener Untergrund im Prozeß sehr starker Erosion. Das Ansprechen der intuitiven Fähigkeit zur Mustererkennung auf diese Bilder zeigt, daß man natürlichen Gestalten und Mustern, ihrer Hervorbringung und wissenschaftlichen Charakterisierung auf der Spur ist! Die Abb. 31 schließlich zeigt ein Bild von Wölkchen, wie man sie sehen kann, wenn man an einem schönen Sommertag auf dem Rücken in der Sonne liegt. Auch die Wölkchen sind auf ähnliche Weise wie die vorigen Abbildungen vom Computer erzeugt.

Abb. 25, 26, 27 und 28: Ein Modell für die Topographie der Erde. Der fraktale Planet wird durch Versetzungen produziert, die jeweils auf einem Großkreis liegen. Wir sehen die Oberfläche (von oben an) nach 10, 20, 100 und 500 Versetzungen.

25

26

27

28

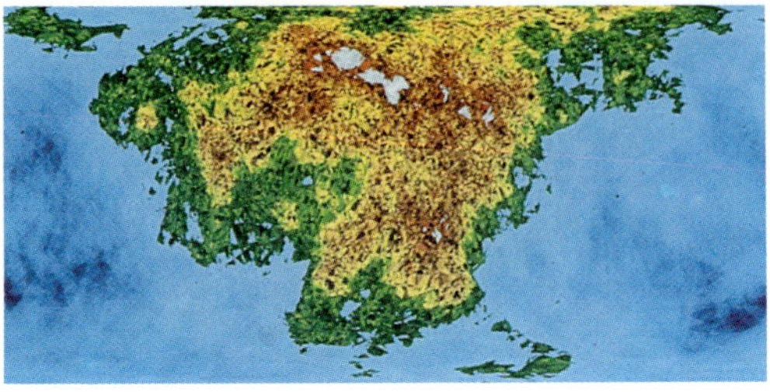

Abb. 29 und 30: Landschaften aus dem Computer. Die uns als »natürlich« erscheinende Bergwelt hat die fraktale Dimension 2.15. Der Wert 2.5 bringt eine eher fremd wirkende Umgebung hervor.

29

30

Abb. 31: Ein Computer kann auch einen Himmel mit Wolken hervorbringen. Dazu läßt man ihn eine fraktale Landschaft von oben zeichnen und ordnet den Höhen geeignete Farben zu.

Der Computer ist sicher eine *Uhr* im Sinne POPPERS. Er ist eine strikt deterministische Maschine, und wenn er Zufallszahlen »auswürfelt«, benutzt er im Grunde die hohen (Binär-) Stellen einer vorher festgelegten Anfangszahl für seinen »Zufallszahlengenerator«. Diese »Uhr« ist in der Lage, *Wolken* hervorzubringen, und dies auf nachvollziehbare und *reproduzierbare* Weise: benutzt man denselben Computer mit demselben Programm und derselben Anfangszahl, so erhält man *dasselbe* Bild einer Wolke!

Schlußfolgerungen

Objekte und Geschehnisse der makroskopischen Welt sind komplex, unregelmäßig und teilweise zufällig, obwohl sie sich aus vergleichsweise einfachen mikroskopischen Bausteinen – den Atomen – nach ziemlich einfachen Regeln – den Naturgesetzen – aufbauen und verändern. Seit etwa 10 Jahren erlebt die naturwissenschaftliche Erforschung dieser Komplexität eine außerordentliche Blüte. Die Fülle der bisher erarbeiteten Ergebnisse ließe sich höchstens in einem »Bilderbuch« überschaubar darstellen (Abbildung 32 zeigt ein computergeneriertes »Moospolster« aus diesem Bilderbuch), ohne daß es möglich wäre, alle diese Bilder in Kürze in ihrer Bedeutung zu erläutern und in ihrem wissenschaftlichen Kontext verständlich zu machen. Es wurden deshalb für diesen Essay lieber wenige Modellbeispiele ausgewählt, diese aber ausführlich dargestellt und ihre Bedeutung für das naturwissenschaftliche Weltbild erläutert. Wir haben drei Beispiele als Möwenmodell, als chemisches Modell und als geologisch-topographisches Modell veranschaulicht; sie stellen aber in ihrer abstrakt-mathematischen Form ganz allgemeine Schlüssel zum Verständnis der Komplexität natürlicher Abläufe und Formen dar.

Mit diesen Beispielen wurde dargelegt:

- daß aus äußerst einfachen Gesetzmäßigkeiten äußerst komplexes Geschehen folgen kann, wobei reguläre (periodische) und irreguläre (wie ein Würfelspiel zufällige) Abläufe im Parameterraum delikat verschachtelt sein können;
- daß Determinismus der Natur*gesetze* überhaupt nicht im Widerspruch steht zur Zufälligkeit von Natur*ereignissen*, weil sich kleinste Ungewißheiten – die »zwanzigste Dezimale« – bei nichtlinearen Systemen systematisch entfalten können;
- daß es für *praktische* Zwecke deshalb auch gar nicht darauf ankommt, ob diese »zwanzigste Dezimale« bestimmt wird durch kleine Einwirkungen von außen, durch (auf dem Quantenniveau vielleicht nicht deterministische) Einwirkungen von »unten« oder durch mathematisch-deterministische Entfaltung noch höherer Dezimalen.

Wir haben damit sozusagen die Herkunft des Zufalls entschlüsselt. Zugleich haben die Modelle aber auch gezeigt, daß Zufall und Irregularität nicht grenzenlos sind (sonst wäre die Welt wohl wirklich ohne jede Struktur). Vielmehr haben wir gesehen:

- Der Weg ins Chaos folgt Regeln (FEIGENBAUM-Universalität und analoge, hier nicht diskutierte Szenarien);
- die kritischen Grenzen, an denen das Verhalten nichtlinearer Systeme qualitativ umschlägt, stellen eine mathematisch

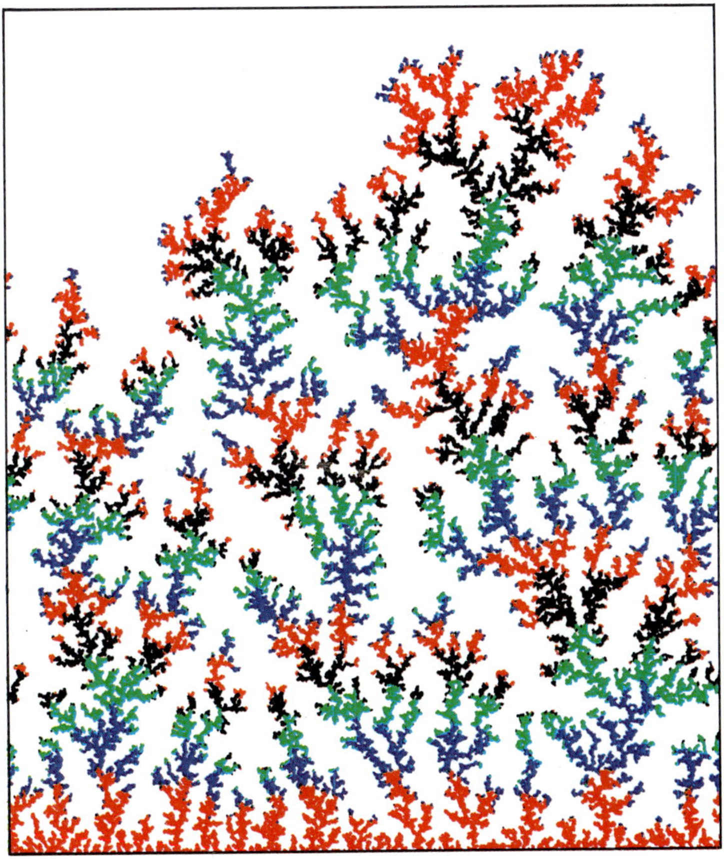

Abb. 32: Jeweils ein Teilchen zur Zeit diffundiert von oben durch Brownsche Bewegung nach unten und bleibt haften, wenn es das »Moospolster« zum ersten Mal trifft. Auf diese Weise wächst das Polster. Es erinnert z. B. an die Muster im Solnhofener Schiefer. (Ich danke meinem Kollegen Prof. Müller-Krumbhaar, Jülich, für dieses Bild.)

schwer faßbare – aber als interessantes Muster zu empfindende – *Mischung* aus Ordnung und Chaos dar;
- die Topographie natürlicher Gestalten kann als »geronnene« Historie irregulärer dynamischer Abläufe mathematisch verstanden und modellhaft reproduziert werden;
- der Grad der Unordnung, die Zerknitterung solcher »wolkiger«, fraktaler Topographien ist – mittels »Dimensionen« – quantifizierbar in einer Weise, die mit unserer intuitiven optischen Mustererkennung harmoniert.

Es kann nun nicht behauptet werden, daß die Komplexität der Welt damit weitgehend verstanden wäre. Was hier diskutiert wurde – und auch was hier aus der Fülle des bereits Erarbeiteten nicht diskutiert werden konnte –, stellt vielmehr einen *Anfang*, ein neues Paradigma dar, dessen Tragweite bei weitem noch nicht ausgestestet ist.

Diese Forschung verspricht zum einen praktisch verwertbare Aussagen über Möglichkeiten und Grenzen der Vorhersagbarkeit dynamischer Abläufe. So gibt es erste Anwendungen der nichtlinearen Dynamik in der Klimaforschung, in der Meteorologie und sogar Versuche zum Verständnis der Aktienkurse (die betreffenden Forscher sind allerdings noch nicht reich geworden). Es gibt Anwendungen für wissenschaftliche Geräte, bei denen chaotisches Verhalten möglichst *vermieden* werden muß, und es sind Anwendungen denkbar, wo chaotische Durchmischung – in Analogie zum Teigkneten – möglichst schnell *ablaufen* soll, z. B. das Mischen von Luft und Kraftstoff bei Einspritzmotoren.

Zum anderen haben die neuen Einsichten beträchtliche Auswirkungen auf das naturwissenschaftliche Weltbild. POPPERS Aussage »Alle physikalischen Systeme sind Uhren« läßt sich nicht mehr halten; eher könnte man sagen: »Die meisten physikalischen Systeme sind Wolken.« Die eingangs gestellte thematische Frage ist damit *im Prinzip* beantwortet. Wir wissen nun, warum die Erscheinungen der Welt so kompliziert sein können, obwohl ihre Gesetze so einfach sind.

Die Frage nach der *Reichweite* des Determinismus im Naturgeschehen hat damit für alle *beobachtbaren* makroskopischen

Vorgänge etwas an Brisanz verloren; als *prinzipielle* philosophische Frage *Ist Freiheit möglich?* bleibt sie aber brisant. Dies um so mehr, je weiter neurophysiologische Forschung unsere Gehirnfunktionen als im Prinzip deterministisches Geschehen bis auf die molekulare Ebene hinab zurückverfolgen kann. Wir müssen ja davon ausgehen, daß alle geistig-seelischen Vorgänge, d. h. insbesondere das Bewußtsein, eine Entsprechung durch elektrophysiologische Vorgänge in Nervenzellen des Gehirns haben, ja, daß unser Bewußtsein die innere Wahrnehmung dieser elektrophysiologischen Vorgänge *ist*.

Aber gerade hier ergibt die Unterscheidung von Vorhersagbarkeit und Determinismus eine neue Perspektive. Wenn nämlich wie noch am Anfang beide gleichgesetzt werden und aus einem *ungefähr* bekannten Ausgangszustand unserer Nervenzellen das Endresultat, nämlich unser Handeln, im wesentlichen folgen würde, so könnte man, zumindest im Prinzip, die Unmöglichkeit freier Willensentscheidung empirisch-physikalisch beweisen. Da wir aber jetzt wissen, daß typischerweise winzigste, unmeßbar kleine Unterschiede im Ausgangszustand langfristig zu völlig verschiedenen Endzuständen (d. h. Entscheidungen) führen können, vermag die Physik die Unmöglichkeit freien Willens *empirisch* nicht zu beweisen.

Das Problem ist damit zwar nicht beseitigt, aber doch in die Ferne gerückt. *Unmöglich* wäre Freiheit ja nur dann, wenn man postulieren wollte, daß der auf mathematisch formulierbare Naturgesetze gestützte Determinismus das Weltgeschehen *erschöpfend* erfaßt. Aber, wie schon angemerkt (Fußnote S. 81), es muß auch die Reichweite mathematischer Naturbeschreibung als begrenzt angesehen werden, wenn man die phylogenetische Bedingtheit unserer Erkenntnisfähigkeit akzeptiert. Wie jedes Naturgesetz als einzelnes, so sollte demnach auch mathematische Naturbeschreibung im ganzen ihre Gültigkeitsgrenze haben. Das ermöglicht noch lange keine positive Aussage, aber immerhin: die Frage nach der Möglichkeit von Freiheit ist wieder offen.

Literaturhinweise

Peitgen, H.-O., Richter, P. H., 1986: The Beauty of Fractals. Springer-Verlag.

Peitgen, H.-O., Saupe, E. D. (Herausgeber), 1988: The Science of Fractal Images. Springer-Verlag; mit großer Bibliographie.

Mandelbrot, B. B., 1982: The Fractal Geometry of Nature. Freeman, New York.

Popper, K. R., 1973: Objektive Erkenntnis. Hoffmann und Campe, Hamburg; hierin findet sich der Aufsatz über »Uhren und Wolken«.

Bildnachweis

Die Abbildungen 18–24 und 31 von H. Jürgens, H.-O. Peitgen und D. Saupe sind folgenden Büchern entnommen: »The Beauty of Fractals« von H.-O. Peitgen und P. H. Richter (Springer-Verlag, Heidelberg, 1986), »The Science of Fractal Images« von H.-O. Peitgen und E. D. Saupe (Herausgeber) (Springer-Verlag, New York, 1988).
Die Abbildungen 25–30 von R. Voss sind entnommen aus: »The Science of Fractal Images« von H.-O. Peitgen und E. D. Saupe (Herausgeber) (Springer-Verlag, New York, 1988).

»Ordnung und Chaos in der unbelebten und belebten Natur«: Unter diesem Generalthema fand im September 1988 die 115. Versammlung der Gesellschaft Deutscher Naturforscher und Ärzte in Freiburg statt. Das gewählte Thema betont in seiner Formulierung zwar noch die Ordnung, die häufig in der Natur vorliegt und die bislang Hauptthema der wissenschaftlichen Analyse war, es macht aber vor allem ganz offiziell deutlich, daß die Wissenschaft den Bereich des Unregelmäßigen – das Chaos also – entdeckt hat und zumindest in seinen Grundzügen handhaben kann. Mit dem ursprünglich als Spitznamen eingeführten Begriff »Chaosforschung« meint man heute eine Forschungsrichtung, die so lebendig ist wie keine andere, die in nahezu allen Bereichen Anwendung findet – vom ionisierten Wasserstoffatom über das Kammerflimmern und die Populationsdynamik bis zum nuklearen Wettrüsten – und die noch viele Überraschungen bereithält, wie in Freiburg betont wurde. Seltsamerweise sind es dabei gerade die Computer, die uns Einblick in das Chaos bieten, obwohl sie gemeinhin verdächtigt werden, die totale Ordnung all unserer Lebensbereiche zu bewirken.

Die neue Disziplin der Naturforschung hat weitgehende revolutionäre Konsequenzen in der Grundlagenforschung, die in dem vorangehenden Beitrag über die »Komplexität« beschrieben werden. Er macht deutlich, daß die Ergebnisse der Chaostheorie allgemeingültig und verallgemeinerungsfähig sind. Ihre Vermittlung und Verbreitung war das Ziel der erwähnten Freiburger Versammlung. Wir haben ihren wissenschaftlichen Leiter gebeten, uns eine erweiterte Fassung seines einleitenden Vortrages zur Verfügung zu stellen.

WOLFGANG GEROK, *geboren 1926 in Tübingen, ist Professor für Innere Medizin und ärztlicher Direktor der Medizinischen Klinik der Universität Freiburg. Nach dem Studium der Medizin promovierte Gerok mit einer experimentellen Arbeit auf dem Gebiet der Biochemie. Seine klinische Ausbildung erhielt er anschließend in Zürich, Marburg, Tübingen und Mainz. Wissenschaftlich beschäftigt ihn vor allem die Biochemie der Leber und ihrer Krankheiten als Grundlage der Pathogenese. Gerok ist Herausgeber von Lehrbüchern der Hepatologie und der Inneren Medizin.*

Wolfgang Gerok

Die gefährdete Balance zwischen Chaos und Ordnung im menschlichen Körper

Gesundheit und Krankheit als komplexe Lebenserscheinungen *

»Die Medizin wird Wissenschaft sein, oder sie wird nicht sein« – dieser häufig zitierte Satz des bedeutenden Klinikers B. NAUNYN aus dem Jahr 1908 formuliert das Programm einer wissenschaftlichen Begründung der Medizin. Doch ist dieser Satz sowohl unzutreffend als auch zutreffend, je nach der Interpretation, die ihm gegeben wird.

Der Satz ist unzutreffend, wenn damit ausgedrückt werden soll, daß Wissenschaft die alleinige Grundlage ärztlichen Handelns ist. Kriterien wissenschaftlicher Erkenntnis sind Objektivität und Abstraktion vom Einzelereignis, während in der Medizin der Mensch niemals Objekt sein darf und es sich um keine abstrakte, sondern um eine personale Beziehung zwischen Arzt und Patient handeln muß. Auch kann Wissenschaft die für die Medizin unerläßlichen normativen Fragen, die Fragen der Ethik, aber auch die Fragen nach Glück und Leid, nach Schuld und Vergebung, nach Schönem und Häßlichem nicht beantworten. Nicht zuletzt versagt Wissenschaft, wenn wir von ihr Auskunft über den Sinn eines Lebens und der darin eingeschlossenen Gesundheit oder Krankheit erwarten.

Der Satz von NAUNYN ist aber unter einem anderen Aspekt zutreffend, denn wissenschaftliche Erkenntnis, die sich an der Erfahrung bewährt hat, setzt Normen, an denen sich ärztliches Handeln ausrichten kann. Es wäre vermessen, diese Erkenntnisse und Erfahrungen als Normen des Handelns zu ignorieren.

* Meinem klinischen Lehrer, Prof. Dr. Dr. h. c. Hans Erhard Bock, zum 85. Geburtstag gewidmet.

Verantwortung beim ärztlichen Handeln kann nur getragen werden, wenn der Arzt auf Grund von Wissen und Erfahrung nach den Gesetzen der Logik soweit als möglich seine Handlungen begründet und die Folgen abwägt. Natürlich kann der Arzt im Einzelfall auch von wissenschaftlichen Normen abweichen, aber er sollte sich stets bewußt sein, wann, warum und wie er dies tut. Die Sprache, die immer ein besonders feiner Seismograph ist, bringt dies zum Ausdruck, wenn im Begriff des »Gewissens« das Wort »Wissen« mitschwingt.

Die beiden Aspekte des Satzes von Naunyn lassen sich in der These zusammenfassen, daß Wissenschaft eine notwendige, aber keine hinreichende Grundlage der Medizin ist. Vor diesem Hintergrund muß die folgende Erörterung eines wissenschaftlichen Problems in seiner Beziehung zur Medizin betrachtet werden.

Mißverständnisse und falsche Interpretationen betreffen aber häufig auch die Wissenschaft selbst. Wissenschaft befindet sich in einer fortwährenden Entwicklung, weil »jede nach Erfahrungsgrundsätzen gegebene Antwort immer eine neue Frage gebiert, die ebenso wohl beantwortet sein will« (I. Kant). Wissenschaftliche Erkenntnis ist deshalb notwendigerweise immer unvollständig, sie ist instabil, begrenzt und vermittelt niemals eine absolute Wahrheit. Absolute Wahrheit hat die Funktion eines Ideals, das zu erreichen wir in der Wissenschaft nicht erwarten, ja nicht einmal erhoffen dürfen, dessen Wert sich allein daraus ergibt, daß man es verfolgt. Die Geschichte und die Wissenschaftsgeschichte zeigen, daß nicht erreichbare Ideale ungeheuer produktiv sein können. In der Verfolgung dieses Zieles entwickelte sich Wissenschaft nicht kontinuierlich, sondern stufenweise: Die Erkenntnisvermehrung innerhalb allgemein akzeptierter, grundsätzlicher Prinzipien (Paradigmen) wird abgelöst, wenn durch die Entdeckung neuer Paradigmen eine neue Stufe wissenschaftlicher Forschung und Erkenntnis erschlossen wird. Ein solcher Paradigmawechsel wird dadurch erzwungen, daß neue Erfahrungen, Beobachtungen und experimentelle Resultate mit den geltenden wissenschaftlichen Paradigmen nicht mehr in Einklang zu bringen sind.

Wahrscheinlich vollzieht sich gegenwärtig ein solcher Paradigmawechsel. Um ihn zu erkennen und seine Auswirkungen auf die Medizin zu verstehen, sind einige Vorbemerkungen zu den Kriterien und Zielen der Wissenschaft notwendig.

Kriterien und Ziele der Wissenschaft

Wissenschaft – im Sinne des angloamerikanischen Begriffs »Science« – ist das bewußte, den Gesetzen der Logik folgende Bemühen des Menschen, Erkenntnis über die reale Welt einschließlich des Menschen selbst zu gewinnen. Es wird dabei vorausgesetzt, daß die Annahme einer realen Welt eine brauchbare, an der Erfahrung bewährte Arbeitshypothese ist. Wissenschaft beschreibt Phänomene dieser realen Welt und entwickelt zu ihrer Erklärung Hypothesen, die durch weitere Beobachtungen oder gezielte Experimente bestätigt oder widerlegt werden. Im Falle der Bestätigung kann sich die Hypothese zu einer Theorie verdichten, die schließlich in Form eines Gesetzes formuliert wird. Solche Gesetze müssen in sich widerspruchsfrei sein, die realen Erscheinungen erklären und einen möglichst hohen Grad der Allgemeingültigkeit besitzen. Häufig zeichnen sich diese Gesetze auch durch eine erstaunliche Einfachheit, »Eleganz« und Schönheit ihrer Formulierung aus. Ein Beispiel ist das von Newton entwickelte Gesetz der Wechselwirkung von Massen, das für die Anziehung zwischen Atomen, die Dynamik des freien Falls, aber auch für die Bewegung der Planeten eine Erklärung geben und in einer einfachen, eleganten Formulierung gefaßt werden kann. In der Biologie beschreibt ein allgemeingültiges einfaches Gesetz die Verschlüsselung der genetischen Informationen. Allgemeingültig, weil der genetische Code von den einfachsten Eukaryonten bis zum Homo sapiens identisch ist. Einfach, weil sich der Modus, durch den die Basenfolge der Nukleinsäuren in die Aminosäurensequenz der Proteine übersetzt wird, durch sehr wenige Regeln beschreiben läßt. Ob eine wissenschaftliche Aussage wahr ist oder – um es mit K. Popper auszudrücken – ob sie sich bewährt, hing bisher von der Erfüllung zweier Kriterien ab:

- Objektivität, d. h. die Aussage muß intersubjektiv verständlich, reproduzierbar und unabhängig von der angewandten Methode sein.
- Prognostizierbarkeit, d. h. die aus der wissenschaftlichen Aussage nach den Prinzipien der Logik gezogenen Schlüsse müssen ein widerspruchsfreies System ergeben, und abgeleitete Voraussagen müssen eintreten.

Wenn eines dieser Kriterien nicht erfüllt wird, so galt bisher, daß die betreffende Aussage nicht wahr ist, d. h. die Bewährungsprobe an der Realität nicht bestanden hat, oder daß diese Aussage nicht dem wissenschaftlichen Bereich zuzuordnen ist.

Beispiele für die große prognostische Kraft der Wissenschaft sind die Entdeckung des Planeten Neptun, dessen Existenz aufgrund der NEWTONschen Gesetze vorausgesagt worden war, und die Bestätigung der EINSTEINschen Theorie anläßlich der totalen Sonnenfinsternis im Jahr 1919.

Wissenschaft als Ordnungsprinzip

Allgemeingültige Gesetze und die daraus ableitbare Prognostizierbarkeit setzen voraus, daß der realen Welt ein hoher Grad an Ordnung innewohnt. Nur das gesetzmäßig Geordnete ist einer Prognose zugänglich. Wenn durch Zufall oder Willkür die Ordnung von Strukturen und Prozessen beseitigt wird, ist auch deren Prognostizierbarkeit erloschen. Von ARISTOTELES bis zur Zeit der Renaissance waren Aufgabe und Ziel der Wissenschaft, die von Gott geschaffene Ordnung der Welt zu erkennen. Vor diesem Hintergrund läßt sich der Jubel des jungen KEPLER verstehen, mit dem er seine Entdeckung der Gesetze der Planetenbewegung im »Mysterium Cosmographicum« als »Harmonices mundi«, als Sphärenmusik, formuliert hat:

> Groß ist unser Herr und groß seine Macht und seiner Weisheit kein Ende. Lobet ihn, Sonne, Mond und Planeten, in welcher Sprache immer euer Loblied dem Schöpfer erklingen mag. Lobet ihn, ihr himmlischen Harmonien, und auch ihr, die Zeugen und Bestätiger seiner enthüllten Wahrheiten! Und du, meine Seele, singe die Ehre des Herrn dein

Leben lang! Von ihm und durch ihn und zu ihm sind alle Dinge, die sichtbaren und unsichtbaren. Ihm allein sei Ehre und Ruhm von Ewigkeit zu Ewigkeit!

Ich danke dir, Schöpfer und Herr, daß du mir diese Freude an deiner Schöpfung, das Entzücken über die Werke deiner Hände geschenkt hast. Ich habe die Herrlichkeit deiner Werke den Menschen kundgetan, soweit mein endlicher Geist deine Unendlichkeit zu fassen vermochte. Wo ich etwas gesagt habe, was deiner unwürdig ist, oder wo ich der eigenen Ehre nachgetrachtet habe, da vergib mir in Gnaden!

Seit der Aufklärung besteht dieser religiöse Bezug der Wissenschaft nicht mehr. Geblieben aber ist das Bestreben der Wissenschaft, Ordnung, Proportionen und Ebenmaß in der natürlichen realen Welt aufzufinden. Wenn sich für ein Problem mehrere Lösungen anbieten, so wird auch vom Wissenschaftler der Gegenwart derjenigen Lösung die größte Übereinstimmung mit der realen Welt zuerkannt, die in sich geschlossen ist und in möglichst einfacher Formulierung den Prozeß oder die Struktur zu erklären vermag. Ziel ist die möglichst »elegante«, ästhetische Lösung eines Problems. In der Tat offenbart sich hier ein ästhetisches Element der Wissenschaft, denn die Reduktion vielfältiger Phänomene auf möglichst einfache Gesetze, Redundanz in der Vielfalt, empfinden wir als einen Ausdruck des Schönen. »Nature is pleased with simplicity«, beschreibt NEWTON diesen Sachverhalt. In unserer Zeit hat der Physiker FEYNMAN als Kriterium wissenschaftlicher Wahrheit formuliert: »You can recognize truth by its beauty and simplicity.«

Auch Biologie und Medizin sind von diesem Motiv beeinflußt, wonach Wissenschaft eine harmonische Ordnung der Lebensvorgänge erschließt. Die Anwendung der klassischen Naturwissenschaften – Physik und Chemie – hat unsere Kenntnisse über die Strukturen und Prozesse des menschlichen Organismus im Zustand der Gesundheit und Krankheit entscheidend gefördert, indem sie Ordnungselemente durch Entdeckung von Regeln oder Gesetzmäßigkeiten erkennbar machte.

Ärzte wie auch Patienten gehen deshalb von der Annahme aus, daß für den Zustand der Gesundheit eine Ordnung der Strukturen und Lebensvorgänge in unserem Organismus charakteristisch ist, während Krankheit auf einer Störung oder einem Verlust dieser Ordnung beruht. Diese Identifikation von Gesundheit und Ordnung auf der einen Seite, Krankheit mit Verlust von Ordnung, also Chaos, auf der anderen Seite, mag darauf beruhen, daß die uralte Sehnsucht nach einer akzeptierten Ordnung und Harmonie der Welt in dem Wunsch nach Gesundheit eine Entsprechung findet und wir andererseits den Verlust der Ordnung ebenso schmerzlich empfinden wie den Verlust der Gesundheit.

Ist die von der Wissenschaft beschriebene Ordnung real?

Die von der klassischen Wissenschaft entdeckten Regeln und Gesetze, aber auch die damit beschriebene Ordnung der realen Welt beruhen auf fünf Prinzipien:
- Determinismus
- Geschlossenheit der Systeme
- Kontinuität
- Zeitunabhängigkeit
- Verständlichkeit

Die Gesetze der Wissenschaft sind streng deterministisch. Dies bedeutet, daß durch die Ausgangsbedingungen eines Prozesses das Ergebnis aufgrund der physikalischen Gesetze eindeutig festgelegt wird, wie auch umgekehrt aus dem Ergebnis bei bekanntem Gesetz auf die Ausgangsbedingungen geschlossen werden kann. Gesetze in der Wissenschaft haben deshalb die Form von Wenn-dann-Sätzen: Wenn die Ausgangsbedingungen A und B gegeben sind, dann folgt aus den Gesetzen das Ergebnis C. Oder negativ ausgedrückt: Wenn das Prozeßergebnis C verhindert werden soll, müssen die Ausgangsbedingungen A oder B ausgeschaltet werden. Dabei kann zunächst die Frage offen bleiben, worauf der strenge Determinismus beruht; in der Regel liegt ihm eine kausale Beziehung zugrunde.

Die Wissenschaft beschreibt und erklärt die Prozesse der Natur in Systemen, d. h. konkreten Teileinheiten der Natur. Diese Abgrenzung eines Teilbereichs aus den Gesamterscheinungen der realen Welt ist eine Voraussetzung der Forschung. Meist handelt es sich dabei um ein »geschlossenes« System. Dies bedeutet, daß das System gegen Einflüsse von außen abgeschirmt ist oder daß seine äußeren Bedingungen konstant gehalten werden. Prozesse in geschlossenen Systemen tendieren zu einem Zustand, bei dem die wirksamen Kräfte im oder nahe dem Gleichgewicht sind. Unabhängig vom Ausgangszustand strebt das System diesem Gleichgewicht der Kräfte zu. Dieser Gleichgewichtszustand, auf den die Prozesse zulaufen und in dem die Bewegungen und Kräfte aufgehoben sind, wirkt wie ein Anziehungspunkt (Attraktor) innerhalb des Systems.

Die Kontinuität in der Natur (»Natura non facit saltus«) findet ihren Ausdruck darin, daß die Prozesse in der Natur durch lineare Differentialgleichungen beschrieben werden können. Aus ihnen lassen sich die sogenannten Trajektorien berechnen, die alle Informationen über einen dynamischen Prozeß enthalten: Die Orte und Geschwindigkeiten eines jeden Punktes des Systems in einem bestimmten Augenblick und die Kräfte, die auf das System einwirken, sind in der Trajektorie enthalten. Abb. 1 zeigt solche Trajektorien bei verschiedenen Bewegungen.

Zeitunabhängigkeit, meist verbunden mit Reversibilität, kennzeichnet die physikalischen Prozesse, die durch lineare Differentialgleichungen beschrieben werden können. Die Prozesse vollziehen sich zwar als Veränderungen in Raum und Zeit, die Gesetze dieser Prozesse sind aber zeitunabhängig. Die Planetenbewegung, ebenso die Bewegungen der Elektronen um den Atomkern unterliegen Gesetzen, die heute wie vor 100 Jahren gelten und die auch in der Zukunft gelten werden. Die Zeit wurde durch die NEWTONsche Dynamik »wegidealisiert«: Die NEWTONschen Systeme sind zeitlos und reversibel, sie altern nicht. Lediglich durch die irreversible Zunahme der Entropie erhalten physikalische Systeme eine irreversible Komponente.

»Das Unverständlichste an der Natur ist, daß sie verständlich ist« – dieser Satz von A. EINSTEIN weist auf eine grundsätzliche Prämisse unseres wissenschaftlichen Weltbildes hin: Unsere Sinnesorgane und unser Zentralnervensystem sind nicht nur in der Lage, die Phänomene der Welt zu erkennen, sondern auch deren Gesetze zu entdecken und in allgemeingültigen Regeln und Gesetzen zu beschreiben. Über die Entstehung dieser grundlegenden Fähigkeit im Verlauf der Evolution können in Analogie zum Erwerb anderer Eigenschaften Hypothesen entwickelt werden, die aber für den evolutiven Prozeß selbst und sein Ergebnis keine kausale Erklärung darstellen.

Auf diesen Prinzipien beruhen sowohl die von der Wissenschaft beschriebene Ordnung der realen Welt als auch die Erfolge der Wissenschaft bei der Lösung praktischer Probleme. Gerade die Medizin bietet eine Fülle von Beispielen für die erfolgreiche Anwendung der Wissenschaft zur Lösung praktischer Fragen. Pragmatischer Nutzen und praktischer Erfolg sind aber kein Beweis für die Richtigkeit von Prinzipien. In der Tat gibt es viele Erfahrungen und Beobachtungen in der realen Welt, die von diesen Prinzipien der Wissenschaft nicht erfaßt werden. Wir erfahren und erkennen die reale Welt vielmehr in zwei Formen: als eine Welt der Spontaneität, der Einmaligkeit, der irregulären, vielfältigen Formen, des Unvorhersehbaren, Zufälligen, und andererseits als eine Welt der strengen deterministischen Gesetze, des universal Gültigen, des Regelhaften, Abstrakten und Vorhersehbaren. Die eine Welt ist die der subjektiven Erlebnisse, die Welt der Unwägbarkeiten und des Unvorhersehbaren, die andere ist die von der Wissenschaft mit der »Messerschneide der Objektivität« beschriebene Welt. Die Entwicklung von zwei Kulturen (P. SNOW), einer naturwissenschaftlich-technischen Kultur und einer literarisch-geisteswissenschaftlichen Kultur, ist die Folge dieser Erfahrungen. Aus dem Bereich der Medizin sollen einige wenige Beobachtungen und Erfahrungen, die sich den Ordnungsprinzipien der klassischen Wissenschaft entziehen, beispielhaft erwähnt werden:

– Kein strenger Determinismus.

Wenn unter vergleichbaren Bedingungen eine größere Zahl von Menschen von einem Krankheitserreger infiziert wird, erkrankt nur ein Teil von ihnen. Die prognostische Sicherheit von Aussagen für den Einzelfall ist reduziert oder aufgehoben.

- Kein geschlossenes System.
  Der menschliche Organismus stellt ein offenes System dar, das im Gegensatz zu den isolierten geschlossenen Systemen, mit denen die Wissenschaft arbeitet, fortwährend Materie, Energie und Informationen aufnimmt und abgibt. Die im lebenden Organismus ablaufenden Reaktionen befinden sich deshalb meist nicht im, sondern fern vom Gleichgewicht.
- Keine ausschließliche Kontinuität.
  Für viele Prozesse im menschlichen Organismus in Gesundheit und Krankheit sind Diskontinuitäten typisch. Ohne erkennbare Ursache wird eine latente Krankheit plötzlich manifest, auch kann ohne erkennbare Änderung der Bedingun-

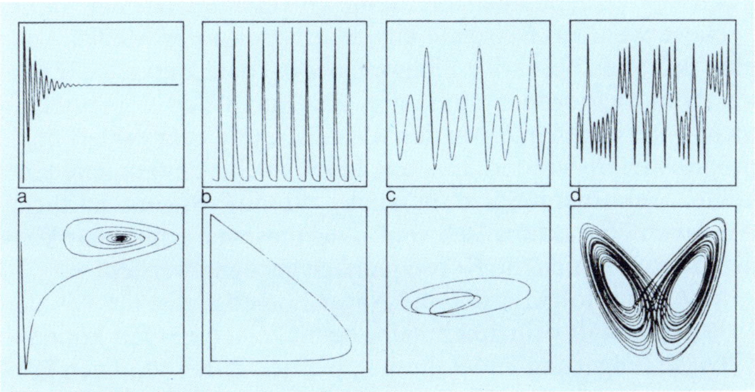

Abb. 1: Darstellung von dynamischen Prozessen.
Die obere Reihe zeigt Raum-Zeit-Diagramme (Ordinate: Amplitude, Abszisse: Zeit) und die untere Reihe die entsprechenden Trajektorien im Phasenraum.
a) Gedämpfte Schwingung. Im Phasenraum läuft die Kurve auf den Attraktor zu.
b) Regelmäßige Schwingung (Oszillation).
c) Quasiperiodische Schwingungen durch Überlagerung von drei periodischen Schwingungen.
d) Chaos-System. *(Nach Gleick)*

gen der Zustand der Gesundheit in den der Krankheit übergehen (akute Krankheit), wie umgekehrt Krankheitssymptome ohne nachweisbare Ursache verschwinden können.

- Keine Unabhängigkeit von der Zeit.
  Jeder Mensch hat seine eigene Geschichte. Die Vorgeschichte (Anamnese) gibt häufig wichtige Hinweise für das Verständnis der Krankheitsentstehung und Diagnose. Wachstum, Entwicklung, Krankheit und Altern des Menschen sind nur als zeitabhängige Prozesse zu verstehen.
- Keine umfassende Verständlichkeit der Natur.
  Wir sind meist nicht in der Lage, das Wesen einer Krankheit im Hinblick auf den einzelnen Kranken zu verstehen. Warum erkrankt ein Kind an einem bösartigen, nicht heilbaren Tumor, während andere Kinder den gleichen Bedingungen ausgesetzt sind, ohne zu erkranken? Daß der Arzt in solchen Fällen von einer schicksalhaften Erkrankung spricht, zeigt deutlich das für ihn Unverständliche der Natur.

Diese wenigen Beispiele aus dem Bereich der Medizin zeigen, daß viele objektive Phänomene, die dem Bereich der realen Welt zuzuordnen sind, den Prinzipien der Wissenschaft nicht unterliegen und von der Wissenschaft weder erklärt noch prognostiziert werden können. Über solche Phänomene sind keine Wenn-dann-Sätze möglich, die für wissenschaftliche Aussagen charakteristisch sind. Aus diesem Sachverhalt können drei verschiedene Konsequenzen gezogen werden:

- Man kann folgern, daß die Natur Fragen stellt, die von der Wissenschaft prinzipiell nicht beantwortet werden können. Diese Folgerung findet ihren Ausdruck in der bündigen Formel von Du Bois-Reymond: »Ignoramus, Ignorabimus«, die zum »Kehrreim der Positivisten« geworden ist.
- Man kann folgern, daß ungelöste Probleme der realen Welt von der Wissenschaft potentiell gelöst werden können, derzeit jedoch unsere Kenntnisse über die genauen Bedingungen oder über die Gesetze, die zur Lösung führen, unzureichend sind.
- Man kann schließlich folgern, daß eine Antwort auf diese Fragen eine Erweiterung der Grundprinzipien der Wissenschaft, einen Paradigmawechsel, erfordert.

Ein solcher Paradigmawechsel vollzieht sich in der Gegenwart. Er wird gekennzeichnet durch Begriffe wie »Katastrophentheorie« (R. THOM), »deterministisches Chaos« (E. LORENZ) oder »Synergetik« (H. HAKEN). Dieser Paradigmawechsel wurde durch den französischen Mathematiker POINCARÉ bereits zu Beginn unseres Jahrhunderts mit einer Kritik am gewaltigsten Bollwerk des klassischen Determinismus, der NEWTONschen Himmelsmechanik, eingeleitet, von Mathematikern der neueren Zeit weiterentwickelt und durch Forschungsergebnisse auf den Gebieten der Physik, Chemie, Biologie und Medizin, aber auch der Meteorologie und Ökonomie in den letzten Jahrzehnten in seiner weitreichenden Bedeutung erkennbar. Die Grundlagen dieser neuen Betrachtung der Natur, vorzugsweise unter dem Aspekt der Biologie und Medizin, sollen im folgenden dargestellt werden.

Das neue Paradigma – deterministisches Chaos

Unter welchen Voraussetzungen ist ein System im Sinne der klassischen Wissenschaft nicht mehr uneingeschränkt determiniert, also trotz Kenntnis der Ausgangsbedingungen nicht mehr prognostizierbar?

Diese Frage läßt sich heute klar beantworten:

- Das System muß einen hohen Grad der Komplexität aufweisen.
- Die Reaktionen im System müssen fern vom Gleichgewichtszustand und irreversibel sein.
- Es müssen Rückkopplungsschleifen bestehen: Der Endzustand des Prozesses muß auf dessen Anfangszustand zurückwirken.

Prozesse, die unter diesen Bedingungen ablaufen, sind nicht durch lineare Differentialgleichungen zu beschreiben. Ihre Trajektorien wiederholen sich nicht. Der Phasenraum, in dem die Trajektorien abgebildet werden, hat eine fraktale Dimension (Abb. 1). Solche Prozesse sind in biologischen Systemen und damit auch in der Medizin wahrscheinlich nicht die Ausnahme, sondern die Regel.

a) Komplexität

Im Gegensatz zu einsträngigen linearen Prozessen, die das bevorzugte Objekt der klassischen Wissenschaft sind, weil sie streng deterministische Aussagen ermöglichen, besteht bei komplexen Systemen ein Netzwerk von Interaktionen (Abb. 2). Während dem einsträngigen linearen Prozeß eine eindeutige Kausalkette entspricht, besteht bei einem Netzwerk von Interaktionen nur noch eine eingeschränkte Kausalität. Aus der Ursache A ließe sich nur dann das Ergebnis B begründen und voraussagen, wenn alle anderen Faktoren im Netzwerk ausgeschaltet oder exakt definiert werden könnten. Je komplexer ein System ist, um so mehr Informationen kann es tragen und um so mehr Informationen sind zu seiner Beschreibung notwendig. Sind die Informationen zur Beschreibung eines komplexen Systems ebenso umfangreich wie die Informationen des Systems selbst, spricht man von »fundamentaler Komplexität« (F. Cramer). Je höher der Grad der Komplexität, um so größer ist das Potential nicht deterministischer Reaktionen. Bei fundamental komplexen Systemen sind nicht deterministische Reaktionen die Regel. Solche Systeme sind nicht mehr prognostizierbar.

Der Forscher kann aus einem komplexen System einen Reaktionsweg herauslösen und damit das komplexe System in einen linearen Prozeß überführen, indem z. B. die interagierenden Prozesse ausgeschaltet oder in ihrer Wirkung konstant gehalten werden. Dabei wird dann nur die Auswirkung der Veränderung eines einzelnen Parameters auf die Reaktionsfolge untersucht. Dieses Prinzip des Reduktionismus hat bereits vor 200 Jahren R. Descartes formuliert:

> Wenn ein Problem zu komplex ist, als daß du es auf einmal lösen kannst, so zerlege es in so viele Unterprobleme, die dann entsprechend so klein sind, daß du jedes dieser Unterprobleme für sich lösen kannst.

In der wissenschaftlichen Forschung hat sich dieses Prinzip außerordentlich bewährt: Es liefert streng deterministische Aussagen. Sie gelten aber nur für diesen linearen Prozeß, nicht für das komplexe System als Ganzes. Das komplexe System wird durch den Eingriff des Forschers, die Herauslösung des

Abb. 2: Linearer Prozeß und Prozeßnetzwerk.
In biologischen Systemen handelt es sich meist nicht um lineare Prozesse, sondern um ein Prozeßnetzwerk, bei dem sich aus der Ursache A das Ergebnis B nicht mit Sicherheit voraussagen läßt.

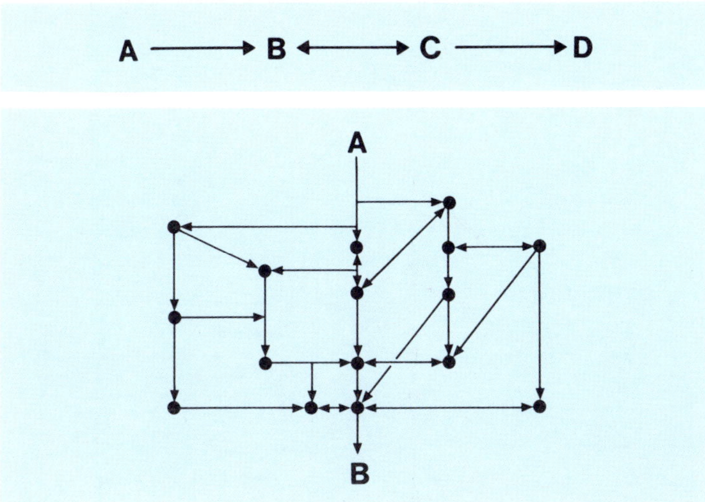

linearen Prozesses aus dem Netzwerk komplexer Interaktionen, zerstört: Das Ganze ist mehr als die Summe seiner Teile.

Komplexe Systeme mit Netzwerken von Interaktionen sind in lebenden Organismen weit verbreitet. Sie sind anzutreffen bei der Interaktion von Organen, von Zellen innerhalb eines Organs, bei der Blutgerinnung, bei Immunreaktionen, bei den Regulationsvorgängen des Wachstums und bei den Prozessen, die zum Altern und Tod einer Zelle oder des Organismus führen. Als Beispiel zeigt Abb. 3 schematisch einen Teil der biochemischen Reaktionen, die in einer Leberzelle ablaufen. Im mittleren Teil ist der Weg des Abbaus von Glukose über verschiedene Zwischenprodukte bis zur Bildung von CO_2 im Zitratzyklus gekennzeichnet. Die Abbildung läßt erkennen, wie Reaktionsfolgen in fast unübersehbarer Zahl und Komplexität untereinander vernetzt sind.

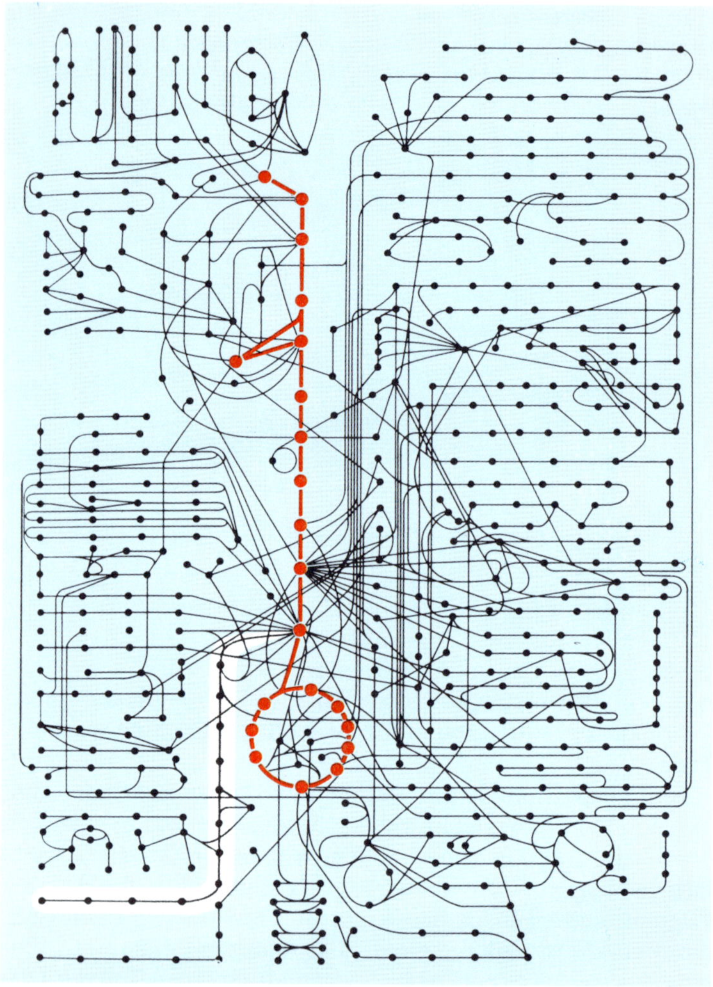

Abb. 3: Schematische Darstellung eines Teils der Stoffwechselreaktionen in einer Leberzelle. Jeder Punkt kennzeichnet ein Zwischenprodukt in einem Stoffwechselweg (ausgezogene Linie). Die Reaktionen stellen ein typisches Netzwerk dar. Hervorgehoben sind der Abbau von Glukose zum Zitratzyklus (rote Linie) und davon abzweigend die Synthese von Cholesterin aus Azetyl-CoA (auf weißem Hintergrund).

b) Gleichgewichtsferne, irreversible Reaktionen
Auch sie sind in lebenden Organismen und ihren Subsystemen nicht die Ausnahme, sondern die Regel, denn von den Zellorganellen und Zellen bis zu den Organen und dem Gesamtorganismus handelt es sich um offene Systeme, die Materie, Energie und Informationen aufnehmen und abgeben. Die biologischen Prozesse verlaufen meist in einer Richtung und sind in ihrer Gesamtheit irreversibel: Der Baum kann nicht wieder zum Samen, die differenzierte Leberzelle nicht wieder zur undifferenzierten Mesenchymzelle werden, die Proteinsynthese ist irreversibel, denn der Abbau der Proteine stellt nicht die Umkehrung der Synthese dar, sondern verläuft auf einem anderen Weg. Daß Altern und Tod mit dem Leben unauflöslich verbunden sind, zeigt wohl am eindrucksvollsten die Irreversibilität der Lebensvorgänge. Sie unterliegen dem »gerichteten Pfeil der Zeit«, sind also – im Gegensatz zu Objekten der klassischen Dynamik – zeitabhängig. Jeder lebende Organismus, besonders aber der Mensch hat seine spezifische Geschichte, in der seine ganze Vergangenheit enthalten ist, die auf seine Gegenwart und Zukunft unabwendbar Einfluß nimmt.

c) Rückkoppelungsschleifen
Dieses Phänomen in biologischen Systemen ist seit langem bekannt, wurde aber meist nur unter dem Aspekt der Steuerung isolierter Prozesse gedeutet. Die einfachste Form einer Rückkoppelungsschleife zeigt Abb. 4. Zwischen dem Eingang X_n und dem Ausgang des Prozesses (X_{n+1}) besteht eine nichtlineare Beziehung. Das Ausgangsprodukt X_n+_1 ist nicht proportional zu X_n, vielmehr hängt die Reaktion entscheidend vom Kontrollparameter C ab.

Kompliziertere Rückkoppelungen (»Reaktionsschleifen«) zeigt Abb. 5. Im ersten Fall begünstigt das Produkt X die zu seiner Bildung aus A erforderliche Reaktion, z. B. durch Aktivierung eines an der Reaktion beteiligten Enzyms (Autokatalyse), im zweiten Fall handelt es sich um eine wechselseitige Beeinflussung von Reaktionen (wechselseitige Katalyse). Wie im Beispiel der Abb. 4 hängt auch hier das Ergebnis der Prozesse entscheidend von den Kontrollparametern ab (z. B. B in Abb. 5).

Abb. 4: Schema eines Rückkoppelungsprozesses.
X_n ist die Eingabe in den Prozeß.
X_{n+1} ist der Ausgang aus dem Prozeß bei einem weiteren Durchgang.
C ist der variable Kontrollparameter.
Infolge der Rückkoppelung ist der Ausgang keine lineare Funktion der Eingabe. Der Ausgang hängt vom Kontrollparameter ab. (Nach Cramer)

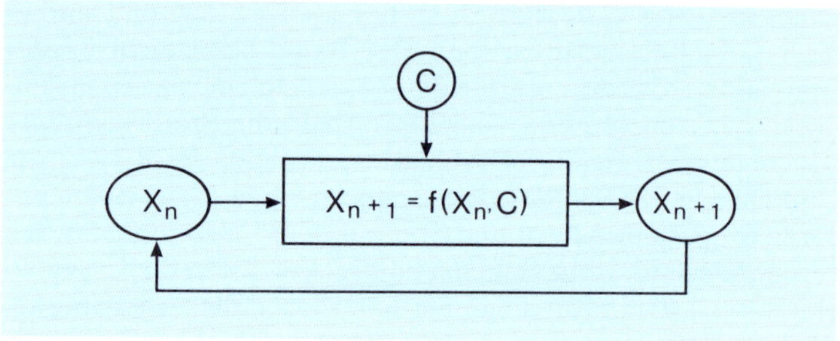

Rückkoppelungsschleifen sind in Organismen weit verbreitet: auf der Ebene der Organe (z. B. bei der Rückkoppelung im endokrinen System), auf zellulärer Ebene (z. B. bei der Interaktion von Parenchym- und Nichtparenchymzellen der Leber oder bei Interaktionen von Zellen des Immunsystems) und im molekularen Bereich (z. B. bei Wechselwirkung von Nukleinsäuren und den von ihnen kodierten Proteinen).

d) Konsequenzen

Komplexität, gleichgewichtsferne, irreversible Reaktionen und Rückkoppelungsschleifen sind die Ursache, daß die Reaktionen in lebenden Organismen – im Gegensatz zu denen in vielen physikalischen Systemen – nicht durch lineare Differentialgleichungen beschrieben werden können. Bei kontinuierlicher Zunahme des Kontrollparameters kann das System vielmehr drei mögliche Zustände durchlaufen (Abb. 6). Zunächst bleibt das System stabil und deterministisch mit Erreichen eines Grenzwertes. Bei einer bestimmten Größe des Kontrollparameters wird dem System plötzlich die Wahl zwischen zwei stabilen Zuständen ermöglicht, zwischen denen es harmonisch hin und her schwingen kann (Oszillationen des Systems). Die weitere Erhöhung des Kontrollparameters führt in immer dichterer Folge zu weiteren Wahlmöglichkeiten (Bifurkationen), es resultieren quasiperiodische Oszillationen. Schließlich erfolgt der Übergang in völlig ungeordnete, chaotische Bewegungen. Doch können diese chaotischen Zustände des Systems auch wieder in stabile und deterministische Zustände übergehen. Die verschiedenen Möglichkeiten lassen sich graphisch durch die Trajektorien im Phasenraum darstellen (Abb. 1). Beim Übergang zum Chaos zeigt sich eine Vielzahl von Trajektorien, von denen keine mit der anderen identisch ist. Auch strebt das System nicht wie bei der deterministischen Reaktion, die einen Gleichgewichtszustand erreicht, einem Attraktor zu, sondern springt zwischen zwei oder mehr Attraktoren hin und her. Man bezeichnet dies als einen seltsamen Attraktor (strange attractor). Der Phasenraum zur Darstellung der Trajektorien bei chaotischen Reaktionen weist eine gebrochene (fraktale) Dimension auf.

Bei definierten Ausgangsbedingungen und bei kontinuierlicher Änderung eines Parameters ist somit das System vom stabilen, deterministischen Zustand in den Zustand der Wahl

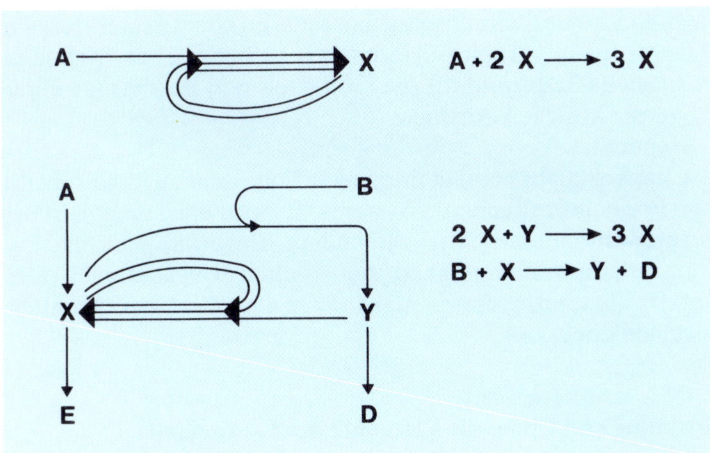

Abb. 5: Reaktionsschleifen bei biochemischen Prozessen. (Nach Prigogine und Stengers)

zwischen zwei Zustandsmöglichkeiten, zwischen denen es oszillieren kann, und schließlich in einen regellosen, chaotischen Zustand übergegangen. Im Hinblick auf die klar definierten Ausgangsbedingungen, die zum Chaos führen können, spricht man vom deterministischen Chaos.

Da dieser Begriff häufig zu Mißverständnissen Anlaß gibt, sollen die positiven und negativen Merkmale noch einmal definiert werden.

Positive Aussage:

Deterministisches Chaos kann in komplexen Systemen bei gleichgewichtsfernen und rückgekoppelten Prozessen entstehen. Die Ausgangsbedingungen sind klar definierbar. Geringe Veränderungen eines Parameters (sog. Kontrollparameter) können den chaotischen Zustand auslösen.

Systeme, deren Prozesse in ein deterministisches Chaos übergehen können, sind jeweils vom vorausgehenden Zustand, also von der Zeit abhängig, sie haben ihre Geschichte. Die Reaktionen und Strukturen in solchen Systemen können sich plötzlich qualitativ verändern; es besteht eine Diskontinuität (»Natura facit saltus«). Solche Systeme sind hinsichtlich der Strukturen und Prozesse in einigen Bereichen streng deterministisch und deshalb prognostizierbar, im chaotischen Bereich dagegen nicht. Prognostizierbarkeit ist bei solchen Systemen nicht mehr Kriterium für die Gültigkeit und Bewährung einer wissenschaftlichen Aussage.

Negativ:

Chaos ist nicht bedingt durch eine hohe oder zu hohe Anzahl von Freiheitsgraden eines Systems. Es wird auch nicht hervorgerufen durch eine plötzliche äußere Einwirkung auf das System. Chaos beruht nicht auf statistischen Schwankungen oder auf der Unschärfe, die im statistischen Charakter der Quantenmechanik liegt.

Ordnung und Chaos als Elemente der Gesundheit

Gesundheit wird meist mit einer stabilisierten Ordnung der Lebensvorgänge, Krankheit mit Störung oder Verlust dieser Ord-

Abb. 6: Bifurkationsdiagramm.
Im rückgekoppelten System ist bei definierten Ausgangszuständen der Endzustand (Ordinate) vom Kontrollparameter λ (Abszisse) abhängig. Bei niedrigem Kontrollparameter ($<\lambda_1$) gibt es nur einen stationären Zustand. Bei λ_1 tritt eine erste Bifurkation auf: das System kann zwischen zwei Endzuständen oszillieren. Bei weiterer Zunahme von λ kommt es in dichter Folge zu weiteren Bifurkationen, die zunächst zu quasiperiodischen und schließlich zu chaotischen Schwingungen des Systems führen (vgl. hierzu Abb. 10).

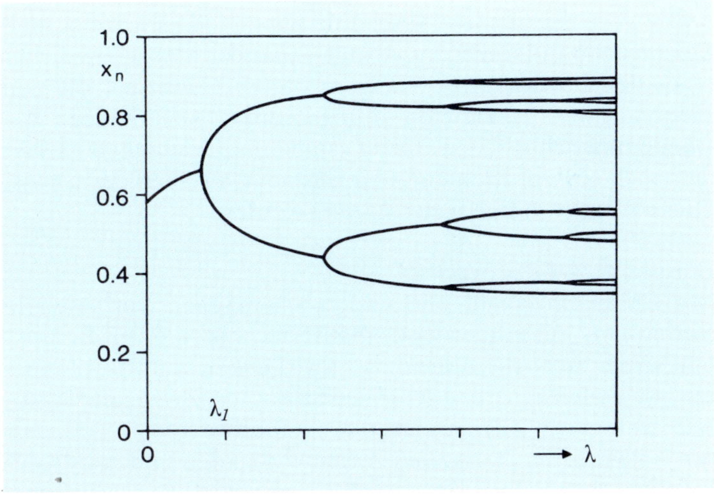

nung gleichgesetzt. Die Sprache zeigt dies sehr deutlich, wenn der Kranke dem Arzt mitteilt, er fühle sich »nicht in Ordnung« oder »irgend etwas ist nicht mehr in Ordnung«. Diese Identifikation beruht, wie oben gezeigt wurde, wahrscheinlich auf dem Wunsch des Menschen, daß in der Natur Ordnung und Harmonie herrschen – ein Motiv, das den Forscher im Mittelalter nach der von Gott geschaffenen Ordnung suchen ließ und das den Forscher in einer säkularisierten Welt derjenigen Problemlösung, die durch ihre einfache Formulierbarkeit einen ästhetischen Reiz ausübt, den Vorzug geben läßt. Was aber geordnet ist, ist zudem auch prognostizierbar.

Abb. 7a: Reaktionsnetz der Glykolyse mit Abbau einer Hexose zu CO_2 und Äthanol.
Die in den Blöcken aufgeführten Buchstabenfolgen bezeichnen jeweils eines der Glykolyseenzyme (z. B. HK = Hexokinase). Das abgebildete ATP wirkt in einer Reaktionsschleife auf vorgeschaltete Reaktionen. (Nach Hess und Markus 1987)
Abb. 7b: Verschiedene Typen glykolytischer Schwingungsmoden in Abhängigkeit von der Zufuhr der Hexose. (Nach Hess und Markus 1987)

Die vorausgehenden Abschnitte haben jedoch gezeigt, daß Organismen in ihrer Komplexität – und der Mensch ist sicher eines der komplexesten – Eigenschaften aufweisen, die den Übergang von geordneten in ungeordnete, »chaotische« Zustände möglich machen. Der Zustand der Gesundheit enthält demnach sowohl Elemente der Ordnung als auch des Chaos. Dies soll an zwei Beispielen gezeigt werden:

Beispiel 1: Zellstoffwechsel
Mit neuen physikalischen und biochemischen Verfahren in Verbindung mit moderner Computertechnik sind von B. Hess und seiner Arbeitsgruppe die Auswirkungen von Rückkoppelungsschleifen auf einen zentralen Stoffwechselweg, die Glykolyse, untersucht worden. Bei diesem Stoffwechselprozeß, dessen Enzyme in nahezu allen Zellen vorhanden sind, wird Glukose in Äthanol und CO_2 unter Bildung von ATP umgewandelt (Abb. 7a). Die Rückkoppelung im Sinne einer Katalyseschleife kommt durch die Aktivierung der Phosphofructokinase mit Hilfe von ADP zustande. Als Kontrollparameter dient die Glukosezufuhr, die – entsprechend einem offenen System – variiert werden kann (Abb. 7b). Erfolgt die Glukosezufuhr mit konstanter Flußrate, so ist die Glykolyserate zunächst konstant. Bei noch höherer Zufuhr oszilliert die Glykolyserate um den stationären Zustand mit konstanter Frequenz und Amplitude. Wird der Kontrollparameter (Glukosezufuhr) sinusförmig verändert, so werden die Variationen der Glykolyserate noch vielgestalter: Es können Oszillationen auftreten, zwei oder mehr periodische Oszillationen können sich zu quasiperiodischen Oszillationen überlagern, und schließlich entstehen chaotische

a

b

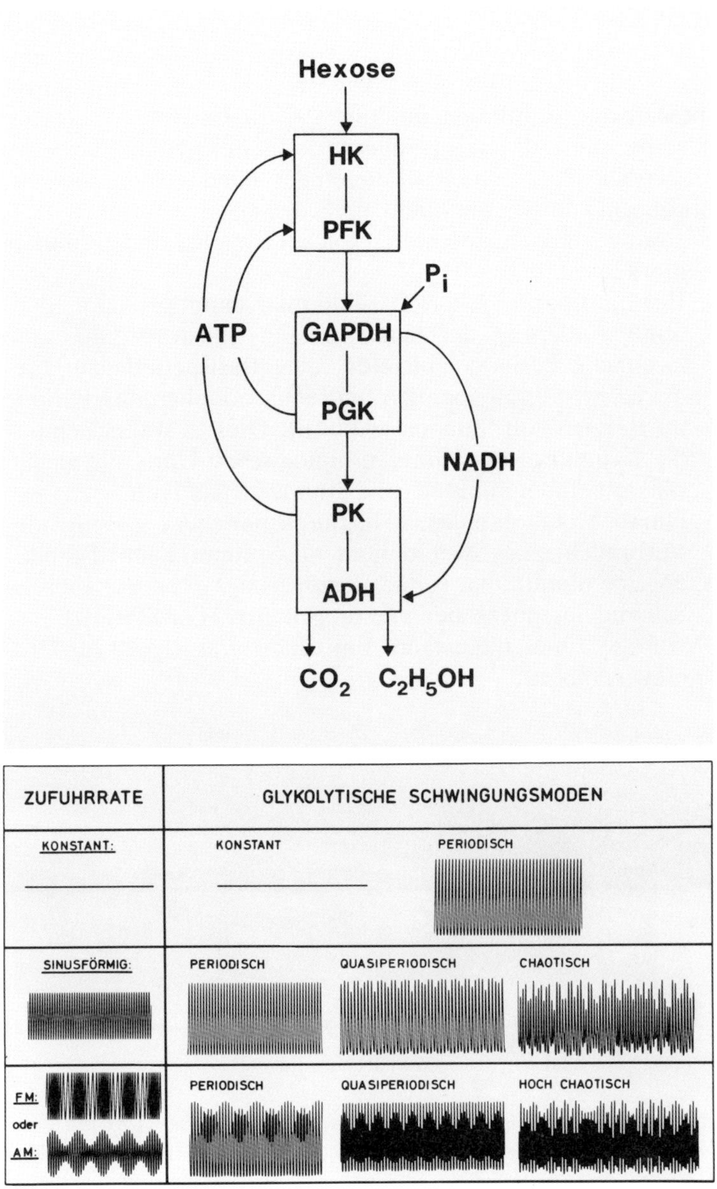

Hexose
HK
PFK
P_i
ATP
GAPDH
PGK
NADH
PK
ADH
CO_2
C_2H_5OH
ZUFUHRRATE
GLYKOLYTISCHE SCHWINGUNGSMODEN
KONSTANT:
KONSTANT
PERIODISCH
SINUSFÖRMIG:
PERIODISCH
QUASIPERIODISCH
CHAOTISCH
FM:
oder
AM:
PERIODISCH
QUASIPERIODISCH
HOCH CHAOTISCH

Reaktionen mit völlig ungeordneter Frequenz und Amplitude der Schwingungen. Am ausgeprägtesten sind die Veränderungen, wenn bei sinusförmiger Änderung der Hexosezufuhr Frequenz oder Amplitude moduliert wird: Es treten sehr vielgestaltige periodische und quasiperiodische Oszillationen, aber auch völlig chaotische Reaktionen auf, bei denen die Metabolitkonzentrationen rasch und unvorhersagbar schwanken.

Zwei weitere Eigenschaften solcher Systeme sind besonders bemerkenswert:

- Bei quasiperiodischen Oszillationen kann autonom, d. h. ohne Änderung der sinusförmigen Substratzufuhr, eine zweifache Periodik auftreten: eine Basisperiode mit Frequenz im Minutenbereich und eine modulierende Periode im Bereich von Stunden (Abb. 8). Dies ist wahrscheinlich die Grundlage der »inneren biologischen Uhr«, die gleichsam mit einem Minuten- und Stundenzeiger läuft.
- Durch Metabolitpulse, d. h. durch plötzliche Zufuhr oder Verbrauch eines Metaboliten im System, kann die periodische unmittelbar (ohne Verzögerung) in eine chaotische Schwingung übergehen und umgekehrt. Hier führt der Weg vom geordneten Zustand zum Chaos und wieder zur Ordnung (Abb. 9).

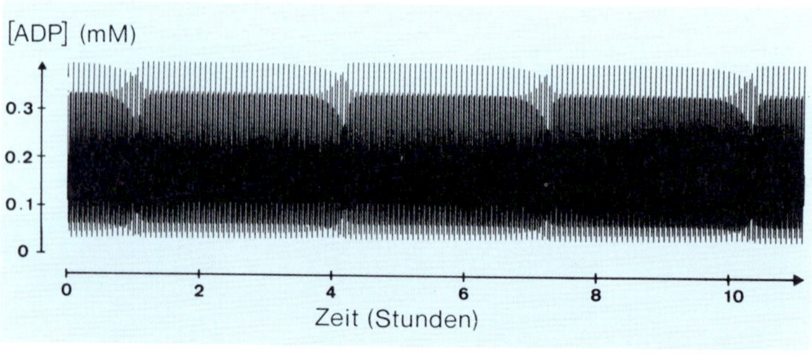

Abb. 8: Selbsterzeugte Modulation der glykolytischen Uhr mit einer längeren (Stunden-) und einer kürzeren (Minuten-)Periodik. (Nach Hess und Markus 1987)

Abb. 9: Durch Metabolitpulse (rasche Zufuhr oder schneller Verbrauch von Fruktose-6-Phosphat) werden periodische in chaotische Schwingungen umgeschaltet und umgekehrt. (Nach Hess und Markus)

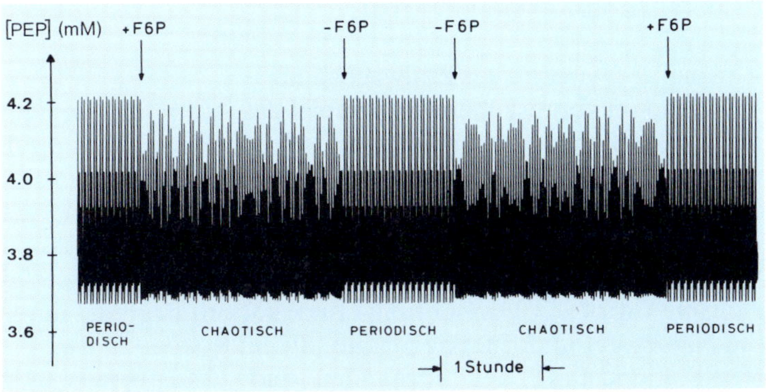

Stabile Zustände, periodische und quasiperiodische Oszillationen sowie chaotische Reaktionen sind auch für andere biologische Prozesse nachgewiesen worden, z. B. für die Änderung von Membranpotentialen und Transportraten von Substraten durch Biomembranen.

Unter normalen Bedingungen, also beim Gesunden, sind somit verschiedene Reaktionstypen in lebenden Systemen möglich:

- Reaktionen im oder nahe beim Gleichgewicht, deren Kinetik einer linearen Differentialgleichung gehorcht. Wahrscheinlich sind solche streng determinierten Reaktionen in biologischen Systemen eher die Ausnahme als die Regel.
- Oszillierende Reaktionen mit konstanter Frequenz und Amplitude oder mit Quasiperiodik durch Überlagerung von zwei oder mehr Schwingungen.
- Schließlich die chaotischen, völlig ungeordneten Reaktionen, bedingt durch Reaktionen fern vom Gleichgewicht und Rückkoppelungsschleifen. Hier gilt das Prinzip der starken Kausalität nicht mehr, d. h. ähnliche Ursachen haben keine ähnlichen Wirkungen. Der Weg zum Chaos ist durch bestimmte Bedingungen vorgezeichnet – man spricht deshalb

vom deterministischen Chaos –, aber die Reaktion ist nicht mehr prognostizierbar, weil sie außerordentlich sensibel gegenüber kleinsten Änderungen eines oder mehrerer Parameter (Kontrollparameter) ist.

Beispiel 2: Dynamik des Zellwachstums

Während im vorausgehenden Beispiel das Auftreten von Ordnung und Chaos an einem Stoffwechselprozeß, also auf subzellulärer Ebene, dargestellt wurde, soll das folgende Beispiel zeigen, daß auch bei der Interaktion von Organismen mit der Umgebung diese Phänomene zu beobachten sind.

Bei Zellen, Bakterien, Parasiten, aber auch bei höheren Organismen wird die Vermehrung (Replikation) begrenzt durch die Nährstoffe und Energievorräte, die im System, in dem die Replikation stattfindet, vorhanden sind. Andererseits wird durch die Replikation der Zellen, Bakterien oder Parasiten sehr häufig das spezifische Biotop zerstört und damit die Voraussetzung weiterer Vermehrung beseitigt. Es findet also eine Rückkoppelung zwischen Biotop und Replikationsrate statt. Für eine solche rückgekoppelte variable Replikationsrate hat bereits im letzten Jahrhundert B. F. Verhulst eine Gleichung aufgestellt. Sie zeigt, daß der Replikationsprozeß aufgrund einer wechselseitigen Rückkoppelung mit dem Biotop nicht durch eine lineare Differentialgleichung beschrieben werden kann.

Die Replikationsdynamik eines solchen Systems ist in Abb. 10 dargestellt. Der Kontrollparameter ist die Wachstumsrate r; $r = 1$ ist Wachstumsstillstand, $r < 1$ bedeutet negatives Wachstum (Schwund der Population), $r > 1$ Wachstum (Zunahme der Population). Ganz analog zum vorhergehenden Beispiel ist das System bei niedriger Wachstumsrate deterministisch: Die Population der Zellen (Bakterien, Parasiten) strebt einem Grenzwert zu. Bei gesteigertem Wachstum tritt eine Bifurkation auf; die Populationsgröße oszilliert zwischen zwei Alternativen. Eine noch weitere Steigerung der Wachstumsrate führt durch erneute Bifurkationen zu quasiperiodischen Schwingungen und schließlich zum Übergang in chaotisches Verhalten.

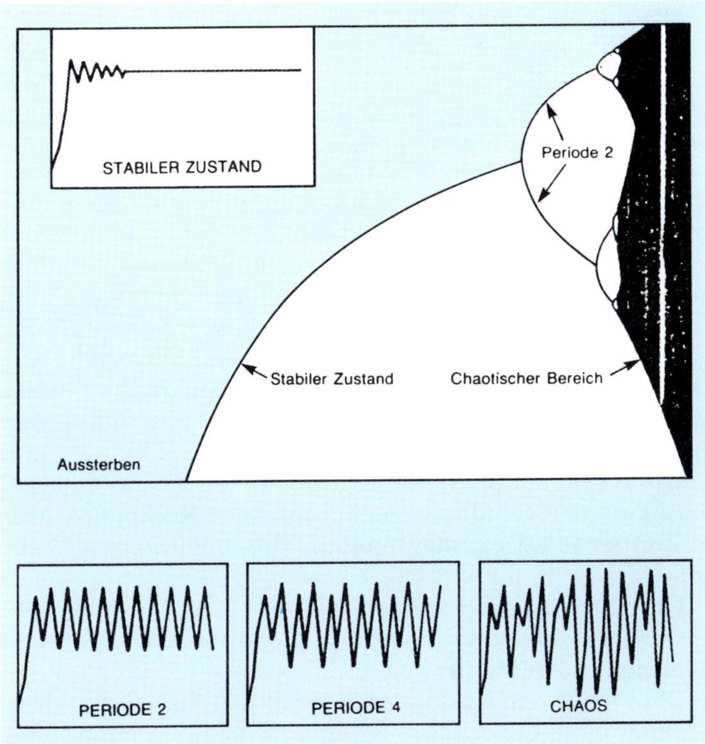

Abb. 10: Populationsverhalten bei Rückkoppelung mit den Wachstumsbedingungen des Biotops.
Abszisse: Kontrollparameter r (Replikationsrate), Ordinate: Größe der Population.
Bei niedriger Replikationsrate stirbt die Population aus. Bei größerer Replikationsrate stellt sich zunächst ein stabiler Zustand ein, bei dem sich die Populationsgröße auf einen Endwert einstellt; er nimmt mit ansteigendem r zu. Bei einem Grenzwert von r kommt es zur Bifurkation, so daß die Populationsgröße zwischen zwei Werten periodisch oszilliert. Der weitere Anstieg von r führt zu weiteren Bifurkationen mit quasiperiodischen Oszillationen der Populationsgrößen. Schließlich schwankt die Populationsgröße chaotisch (schwarzer Bereich), jedoch treten dazwischen auch stabile geordnete Zustände (weiße Streifen) wieder auf.

Der Abstand zwischen den Bifurkationen wird durch eine universelle Konstante (die FEIGENBAUM-Zahl) gekennzeichnet. Ihre universelle Gültigkeit – vergleichbar den Zahlen π oder e – zeigt, daß diese Übergänge ins Chaos reguläre, immanente Prozesse in der Natur sind.

Im Bereich der Medizin sind diese Beobachtungen der Replikationsdynamik wahrscheinlich von Bedeutung bei Infektionskrankheiten, die periodisch verlaufen können (zyklische Infektionskrankheiten). Auch die Inkubationszeiten von Krankheiten stehen wohl damit in Zusammenhang. Möglicherweise ergeben sich auch Beziehungen zum Tumorwachstum im Sinne eines rückgekoppelten Wachstums zwischen Tumorzelle und Organismus, wobei erst bei Steigerung der Wachstumsrate über einen Grenzwert die völlig chaotische Zellvermehrung einsetzt.

Worin liegt der Sinn dieser Möglichkeiten für den Organismus, zwischen geordneten und chaotischen Reaktionen, zwischen strengem Determinismus und deterministischem Chaos zu wählen?

- Die geordneten Reaktionen verleihen den biologischen Systemen Stabilität und Konstanz, die oszillierenden Systeme dienen außerdem als »innere Uhr«.
- Die chaotischen Reaktionen ermöglichen dagegen die Flexibilität eines biologischen Systems, seine rasche Anpassung an veränderte Umweltbedingungen durch »trial and error« und die Kreation neuer Eigenschaften des Systems.

Stabilisierung des Bewährten und Konstanz einerseits, Flexibilität und Kreativität andererseits – dies sind die Eigenschaften, die von den verschiedenen Reaktionstypen lebender Systeme gewährleistet werden. Gesundheit ist die Wanderung auf dem Grat, auf dem sich Chaos und Ordnung ständig die Waage halten.

Ordnung und Chaos als Elemente der Krankheit

Wenn im Zustand der Gesundheit, wie im vorhergehenden Abschnitt gezeigt wurde, Elemente von Ordnung und Chaos stets gemeinsam enthalten sind, kann Krankheit nicht mehr mit Verlust der Ordnung, also mit einem chaotischen Zustand, identifiziert werden. Im folgenden soll an einigen Beispielen gezeigt werden, daß Krankheit vielmehr durch einen Verlust der Balance zwischen Ordnung und Chaos gekennzeichnet ist: entweder durch ein Übergewicht der Ordnungselemente (»erstarrte Ordnung«) oder durch ein überwiegendes Chaos (»ungesteuertes Chaos«). Die Krankheitsforschung unter dem Paradigma des deterministischen Chaos steht erst in den Anfängen. Die Bedeutung dieses Paradigmas für das Verständnis von Krankheiten, ihre Diagnostik, Therapie und Prognose ist wahrscheinlich viel umfassender, als wir derzeit aufgrund weniger bekannter Beispiele annehmen.

a) Krankheit durch erstarrte Ordnung
Als Beispiel einer Krankheit, die durch eine erstarrte Ordnung, durch Verlust der Möglichkeit zu chaotischen Reaktionen gekennzeichnet ist, soll eine Erkrankung des Knochensystems dienen: die Osteoporose.

Knochen sind aus einer organischen Grundsubstanz aufgebaut, die im wesentlichen aus Kollagenfasern vom Typ I und eingelagerten anorganischen Calciumsalzen besteht, wobei es sich überwiegend um sogenanntes Hypdroxylapatit handelt. Knochengewebe unterliegt einem ständigen Auf- und Abbau. Von diesem dynamischen Prozeß sind sowohl die organische Grundsubstanz (Matrix) als auch die anorganischen Bestandteile betroffen. Ein wichtiger Regulator des Knochenumsatzes ist das Parathormon, das von den Nebenschilddrüsen gebildet wird (Abb. 11). Die Ausschüttung des Hormons durch die endokrine Drüse wird von der Calciumkonzentration im Blut gesteuert. Ein Absinken des Calciumspiegels im Blut, z. B. durch gesteigerten Einbau von Calciumsalzen in den Knochen, löst eine gesteigerte Bildung und Sekretion des Parathormons aus, das über einen Abbau von Knochensubstanz mit Freisetzung von Calcium den Calciumspiegel im Blut wieder normalisiert. Ein Anstieg der Calciumkonzentration im Blut durch gesteigerten Knochenabbau hat den entgegengesetzten Effekt. Auf weitere Faktoren, z. B. Calcitonin und Vitamin-D-Metabolite,

Abb. 11: »Reaktionsschleifen« bei der Regulation der Calciumkonzentration im Blut und des Knochenstoffwechsels durch das Parathormon (PTH) und das gegensteuernde Hormon Calcitonin (CT).
PTH stimuliert die Freisetzung von Ca^{2+} aus dem Knochen; der dadurch bewirkte Anstieg der Calciumkonzentration im Blut hemmt die PTH-Ausschüttung der Nebenschilddrüse. Absinken des Calciumspiegels stimuliert die Nebenschilddrüse. Die Vernetzung der Reaktionen ist in der Wirklichkeit noch sehr viel komplexer durch die nicht eingetragenen Interaktionen des Vitamin D und seiner Metaboliten.

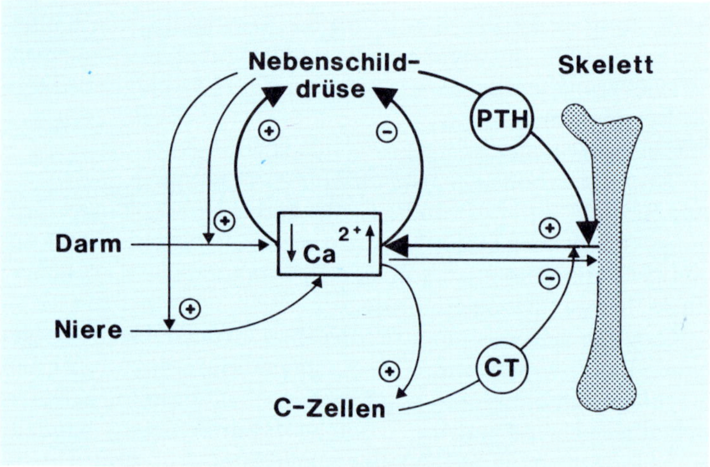

die den Knochenstoffwechsel und die Calciumkonzentration im Blut zusätzlich zum Parathormon beeinflussen, kann hier nicht eingegangen werden. Sie alle bilden ein sehr komplexes Netzwerk der Interaktionen.

Bei der Osteoporose liegt ein Schwund der Gesamtmasse des Knochens vor. Von diesem Schwund sind anorganische und organische Substanzen gleichermaßen betroffen. Der Knochen zeigt im Röntgenbild eine veränderte Struktur; die Kompakta wird dünner, die Spongiosa (das Innengewebe) schwindet, das Gerüst der Knochenbälkchen wirkt im Röntgenbild vergröbert (Abb. 12). Der derart umgestaltete Knochen verliert seine Festigkeit, so daß in schweren Fällen der Erkrankung spontane Knochenbrüche auftreten können.

Abb. 12: Lendenwirbelsäule beim Gesunden (a) und bei einem gleichaltrigen Kranken mit schwerer Osteoporose (b). Die Struktur der Knochenbälkchen ist bei der Osteoporose vergröbert; Einbrüche von Wirbelkörpern sind Folge der verminderten Festigkeit.

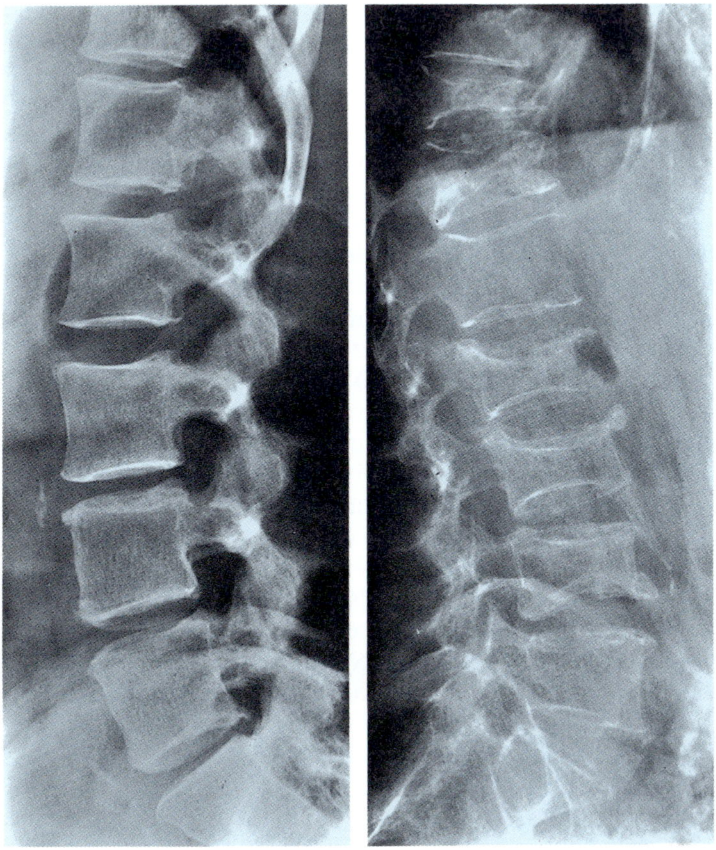

a b

Bei der Suche nach der Ursache dieser Umgestaltung des Knochens war es naheliegend, nach Veränderungen der Konzentration von Calcium und Parathormon zu fahnden. Alle diese Untersuchungen verliefen negativ. Die Konzentrationen

Abb. 13: Zeitlicher Verlauf der Calciumkonzentration im Blut (oben), der Konzentration von Parathormon (Mitte) und eines Teilstücks des Hormons mit den Aminosäuren 44–68 (unten).

a) Starke chaotische Schwankungen der Parathormonkonzentration beim Gesunden.

b) Weitgehender Verlust der Oszillationen bei schwerer Osteoporose.

von Calcium und Parathormon, wie auch aller übrigen Faktoren der Regulation des Knochenstoffwechsels, sind auch bei schwerster Osteoporose normal.

Durch Messung der Calcium- und Parathormonkonzentrationen in kurzen Zeitabständen von zwei Minuten haben R. Hesch und Mitarbeiter einen unerwarteten und wahrscheinlich wichtigen Aspekt der Erkrankung aufgedeckt. Beim Gesunden schwanken die Konzentrationen des Parathormons im Blut regellos chaotisch (Abb. 13a). Dabei werden regellose Mikroschwankungen durch unregelmäßig auftretende Makropulse unterbrochen. In geringerem Ausmaß zeigen auch die Calciumkonzentrationen im Blut diese regellosen Schwankungen. Bei Osteoporose fehlen hingegen diese Schwankungen im zeitlichen Ablauf nahezu völlig (Abb. 13b).

Offensichtlich ist ein normaler Knochenumsatz an die regellosen Schwankungen des Signals Parathormon gebunden, während ein Verlust dieser chaotischen Schwankungen, d. h. Erstarrung in einer Ordnung mit Nivellierung der Konzentration, kennzeichnend für die Erkrankung der Osteoporose ist.

Ähnliche Phänomene, d. h. Verlust der normalen chaotischen Schwankungen und Erstarrung in einer konstanten Ordnung, sind auch bei anderen endokrinen Erkrankungen, bei Störungen der Herztätigkeit und der Atmung nachgewiesen worden.

Das Beispiel der Osteoporose zeigt, daß beim Gesunden eine Ordnung, repräsentiert durch die konstanten mittleren Konzentrationen der Calcium- und Hormonkonzentration, mit einem chaotischen Verhalten, gekennzeichnet durch die regellosen Oszillationen, kombiniert sein muß, um eine normale Dynamik und Struktur des Knochens zu garantieren, während

a

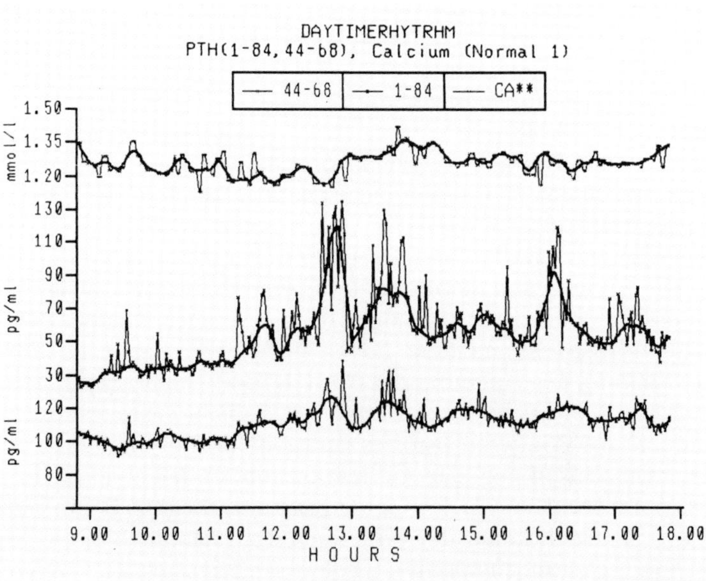

DAYTIMERHYTRHM
PTH(1-84, 44-68), Calcium (Normal 1)
44-68
1-84
CA**
1.50
1.35
1.20
mmol/l
130
110
90
70
50
30
pg/ml
120
100
80
pg/ml
9.00
10.00
11.00
12.00
13.00
14.00
15.00
16.00
17.00
18.00
HOURS

b

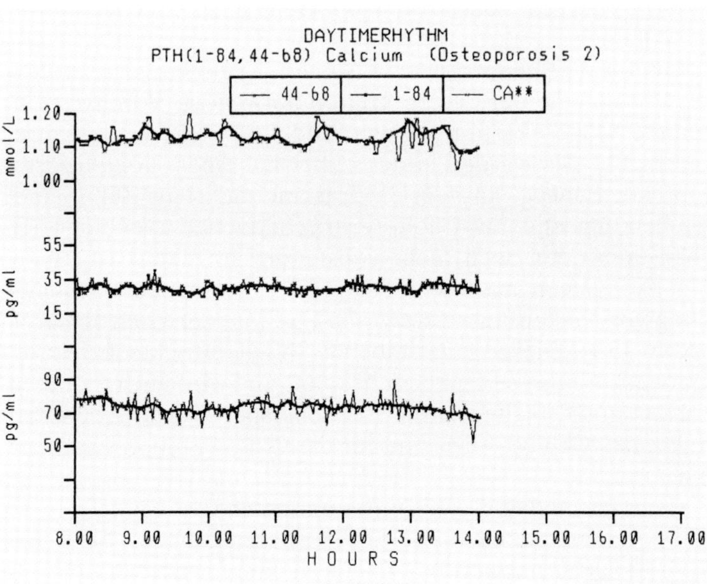

DAYTIMERHYTHM
PTH(1-84, 44-68) Calcium (Osteoporosis 2)
44-68
1-84
CA**
1.20
1.10
1.00
mmol/L
55
35
15
pg/ml
90
70
50
pg/ml
8.00
9.00
10.00
11.00
12.00
13.00
14.00
15.00
16.00
17.00
HOURS

andererseits ein Verlust des Regellosen, eine »erstarrte Ordnung«, den krankhaften Zustand kennzeichnet.

b) Krankheit durch ungesteuertes Chaos
Beispiel 1: Cholestase

Das erste Beispiel, das hier vorgestellt werden soll, befaßt sich mit einem Phänomen der Leberkrankheiten, der Cholestase. Man versteht darunter eine Abnahme oder ein völliges Versiegen des Gallenflusses von der Leber in den Darm.

Die Bildung und Sekretion der Galle ist eine lebenswichtige Funktion der Leber. Ein längerfristiges völliges Versiegen des Gallenflusses ist mit dem Leben nicht vereinbar. Eine Einschränkung des Gallenflusses führt zu Krankheitssymptomen, z. B. zur Gelbsucht durch Zunahme des nicht ausreichend eliminierbaren Gallenfarbstoffes Bilirubin im Blut und Gewebe. Die Einschränkung der Gallesekretion ist leicht erklärbar, wenn ein Hindernis in den Gallengängen vorliegt, z. B. ein Gallenstein. Doch kennt der Arzt auch das Phänomen der sogenannten nichtmechanischen Cholestase. Hier liegt der Defekt in der Leberzelle selbst. Sie kann Galle nicht bilden und/oder ausscheiden.

Um dieses Phänomen zu verstehen, ist ein kurzer Exkurs in die Physiologie der Gallesekretion notwendig. Voraussetzung für die Gallesekretion ist die Produktion von Gallensäuren (Abb. 14). Sie werden in der Leber auf einem komplizierten Stoffwechselweg, an dem die Enzyme mehrerer Zellorganellen beteiligt sind, aus Cholesterin gebildet und über einen Mechanismus, der noch nicht vollständig aufgeklärt ist, in die Gallekanälchen ausgeschieden. Mit zunehmender Ausscheidung von Gallensäuren steigt die Flußrate der Galle linear an (Abb. 15a). Dieser galletreibende, »choleretische« Effekt der Gallensäuren ist seit langem bekannt und wird auch therapeutisch genutzt. Gallensäuren, die leberspezifischen Abbauprodukte des Cholesterins, sind für die Gallesekretion unabdingbar.

Beim Gesunden werden unter normalen Bedingungen in der Leber im wesentlichen zwei Gallensäuren gebildet, die sich in ihrer Struktur nur geringfügig durch eine Hydroxylgruppe am

Abb. 14: Extrem vereinfachtes Schema der Gallesekretion.
In der Leberzelle werden aus Cholesterin die primären Gallensäuren (Cholsäure und Chenodesoxycholsäure) gebildet und als Konjugate in die Gallenkanälchen, die sich zwischen zwei benachbarten Leberzellen befinden, ausgeschieden. Zum Ausgleich des osmotischen Druckgradienten, bedingt durch die Gallensäurensekretion, strömt Wasser aus der Zelle und über den Interzellularspalt in die Gallenkanälchen ein.

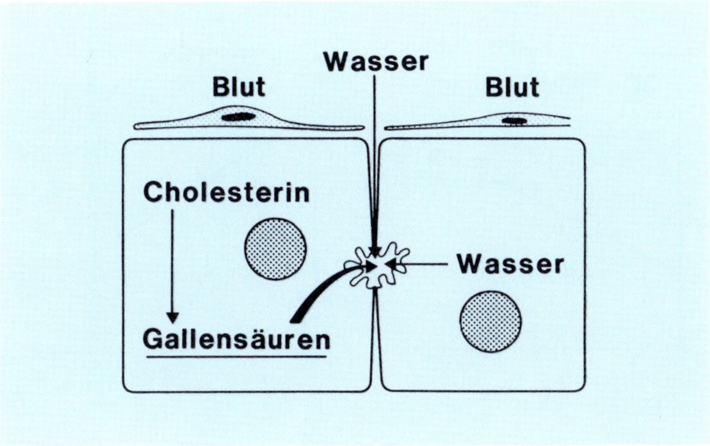

Steroidring unterscheiden: Cholsäure und Chenodesoxycholsäure (Abb. 16). Beide Gallensäuren wirken choleretisch, d. h. sie stimulieren den Gallefluß.

In der Leber des Foeten, also vor der Geburt, werden dagegen zahlreiche andere Gallensäuren gebildet, die sich durch Zahl und Lokalisation der Ringhydroxylierung, durch Variationen des Steroidskeletts oder durch die Art der Konjugation von den normalen Gallensäuren unterscheiden (Abb. 16). Man hat den Eindruck, daß die foetale Leber »ziemlich chaotisch« die verschiedensten Synthesewege erprobt, um sich dann nach der Geburt auf zwei Wege zu beschränken. Zu welchem genauen Zeitpunkt der Entwicklung dieser Umschlag erfolgt, ist noch unklar. Auch ist ungeklärt, wodurch die Umschaltung der Gallensäurensynthese ausgelöst wird. Es zeigt sich aber eine klare zeitliche Ordnung: Bestimmte Wege der

Abb. 15: a) Cholsäure, eine natürliche primäre Gallensäure, steigert den Gallenfluß. Mit steigender Ausscheidung der Gallensäuren nimmt der Gallenfluß zu (choleretischer Effekt).
b) 3ß-Hydroxy-5Δ-Cholensäure, eine typische »foetale« Gallensäure, hemmt den Gallenfluß (cholestatischer Effekt).

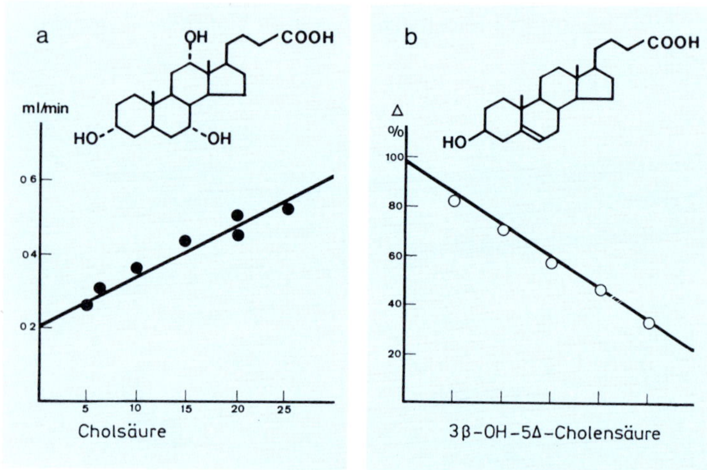

Gallensäurensynthese werden nur in bestimmten Lebensabschnitten beschritten. Diese zeitliche Ordnung von Stoffwechselprozessen ist Ausdruck der Differenzierung eines biologischen Systems.

Unter den Bedingungen von Leberkrankheiten kann beim Erwachsenen eine Umkehrung dieses Differenzierungsprozesses eintreten: Reduzierung der Synthese der normalen Gallensäuren und Wiedereröffnung der Stoffwechselwege, die normalerweise nur in der foetalen Leber beschritten werden, mit Bildung von Gallensäuren, die beim Erwachsenen atypisch sind. Man hat dies als metabolische Retrodifferenzierung bezeichnet.

Die Retrodifferenzierung im Stoffwechsel der Gallensäuren hat beim Erwachsenen weitreichende Konsequenzen, denn einige dieser atypischen Gallensäuren haben einen im Vergleich zu den normalen Gallensäuren entgegengesetzten biologischen Effekt auf die Gallesekretion: Sie wirken cholestatisch. Als Beispiel ist in Abb. 15a die beim Erwachsenen normale Gallensäure Cholsäure und ihr choleretischer Effekt dargestellt, im Vergleich zu der nur geringfügig strukturell veränderten atypischen Gallensäure, der 3 beta-Hydroxy-delta 5-Cholensäure, die den Gallenfluß hemmt (Abb. 15b).

Der cholestatische Effekt wird noch verstärkt durch eine positive Rückkoppelung: Eine Einschränkung des Gallenflusses führt zur Bildung der atypischen, »foetalen« Gallensäuren, die wiederum den Gallenfluß hemmen (Abb. 17). Es liegt also ein Rückkoppelungsprozeß vor, der – bei kleinen Änderungen der Kontrollbedingungen – sich zu chaotischen Reaktionen der Krankheit aufschaukeln kann. Die Verhältnisse werden dadurch noch komplexer, daß bei der Synthese der atypischen

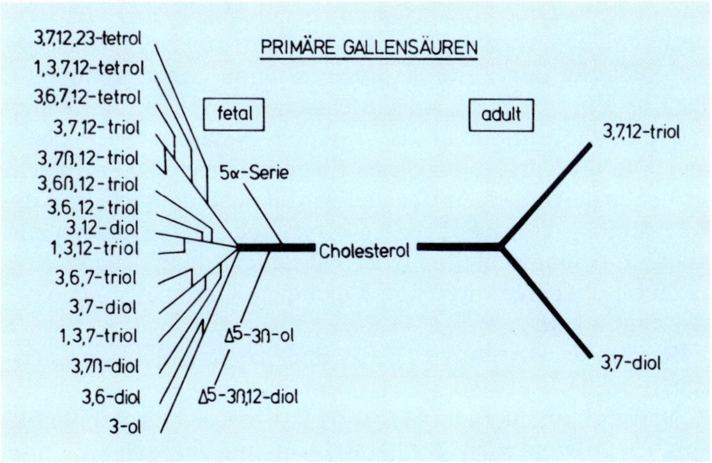

Abb. 16: Beim gesunden Erwachsenen werden in der Leber zwei primäre Gallensäuren gebildet: Cholsäure (3,7,12-Trihydroxy-Cholansäure) und Chenodesoxycholsäure (3,7-Dihydroxy-Cholansäure). In der Leber des Foeten entsteht dagegen eine große Zahl verschiedener »atypischer« Gallensäuren. Bei Cholestase des Erwachsenen werden die Synthesewege wiedereröffnet: metabolische Retrodifferenzierung. (Nach Back und Walter)

Abb. 17: »Reaktionsschleife« bei Entstehung einer Cholestase. Eine geringgradige Beeinträchtigung des Galleflusses kann zur metabolischen Retrodifferenzierung mit Bildung atypischer, foetaler Gallensäuren führen, die ihrerseits die Cholestase verstärken.

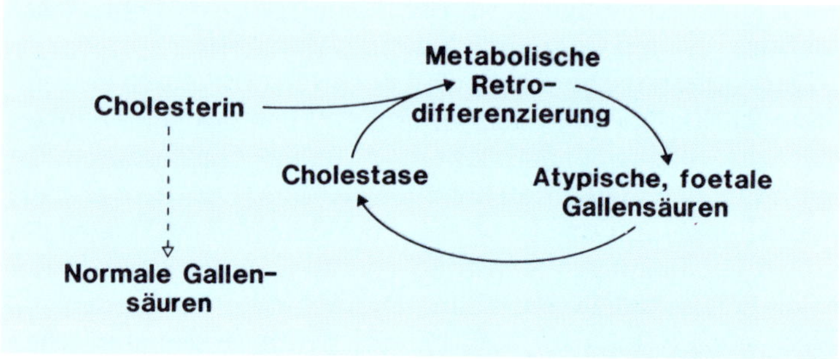

Gallensäuren Verzweigungen auftreten, wobei teilweise auch stärker hydrophile Gallensäuren entstehen, die über die Niere ausgeschieden werden können. Dies führt zu einer großen Variationsbreite der weiteren Folgezustände. Auch können an der Entstehung einer Cholestase noch weitere Faktoren beteiligt sein, die untereinander zu einem Netzwerk verflochten sind. Auf die Darstellung dieser Einzelheiten muß hier verzichtet werden. An diesem Beispiel wird jedoch deutlich, daß die Verzweigung von Stoffwechselvorgängen in Verbindung mit Rückkoppelungsschleifen zur Selbstverstärkung chaotischer metabolischer Reaktionen und damit zu Krankheitsphänomenen führen kann.

Beispiel 2: Hepatitis-B-Virus und hepatozelluläres Karzinom

Die Infektion mit dem Hepatitis-B-Virus ist eine der häufigsten Infektionen; man rechnet weltweit mit 200 Millionen Infizierten, also 5% der Weltbevölkerung. Allerdings bestehen sehr starke regionale Unterschiede der Durchseuchung der Bevölkerung und der Häufigkeit der Erkrankung. Das Virus, ein sphärisches Partikel, gehört heute zu den am besten untersuchten Viren. Die Proteine der Hülle und des Kerns, das komplette Genom und die Enzyme für die Virusreplikation sind in fast allen strukturellen Einzelheiten bekannt.

Der Infektion mit dem klar definierten Virus entspricht jedoch kein einheitliches Krankheitsbild, vielmehr kann der Organismus sehr vielgestaltig auf das Eindringen des Erregers reagieren (Abb. 18). Der klassische Krankheitsverlauf ist die akute Leberentzündung (akute Hepatitis), bei der in der Regel nach etwa sechs Wochen die Viren vollständig eliminiert sind und die Entzündung ausheilt. Die frühere Infektion ist dann nur noch durch die im Blut nachweisbaren Antikörper gegen die Virusproteine erkennbar. Wenn das Virus nicht eliminiert wird, geht die akute in eine chronische Hepatitis über, die aber wahrscheinlich auch ohne das Zwischenstadium der akuten Hepatitis entstehen kann. Im weiteren Verlauf ist eine Ausheilung der chronischen Hepatitis, aber auch das Fortschreiten zur Lebercirrhose möglich. Das Virus kann aber auch vom Organismus ohne Krankheitssymptome beherbergt werden. Dieser

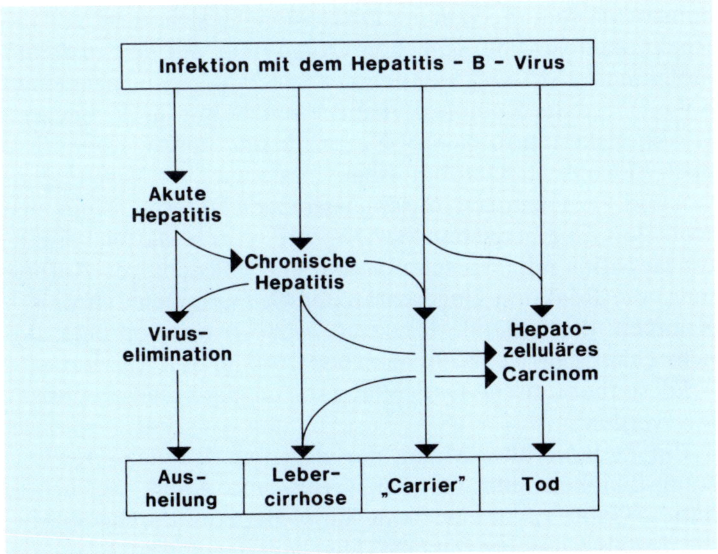

Abb. 18: Folgen der Infektion mit dem Hepatitis-B-Virus.
Die Infektion mit dem definierten Virus kann verschiedene Reaktionsfolgen auslösen, die untereinander vernetzt sind und zu verschiedenen Endzuständen (untere Zeile) führen.

Carrier-Status kann bereits primär bestehen oder sich nach einer akuten oder chronischen Hepatitis entwickeln. Am Ende der Reaktionsskala des Organismus auf die Virusinfektion steht das hepatozelluläre Karzinom, bei dem ein ungeordnetes Wachstum der maligne transformierten Leberzellen mit Absiedelung von Tochtergeschwülsten (Metastasen) in anderen Organen rasch zum Tode führt.

Die Gründe für diese verschiedenen Reaktionsweisen und Krankheitsverläufe auf ein klar definiertes infektiöses Agens sind nur teilweise geklärt. Humorale und zelluläre Immunmechanismen, Alter zum Zeitpunkt der Infektion, bereits bestehende Leberschäden oder Lebererkrankungen spielen wahrscheinlich von seiten des Wirtsorganismus eine wichtige Rolle, von seiten des Virus sein Infektionsweg, seine Replikationsfähigkeit und die Art seiner Integration in das Genom des Wirtsorganismus. Die Bedeutung dieser Faktoren für den Krankheitsablauf steht noch in der Diskussion. Gesichert ist, daß die Reaktionen des menschlichen Organismus auf den in seiner molekularen Struktur klar definierten Krankheitserreger einen hohen Grad der Komplexität aufweisen. Selbst für die linearen Reaktionsketten in diesem Netzwerk sind unsere Kenntnisse noch lückenhaft. Darüber hinaus bestehen aber Verzweigungen und Vernetzungen, die einen strengen Determinismus ausschließen. Es gibt die regelhafte »geordnete« Reaktion bei akuter Hepatitis mit Viruselimination und vollständiger Ausheilung, die Reaktion eingeschränkter Ordnung beim chronisch Kranken, die fehlende Reaktion beim Carrier und eine tödliche chaotische Reaktion beim hepatozellulären Karzinom.

Diese theoretische Darstellung soll an einem Beispiel erläutert werden:

Ein 73 Jahre alter Mann, der wegen stark reduzierter Leistungsfähigkeit und Gewichtsverlust die Klinik aufsuchte, hatte 20 Jahre zuvor eine akute Virus-Hepatitis durchgemacht, die damals scheinbar folgenlos abgeheilt war. Die im Blut noch vorhandenen Antikörper zeigten, daß es sich um eine Infektion mit dem Hepatitis-B-Virus gehandelt hat. Proteine des Virus und Virus-DNA waren hingegen nicht mehr nachweisbar. Offenbar fand vor 20 Jahren die reguläre »geordnete« Reaktion auf die akute Infektion mit Elimination des Virus und Ausheilung der Hepatitis statt. Die Ultraschalluntersuchung zeigte jedoch nun – 20 Jahre nach der Infektion – große echodichte Knoten im Lebergewebe. Röntgenologisch wurden auch Knoten in der Lunge nachgewiesen. Histologisch handelte es sich um ein hepatozelluläres Karzinom.

Mein Mitarbeiter H. Blum hat bei diesem Kranken nachgewiesen, daß Virus-DNA in das Genom der Tumorzellen, hingegen nicht in das seiner normalen Leberzellen integriert ist. Der Ort der Integration des Virusgenoms kann bei verschiedenen hepatozellulären Karzinomen stark variieren. Dies läßt sich durch Genomanalyse zeigen, deren Prinzip stark vereinfacht und schematisch in Abb. 19 dargestellt ist. Die DNA als Träger der Erbsubstanz wird aus den Leberzellen oder den Tumorzel-

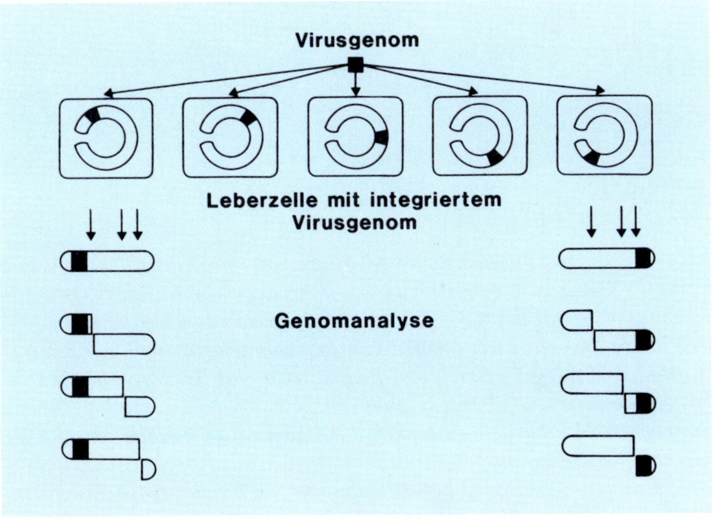

Abb. 19: Schematische Darstellung der Genomanalyse nach Integration des Virusgenoms in das Genom der Wirtszelle.
Nach Isolierung der DNA erfolgt die Spaltung des Genoms durch Restriktionsenzyme an definierten Stellen (Pfeile). Die Auftrennung der Bruchstücke nach ihrer Größe mit Kennzeichnung des integrierten Virusgenoms ergibt ein typisches Muster, das durch den Ort der Integration des Virusgenoms in das Genom der Wirtszellen bestimmt wird.

a

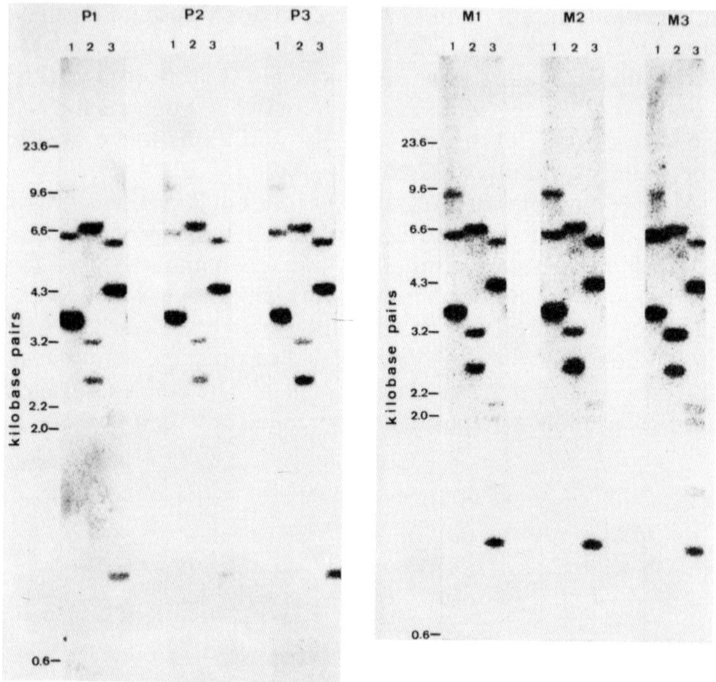

Abb. 20: a) Genomanalyse mit Nachweis des integrierten Genoms des Hepatitis-B-Virus aus drei Gewebsproben des Primärtumors (hepatozelluläres Carcinom) (P1–P3), aus drei Proben von Lebermetastasen (M1–M3) und aus zwei Proben von Lungenmetastasen (L1, L2; Southern-blot-Analyse). Bei jeder Probe wird das Genom durch drei Restriktionsenzyme (Bahn 1, 2 und 3) »geschnitten«. Durch Hybridisierung wird in den Bruchstücken das integrierte Virusgenom nachgewiesen. Das identische Muster in allen Proben aus Primärtumor, Leber- und Lungenmetastasen beweist die monoklonale Entstehung des Tumors und seiner Metastasen.
b) Gemeinsame Southern-blot-Analyse von Gewebsproben aus Primärtumor (P), Lebermetastasen (M) und Lungenmetastasen (L) sowie der gemeinsamen Proben (P + M + L). Alle DNA-Proben wurden mit einem Restriktionsenzym (Dra I) »geschnitten«. Ordinate: Größenskala der DNA-Fragmente. Die Identität der Bruchstücke beweist die monoklonale Tumorentstehung.
(Nach Blum et al.)

b

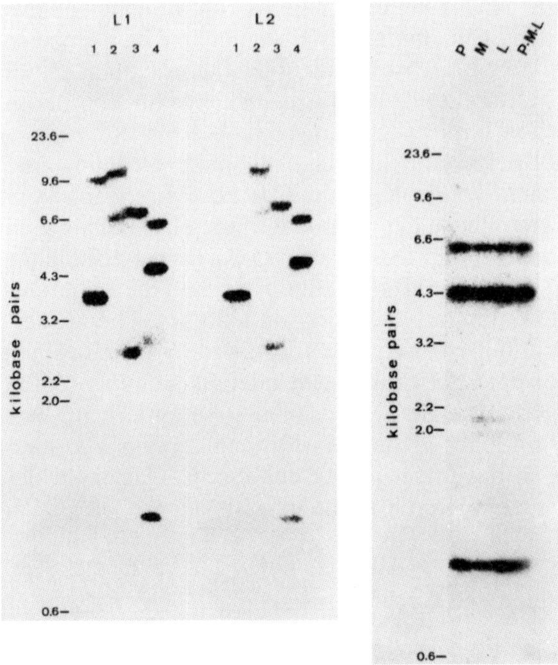

len isoliert und durch Restriktionsenzyme an definierten Stellen »geschnitten«. Die entstehenden Bruchstücke des Genoms können mit bestimmten Verfahren nach ihrer Größe getrennt werden. Je nach dem Integrationsort des Virusgenoms ergeben sich verschiedene Muster der DNA-Bruchstücke. Alle Tumorzellen, die sich von einer einzigen Zelle mit integriertem Virusgenom ableiten, müssen das gleiche Muster der DNA-Bruchstücke aufweisen. Geht dagegen ein Tumor von verschiedenen Zellen und dementsprechend unterschiedlicher Integration des Virusgenoms aus, so ist ein unterschiedliches Muster zu erwarten. Eine Analyse des Genoms von Primärtumor, Lebermetastasen und Lungenmetastasen bei dem geschilderten Kranken zeigte einen identischen Ort der DNA-Integration in das Genom der Tumorzellen im Primärtumor und den Metastasen (Abb. 20). Demnach ist der Tumor durch die monoklonale

Expansion, d. h. Änderung des Genoms von nur einer Leberzelle, entstanden. Ein minimales Ereignis an einer einzigen Zelle, der Einbau eines Bruchstückes des Virusgenoms in das Genom einer Wirtszelle, ist das Primärereignis für die chaotische Reaktion des Tumorwachstums.

Das Beispiel zeigt eindrücklich, wie nahe Ordnung und Chaos als Elemente einer Krankheit beieinander liegen können. In der ersten Phase der Krankheit herrscht überwiegend das Prinzip der Ordnung: Das infektiöse Agens wird durch die regulären Abwehrmechanismen eliminiert, und die Leberentzündung als Reaktion auf die Infektion heilt aus. Die wiederhergestellte Ordnung ist aber nicht vollständig: Von den ca. 500 Billionen Zellen der Leber haben eine oder einige wenige einen Teil des Virusgenoms in ihr eigenes Genom integriert. Im Vergleich zur Gesamtleber ist dies ein Minimalereignis, das aber den Umschlag in das ungeordnete chaotische Wachstum des tödlichen hepatozellulären Karzinoms auslöst.

Schlußfolgerungen und Ausblick

Die Erforschung komplexer Systeme mit ihren vernetzten Prozeß- und Kausalketten, Verzweigungen möglicher Wege, Reaktionen fern vom Gleichgewicht und Rückkoppelungsschleifen hat viele Eigenschaften biologischer Systeme unserem Verständnis nähergebracht: die Vielfalt der Erscheinungen bei definierten Bedingungen, ihre Abhängigkeit vom gerichteten Pfeil der Zeit und das Auftreten von Diskontinuitäten bei kontinuierlicher Änderung der Bedingungen. Diese Erkenntnisse gewinnen in zunehmendem Maß an Bedeutung für die Erforschung und Erklärung von Gesundheit und Krankheit.

Der klassische reduktionistische Ansatz, die Untersuchung einzelner Prozesse und Strukturen unter vereinfachten Bedingungen, wird damit nicht obsolet, sondern ist weiterhin unerläßlich. Man muß die Bausteine kennen, um den Aufbau eines komplexen Ganzen erfassen zu können. Aber eine umfassende Erklärung der Phänomene auf diesem reduktionistischen Weg ist nicht erreichbar. Das Ganze als komplexes System hat mehr

Eigenschaften und Fähigkeiten als seine einzelnen Elemente, oder mit anderen Worten: Das Ganze ist mehr als die Summe seiner Teile.

Ich hoffe, daß ich an einigen konkreten Beispielen zeigen konnte, daß Ordnung *und* Chaos gemeinsam als Elemente des Zustandes von Gesundheit und Krankheit wirksam sind und daß Krankheit sowohl durch eine »erstarrte Ordung« als auch durch ein »ungesteuertes Chaos« gekennzeichnet sein kann.

Es liegt nahe, Parallelen zu anderen Lebensbereichen zu ziehen: Auch die Entwicklung zur Persönlichkeit ist nach Auffassung vieler Psychologen durch Ebenen der Ordnung und chaotische Krisen charakterisiert. Krankhafte Störungen psychischer Reaktionen können die Merkmale der Erstarrung oder des nicht beherrschten Chaos aufweisen. Auch die Strukturen der modernen Gesellschaft und ihrer Institutionen sind offene Systeme mit irreversiblen Prozessen, vernetzten Kausalketten und vielfachen Rückkoppelungsschleifen; daraus resultiert eine Aufhebung der starken Kausalität und die Möglichkeit chaotischer Reaktionen. Nicht zuletzt zeigt auch die Entwicklung der Wissenschaft, die ja ein vielfach vernetzter Erkenntnisprozeß ist, Ebenen der streng determinierten Ordnung innerhalb eines Paradigmas und unvorhersagbare Brüche des Paradigmawechsels.

Jedoch ist bei solchen Parallelen vor einem Mißverständnis oder einer Fehlinterpretation zu warnen:

Die Parallelen sind dort nicht mehr zulässig, wo ethische Werte zur Diskussion stehen, z. B. beim Phänomen menschlicher Freiheit. Komplexe Systeme mit Verzweigungen der Wege und Entscheidungsmöglichkeiten zwischen verschiedenen Prozessen sind keine Erklärung des Phänomens der Freiheit. Menschliche Freiheit liegt außerhalb davon, sie umgreift die komplexen biologischen Systeme im Menschen, sie erhöht den Grad der Komplexität. In diesem Bereich jenseits der komplexen biologischen Systeme bedarf der Wert der Freiheit des Gegengewichtes durch die Werte des Vertrauens und der Verantwortung. Freiheit, Vertrauen und Verantwortung sind nicht Objekte wissenschaftlicher Erklärung und Begründung, sondern die Voraussetzung wissenschaftlicher Forschung, zumindest sollten sie es sein. Freiheit, Vertrauen und Verantwortung werden in besonderem Maße in der Medizin nötig sein, wenn wir auf dem schmalen Grad zwischen Ordnung und Chaos das Ziel und den Sinn unserer Erkenntnis und unseres Handelns bestimmen.

EDVARD MUNCH hat in seinem Bild vom kranken Kind (Abb. 21) auf diese Fragen eine Antwort gegeben, die eindrücklicher ist als alle Worte. In der Gestalt der gebeugten Mutter ist die Erstarrung im Schmerz und die Verzweiflung über das Unfaßbare, Chaotische spürbar. Dagegen leuchtet im Gesicht des kranken Kindes etwas auf, was über erstarrte Ordnung und blindes Chaos hinausweist.

Abb. 21: Edvard Munch: Das kranke Kind. (Nationalgalerie Oslo, Photo Jacques Lathion)

Literaturhinweise

Back, P., Walter, K., 1980: Developmental pattern of bile acids metabolism as revealed by bile acid analysis of meconium. Gastroenterology *78*, 671–676.

Back, P., Walter, K., 1980: Retrodifferenzierung des Gallensäurenstoffwechsels bei Cholestase. Verh. Dtsch. Ges. Inn. Med. *86*, 793–795.

Blum, H. E., Offensperger, W. B., Walter, E., Offensperger, S., Wahl, A., Zeschnigk, C., Gerok, W., 1987: Hepatocellular carcinoma and hepatitis B virus infection: molecular evidence for monoclonal origin and expansion of malignantly transformed hepatocytes. J. Cancer Res. Clin. Oncol. *113*, 466–472.

Boiteux, H., Goldbeter, A., Hess, B., 1975: Control of oscillating glycolysis of yeast by stochastic, periodic and steady source of substrate: A model and experimental study. Proc. Natl. Acad. Sci. *72*, 3829–3833.

Cramer, F., 1988: Chaos und Ordnung. Die komplexe Struktur des Lebendigen. Stuttgart.

Degn, H., Holden, A. V., Olsen, L. F., 1987 (Hg.): Chaos in biological systems. New York.

Gerok, W., 1981: Wissenschaft und Erfahrung im Bereich der Medizin. Freiburger Univ. Blätter, Heft *100*, 33–45.

Gerok, W., Matern, S., 1981: Pathogenetische Bedeutung der Gallensäuren. Klinische Wochenschrift *59*, 575–589.

Gleick, J., 1988: Chaos – die Ordnung des Universums. München.

Hess, B., Boiteux, A., 1980: Oscillations in biochemical systems. Ber. Bunsenges. Phys. Chem. *84*, 392–398.

Hess, B., Markus, M., 1986: Chemische Uhren. In Dress, A., Hendrichs, H. und Küppers, G. (Hg.): Selbstorganisation. Die Entstehung von Ordnung in Natur und Gesellschaft. München.

Hess, B., Markus, M., 1987: Ordnung und Chaos in chemischen Uhren. In Küppers, B. O. (Hg.): Ordnung aus dem Chaos, München, S. 157–174.

Hess, B., Markus, M., 1987: Order and chaos in biochemistry. Trends in Biochemical Sciences *12*, 45–48.

Markus, M., Hess, B., 1984: Transitions between oscillations modes in a glycolytic model system. Proc. Natl. Acad. Sci. *81*, 4394–4398.

Prigogine, I. und Stengers, I., 1986: Dialog mit der Natur. Neue Wege naturwissenschaftlichen Denkens. 5. Aufl. München.

Rensing, L., van der Heiden, U., Mackey, M. C. (Hg.), 1987: Temporal disorder in human oscillatory systems. Berlin.

»Geschichte ist immer zeitgenössische Geschichte«, hat der italienische Philosoph und Politiker Benedetto Croce *einmal notiert. Er meinte damit, daß die Historiographie die Vergangenheit stets im Lichte ihrer eigenen Probleme sieht und bedenkt. Wie zutreffend Croces Bemerkung ist, zeigt die Tatsache, daß in den fünfziger und sechziger Jahren eine historische Umweltforschung entstanden ist, die ihr Augenmerk auf das Gewicht von ökologischen Determinanten im historischen Ablauf richtete. Mit ihrer Hilfe hat das inzwischen umfassend erwachte Umweltbewußtsein dann auch »seine historische Dimension« gefunden, wie es die Vertreter der neuen Disziplin gerne ausdrücken.*

Eine Umweltgeschichte, die hinreichend zuverlässig dokumentiert ist und auch weit genug zurückreicht, könnte zu der Antwort auf die Frage beitragen, welche der Veränderungen in der Biosphäre mit natürlichen Gründen zu tun und welche die Menschen zu verantworten haben. Eine neuentwickelte, historische Methode erlaubt es inzwischen, die Witterungs- und Klimaverhältnisse des letzten halben Jahrtausends genau zu rekonstruieren. Da uns heute vor allem die Frage bedrängt, ob zivilisatorische Einflüsse das Klima so ändern, daß die Grenzen der Tragfähigkeit für das menschliche Leben erreicht werden, haben wir den Verfasser dieser ersten umfassenden Wetter-Nachhersage *gebeten, das Klima im Verlauf der menschlichen Geschichte seit dem Mittelalter darzustellen. Sein Aufsatz zeigt, welche Folgen Klimaverschlechterungen im regionalen Rahmen haben können. Wir können uns selbst ausmalen, welche Konsequenzen globale Änderungen nach sich ziehen.*

Christian Pfister, *geboren 1944 in Bern, ist Professor für Sozial- und Wirtschaftsgeschichte am Historischen Institut der Universität Bern. Er wollte zuerst Lehrer für Geschichte und Geographie werden und hat die entsprechenden Befähigungen für das Höhere Lehramt erworben. Mitte der siebziger Jahre aber lockte ihn die neue Disziplin der Umweltgeschichte an die Universität. Pfister wandte sich der Klimageschichte und ihrer Bedeutung für Mensch und Wirtschaft zu. 1984 erschien sein Grundlagenwerk über die »Klimageschichte der Schweiz 1525–1860«, das in einem zweiten Band den Zusammenhang zwischen »Bevölkerung, Klima und Agrarmodernisierung« darstellt.*

Christian Pfister

Wetter-Nachhersage

Was historische Daten über Schwankungen und Veränderungen unseres Klimas seit dem Hochmittelalter verraten

Die Menschheit ist daran, ein globales geophysikalisches Experiment mit unabsehbaren Folgen durchzuführen. Meßbar ist eine ständige Zunahme von Treibhausgasen in der Atmosphäre, die nach den Gesetzen der Strahlungsphysik bekanntlich zu einer globalen Erwärmung führen müssen. Die Anzeichen mehren sich, daß die graue Theorie der Forscher Wirklichkeit wird. Im weltweiten Mittel waren die vergangenen vier Jahre die wärmsten, seit es kontinuierliche Meßprogramme gibt.

In dieser Situation können eingehende Kenntnisse der Klimaentwicklung in der Vergangenheit mithelfen, die betroffenen Bevölkerungen und ihre Entscheidungsträger für Veränderungen zu sensibilisieren, um Maßnahmen zur Dämpfung der negativen Nebenwirkungen einzuleiten und zu legitimieren. Zu beantworten sind konkrete Fragen. So etwa: Wie können wir hausgemachte von natürlichen Klimasignalen unterscheiden? In welcher Weise werden einzelne Jahreszeiten oder Kalendermonate von der Erwärmung betroffen sein? Wie wird sich das Niederschlagsgeschehen verändern? Wie werden sich die Veränderungen auf die Erträge in der Landwirtschaft, auf die Schneemengen in den Wintersportgebieten, auf den Verbrauch von Heizöl und Wasser, auf den Stand der Speicherseen im Gebirge, auf die Qualität der Luft, den Gesundheitszustand des Waldes und den Energieverbrauch für Klimaanlagen auswirken?

Eine Basis zur Beantwortung solcher Fragen können wir aus dem Studium der Experimente gewinnen, welche die Natur in der Vergangenheit selbst durchgeführt hat.

Arbeitsteilige Forschung von Naturwissenschaftlern und Historikern

Instrumentelle Meßreihen stehen seit der Schaffung staatlicher Meßnetze im 19. Jahrhundert in ausreichender Qualität und Dichte zur Verfügung. Für die vorangehenden Jahrtausende müssen Klimaforscher auf Information in natürlichen und historischen Archiven zurückgreifen.

Naturwissenschaftliche Disziplinen arbeiten mit Datentypen, die in Form möglichst langer Reihen vorliegen und sich mit statistischen Methoden homogenisieren lassen. Nur unter dieser Voraussetzung lassen sie sich in Modelle einbringen, die unsere Kenntnisse von der Funktionsweise des Klimasystems verbessern und Prognosen liefern können. Dank jahrzehntelangen intensiven Bemühungen dieser Forschungsrichtung wissen wir heute, wie sich Meeresströmungen und Druckgürtel in der Vergangenheit verschoben haben, wann sich Meeres- oder Seespiegel gehoben und gesenkt haben, wann Gebirgsgletscher und Inlandeismassen vorgestoßen oder zurückgeschmolzen sind. Scheinbar homogene Perioden wie Eiszeiten und Interglaziale haben sich dabei in ein sprunghaftes Hin und Her aufgelöst, bei dem Kalt- und Warmphasen oft innerhalb von wenigen Jahrzehnten kurzfristig aufeinanderfolgen. Doch reicht das Auflösungsvermögen dieser Daten nicht hin, um die wirtschaftliche und gesellschaftliche Bedeutung solcher Veränderungen für die Gegenwart aufzuzeigen und damit Betroffenheit zu wecken. Dazu müßten die Daten nach einzelnen Jahreszeiten, Monaten oder gar Wochen aufgeschlüsselt werden können und auch Angaben über die Niederschlagsverhältnisse einschließen.

Historische Archive bergen Information über Entwicklungen auf dieser Zeitskala: Wetterbeobachtungen, Umweltdaten und frühe Instrumentenmessungen, welche Gelehrte, Handwerker und Bauern in den letzten siebenhundert Jahren aufgezeichnet haben. Manche sind publiziert, manche sind in handschriftlichen Chroniken, Briefen und Tagebüchern, privaten und obrigkeitlichen Buchhaltungen in Stadt-, Regional- und Lokalarchiven verborgen, einige sind sogar auf Hausfassaden aufgemalt oder in Stein eingemeißelt. Manchmal sind Beobachtungen auf die Stunde genau datiert und so ausführlich, daß daraus die Abfolge einzelner Wetterlagen rekonstruiert werden kann. Daten mit einem Auflösungsvermögen von Wochen bis Monaten können mithelfen, ökonomische und demographische Prozesse in der Geschichte zu erklären, beispielsweise um die Verknüpfung von Klimaelementen und Ernteergebnissen mit Preisschwankungen zu verbinden. Darüber hinaus können klimageschichtliche Befunde auf dieser Zeitskala auch zur Interpretation der heutigen und der in nächster Zukunft zu erwartenden Klimaveränderungen beitragen. Etwa ausgehend von der Frage nach der Bandbreite, innerhalb welcher Extreme und Anomalien von Natur aus zu erwarten sind, als Inspiration für Szenarien und Modelle, um die Auswirkungen nachgewiesener Klimazustände in der Vergangenheit, etwa der mittelalterlichen Warmzeit oder der kältesten Phasen der »kleinen Eiszeit«, auf die heutige Zivilisation zu simulieren, oder zur Abschätzung der klimatischen Belastbarkeit naturnaher Ökosysteme, etwa des Waldes, vor der Periode der Luftverschmutzung.

An der Universität Bern ist eine Methode der Klimarekonstruktion entwickelt worden, welche dieses sehr umfangreiche, vielfältige, aber heterogene Material aus menschlichen Archiven zu Zeitreihen der Temperatur und des Niederschlags auf verschiedenen Skalen (Monate, Jahre, Jahrzehnte, Jahrhunderte) zusammenschmiedet, die sowohl in Modelle des Klimatologen wie in jene des Ökonomen eingeschlossen werden können. Perioden wie die »kleine Eiszeit« können je nach Fragestellung in einer einzigen Kurve zusammengefaßt oder, sofern es das Datenmaterial erlaubt, für einzelne Wochen oder Monate aufgeschlüsselt werden. Die Methode greift auf die kleinsten Mosaiksteinchen zurück, welche uns zur Verfügung stehen, einzelne Beobachtungen oder Messungen, setzt dieses Mosaik mit Hilfe von Computerprogrammen zu einer elektronischen Datenbank zusammen und leitet daraus Schätzwerte für Temperatur und Niederschlag ab.

Ein Puzzle aus 33000 Elementen

Wer sich die Aufgabe gestellt hat, Wetter und Klima in vergangenen Jahrhunderten zu erforschen, muß gleichsam zehntausende von Bruchstücken eines weitläufig zerstreuten Puzzles zusammensuchen, ordnen und zu einem naturgetreuen, abgerundeten und klaren Bild zusammenfügen. Die große Schwierigkeit ist nur, die Puzzlesteine richtig einzusetzen, die Grenzen und Fehler der verschiedenen Quellen zu erkennen und die entsprechenden Schlußfolgerungen zu ziehen.

Für die Schweiz sind aus dem Zeitraum 1525 bis 1863 bisher mehr als 33000 Beobachtungselemente zusammengetragen worden. Richtig zusammengesetzt ergeben sie ein 338 Jahre langes Wetterpuzzle, bei welchem von 4056 Monaten nur gerade deren 121 nicht durch mindestens eine Beobachtung belegt sind. Die Fülle der Wetterberichte und Umweltdaten ist zu Schätzwerten von Temperatur und Niederschlag verdichtet worden, welche die 125 Jahre langen meteorologischen Meßreihen um 340 Jahre zurück bis an die Schwelle der frühen Neuzeit verlängern, freilich mit unterschiedlicher Genauigkeit und Aussagekraft. Noch im Computer stecken derzeit die Umrisse einer Wettergeschichte Mitteleuropas (mit Einschluß Frankreichs, beider deutscher Staaten, Österreichs, der Benelux-Staaten und Norditaliens) für die Periode des Hoch- und Spätmittelalters.

Die Gesamtheit des Materials läßt sich nach genetischen, formalen und inhaltlichen Gesichtspunkten wie folgt gliedern (Tab. 1):

Tab. 1: Typologie historischer Quellen und Daten (nach Pfister 1984). Die Gesamtheit des klimageschichtlichen Datenmaterials läßt sich nach Herkunft, Form und seinem Bezug zu Klimaelementen gliedern. Unmittelbar klimabezogen sind Witterungsbeschreibungen und instrumentelle Messungen. Indirekte Aussagen machen Daten, welche durch physikalische oder biologische Prozesse produziert worden sind. Sie müssen vorgängig geeicht werden.

<table>
<tr><th>Genese
Inhalt</th><th colspan="2">Natürliche Daten</th><th colspan="3">Anthropogene Daten</th></tr>
<tr><td>Klimaspezifische Daten
Witterungsverlauf und Klimaelemente</td><td colspan="2"></td><td rowspan="2">Schrift-quellen</td><td>Witterungs-beschreibungen
• Extremereignisse
• Grundzüge des Witterungsverlaufs
• tägliche Aufzeichnungen</td><td>Instrumentelle Meßdaten
• Luftdruck
• Temperatur
• Niederschlag
• Pegel</td></tr>
<tr><td rowspan="2">Indirekte Daten:
klimatisch beeinflußte Prozesse und Erscheinungen</td><td rowspan="2">Physikalische Daten
• Isotopen ($^{16}O/^{18}O$)
• Moränen
• Sedimente usw.</td><td rowspan="2">Biologische Daten
• Pollen
• Baumringe usw.</td><td>Physikalische Daten
• Wasserstände
• Schneefall
• Schneebedeckung
• Vereisung von Gewässern</td><td>Biologische Daten
• Blüte- und Reifezeit von Pflanzen
• Ertrag und Zuckergehalt von Weinmost
• Zeitpunkt von Getreideernte und Weinlese</td></tr>
<tr><td>Sach-quellen</td><td colspan="2">alte Bilddarstellungen und Fotos; Pläne und Karten, Bauwerke, Siedlungen, Verkehrswege, aufgelassene Fluren und Kulturen, archäologische Funde usw.</td></tr>
</table>

Abb. 1: Denkwürdige Witterungsereignisse sind da und dort auch in Hausinschriften festgehalten: das Haus Wampfler in Diemtigen (Berner Oberland) wurde 1740 gebaut, »da der Gar späth streng Winter im Brahet [Juni] Erst auß Wahr«. Im Frühjahr 1740, einem der kältesten der letzten 500 Jahre, hielt sich die Schneedecke im ca. 900 m hoch gelegenen Diemtigen bis in den Juni hinein.

In *natürlichen Archiven* sind all jene Klimaindikatoren gespeichert, die durch natürliche Prozesse geschaffen worden sind: Pollen in Bodenprofilen, Sedimentschichten am Grund von Seen und Ozeanen, Sauerstoffisotope in den Eisschilden der Polargebiete und Hochgebirge, fossile Moränenapparate im Vorfeld von Gletschern, Jahrringe in lebenden und fossilen Bäumen oder verbauten Balken, um nur einige der bekanntesten Datentypen zu nennen. Sie werden von naturwissenschaftlichen Disziplinen (Physik, Glaziologie, Botanik, Geographie) ausgewertet.

In *historischen Archiven* sind jene Daten gespeichert, welche durch menschliche Tätigkeit geschaffen worden sind. Sie gehören deshalb in die Domäne der Historiker, Kulturgeographen, Archäologen und Ethnologen.

Von der Form her können wir hier Schrift- und Sachquellen unterscheiden. Zu den *Schriftquellen* gehören alle Zeugnisse, die auf Papier, an Gebäuden oder Steinen festgehalten sind, zu den *Sachquellen* alte Bilddarstellungen und Fotos, alte Pläne und Karten, ferner Bauwerke, Siedlungen und alte Verkehrswege, Flurrelikte sowie archäologische Funde (Abb. 1).

Vom Inhalt her unterscheiden wir bei den anthropogenen Daten zwei Gruppen: *Klimaspezifische Daten* enthalten unmittelbare Aussagen über Klimaelemente und Witterungsverläufe in Form von Beschreibungen oder Messungen.

Proxydaten enthalten numerische oder deskriptive Information über physikalische oder biologische Prozesse, die zum überwiegenden Teil durch meteorologische Parameter gesteuert werden: Indikatoren für hydrologische, nivale und glaziologische Prozesse umfassen die Eisbedeckungen von Gewässern, die Schneefälle und die Schneebedeckung auf

Stäffen Agenstein Und Vrena
Gebauwen Ihm 1740
Jahr Da der Gar späth streng Winter ihm Brachet Erst auß Wahr :

verschiedenen Höhenstufen sowie Angaben über den Wasserstand von Gewässern und die Bewegung von Gletschern. Biologische Daten sind Indikatoren für Vegetationsaktivität im weitesten Sinne. Sie umfassen einmal pflanzenphänologische Daten, das heißt Beobachtungen von privaten Amateuren über den Zeitpunkt der Blüte und Fruchtreife von Kulturpflanzen (Obstbäumen, Getreidesorten und Reben), seltener von Wildpflanzen. Ferner datierte Aufzeichnungen von Amtshandlungen wie der Aufhebung des Weinlesebanns und der Versteigerung von Getreidezehnten, aus welchen wir indirekt auf die Reife der Trauben und die Schnittreife des Wintergetreides schließen können. Schließlich gehören dazu Angaben über den Umfang und den Zuckergehalt der Weinmosternten.

Anthropogene Proxydaten müssen interdisziplinär ausgewertet werden: Einerseits sind sie durch die Subjektivität von Individuen oder die Funktionsweise von Institutionen geprägt und müssen deshalb mit der Methode der historischen Quellenkritik überprüft werden. Andererseits enthalten sie Information über Erscheinungen in der natürlichen Umwelt, deren Interpretation entsprechende Kenntnisse voraussetzt.

Stolpersteine für Naturwissenschaftler

Der eilige Forscher unterliegt leicht der Versuchung, auf ältere Autoren zurückzugreifen, welche bereits eine Fülle von Witterungsbeobachtungen aus Archiven und Bibliotheken zusammengetragen haben. Nur wissen wir heute, daß diese Kompilationen mit Fehlern gespickt sind: Namen sind verzerrt, Daten und Orte verwechselt, Beobachtungen stillschweigend aus anderen Quellen übernommen oder schlicht und einfach erfunden worden. Bis zu 50% kann die Fehlerquote betragen. Andererseits enthalten diese Kompilationen längst nicht alle Beobachtungen, die erhalten sind, nicht einmal die in der Literatur greifbaren. Grund genug also, den erheblichen Mehraufwand für eine Prüfung der Daten auf sich zu nehmen, ehe das Material in den Computer eingefüttert wird.

Bevor wir uns mit dem Inhalt einer Quelle auseinandersetzen, muß geprüft werden, ob wir einen authentischen Text in Händen haben. Augenzeugenberichte haben den höchsten Beweiswert. Mit etwas mehr Vorsicht sind Berichte zu interpretieren, die dem Verfasser schriftlich oder mündlich zugetragen worden sind. In die Kategorie der zweifelhaften Meldungen gehören schließlich alle Angaben, für welche der Verfasser nicht Zeitgenosse ist und die er folglich aus anderen Quellen übernommen haben muß. Bei Abschriften oder gedruckten Versionen ist mit verstümmelten Namen, willkürlichen Auslassungen und vor allem mit falschen Datierungen zu rechnen. Schwer durchschaubar sind im Deutschen etwa Verwechslungen der ähnlich klingenden Monate »Juni« und »Juli«.

Die Chronisten versuchten ihre Erzählung von den ältesten Zeiten »bis an den heutigen Tag« zu führen. Sie berichteten um so ausführlicher, je näher sie ihrer eigenen Zeit kamen. Bei ihrer Suche nach Aufzeichnungen über bemerkenswerte Naturereignisse griffen sie mit besonderer Vorliebe auf gedruckte Chroniken zurück. Nicht selten wurden dabei dieselben Berichte leicht verändert von Quelle zu Quelle weiter übernommen, wodurch sich die Information mit der Zeit zu einem schwer entwirrbaren Knäuel verfilzte.

Bei der Interpretation muß auf folgende vier Probleme geachtet werden:

1. Ereignisse sind in älteren Quellen nicht nach dem heutigen Kalender, sondern nach Heiligentagen datiert. So lesen wir beispielsweise in einer Schaffhauser Chronik, daß von Martini bis Mitfasten 1586/87 zweiundzwanzig Schnee fielen, »dass keiner abgienge«. Nach heutige Lesart heißt das: Zwischen dem 21. November und dem 26. März lag ununterbrochen Schnee. Bei solchen Angaben ist immer damit zu rechnen, daß sie mehr oder weniger großzügig nach dem nächstliegenden Heiligentag gerundet sind, so daß wir sie zeitlich nicht überinterpretieren dürfen.
2. Begriffe wie »Herbst« und »Winter« haben sich in ihrer Bedeutung gewandelt. »Herbst« wird in älteren Quellen die Zeit der Weinlese genannt; der »Winter« wird häufig mit der Dauer der Schneebedeckung gleichgesetzt.

3. Bei Beobachtungen im »Winter« wird auf Grund des Jahreswechsels nicht immer klar, auf welches Jahr sie sich beziehen. Steht nur eine Jahrzahl, so müssen wir anhand von weiteren Quellen oder aus dem Kontext zu erschließen versuchen, ob damit das »alte« oder das »neue« Jahr gemeint ist. Sonst riskieren wir, daß ein und derselbe kalte Winter, der in verschiedenen Quellen erwähnt wird, in der Statistik doppelt gezählt wird.
4. In der Zeit nach 1582 wurden der Julianische und der Gregorianische Kalender nebeneinander verwendet. Bei Monatsangaben ist zu beachten, daß reformierte und katholische Quellen verschiedene Zeitperioden ansprechen. So schreibt der Protestant GEORG MICHAEL WEPFER unter dem Monat Mai 1655: »Warm, auch mit guten fruchtbaren Regen«. Gemeint ist der Maimonat nach Julianischem Kalender, der nach der heutigen Zeitrechnung die Periode zwischen dem 11. Mai und dem 10. Juni umfaßt. Abt GALLUS II. schreibt unter diesem selben Monat: »In St. Gallen war die erste Maidekade kühl; in den zwei folgenden herrschte eher warme und teilweise regnerische Witterung.« Für die überlappenden zwei Zehntagesperioden zwischen dem 11. und dem 31. Mai sind die beiden Berichte stimmig, nicht aber im Rahmen der verwendeten Kalendermonate. Dieses Beispiel mag zeigen, daß die Frage nach dem verwendeten Kalender nicht nur bei der Datierung, sondern auch bei der Interpretation von Schriftquellen ins Gewicht fällt.

Wettermeldungen für die Nachwelt

Die Geschichte einer Wissenschaft ist nicht nur die Geschichte ihrer Entdeckungen und Erfahrungen, sondern verbunden damit ein Spiegel menschlicher Bemühungen. So stellt sich die Frage, warum Menschen sich die Mühe nahmen, Witterungs- und Umweltereignisse Tag für Tag zu beobachten und für die Nachwelt festzuhalten.

In den agrarischen Solarenergie-Gesellschaften kam dem Witterungsgeschehen schicksalshafte Bedeutung zu. Der Himmel entschied über den Umfang der Ernten, die Verfügbarkeit von Wind- und Wasserkraft und die Befahrbarkeit von Straßen und Wasserwegen. Grund genug, Katastrophenereignisse und Anomalien, wie sie auch heute Schlagzeilen machen, der Nachwelt zur Erinnerung schriftlich zu überliefern.

Klimageschichtlich fündig sind in erster Linie Stadt-, Lokal- und Bauernchroniken, die in bunter Mischung über die Drangsale des Krieges, den Wechsel von guten und schlechten Ernten, den Verlauf mörderischer Epidemien, den Kampf mit Feuer und Wasser und die Verbrennung von Hexen berichten. Sie begünstigen das Außergewöhnliche und vernachlässigen das Alltägliche. Die witterungsgeschichtlichen Angaben dieser Quellengattung lassen sich in drei Gruppen gliedern: zusammenfassende Umschreibung des Witterungscharakters von längeren Zeitabschnitten; Schilderungen von Extremereignissen – Wolkenbrüchen, Hagelschlägen, Stürmen, Überschwemmungen und Schneefällen – und den von ihnen verursachten Schäden; schließlich Berichte von außerordentlichen Naturereignissen wie die frühe oder späte Reife von Kulturpflanzen oder die Eisbedeckung von Seen.

Zu den hervorragendsten Witterungschronisten des 16. Jahrhunderts gehört der Luzerner Stadtschreiber RENWARD CYSAT (1545–1613). Aufs tiefste in die Politik verflochten, war er als Vertrauter und rechte Hand des Luzerner Schultheißen LUDWIG PFYFFER, des »Schweizerkönigs«, unermüdlich im Sinne der Gegenreformation tätig. Schon früh ausgeprägten Neigungen der Naturkunde folgend, legte CYSAT bei seinem Haus einen botanischen Garten mit Heil-, Medizinal- und Alpenpflanzen an, der zu einem vielbewunderten Schau- und Prunkstück Luzerns wurde. Sommer für Sommer erklomm er die Gipfel um Luzern, unterhielt sich mit Bauern und Sennen, was für einen Mann von Stand damals außerordentlich war, und lernte dabei ihre Freuden, Sorgen und Nöte kennen. Auf diese Weise erforschte er die Sitten und Gebräuche, Sagen und Legenden, den Glauben und Aberglauben seiner Heimat. Er war ein Mann von vielseitigem Talent, ein »Polyhistor«, eine Art von »Uomo universale« im Sinne der Renaissance, der sich auf allen Gebieten, die er bebaute, über den bloßen Dilettantismus zu erheben vermochte. Cysat begnügte sich nicht damit, extreme Witterungsereignisse in seinen »Collectaneen« festzuhalten. Er zeichnete für die Jahre 1588 bis 1613 auch den »gewöhnlichen« Verlauf der Witterung, die »Stationes oder Jahrgäng« auf und führte dabei u. a. über Erscheinungen wie die Häufigkeit der sommerlichen Schneefälle und den Stand der Ausaperung an den umgebenden Berggipfeln sorgfältig Buch.

Innerhalb der Aufzeichnungen des Luzerner Stadtschreibers Renward Cysat läßt sich eine Entwicklung von der rein deskriptiven Meteorologie zu einer Vorform der meteorologischen Statistik beobachten, wie die beiden folgenden Beispiele veranschaulichen:

»1592 Aprilis Metzenwetter, Schnee jm pirg [in den Bergen] und 4 mal im boden [in der Ebene], küel regen, vil und starcke wind«.

»1613 Maius Nass Sommer. Hat ghept 25 regentag darunter 9 wol ergibig und wassers gnuog tag und nacht [...] 2 tag grosse hitz, 3 aber mittelwarm«.

Vom Beginn des 17. Jahrhunderts an zählte Cysat die Tage nach dem vorherrschenden Witterungscharakter aus – vermutlich anhand eines (verschollenen) Tagebuchs.

In Klosterarchiven vergraben

Eine Fundgrube sind Briefe und Aufzeichnungen aller Art in Kalendern und privaten und offiziösen Tagebüchern, die in der Regel nur handschriftlich vorliegen: So enthält etwa das fünfbändige Diarium des St. Galler Abtes Gallus II. (Jakob Alt, 1610–1687) neben Visitationsberichten von Pfarreien und Berichten über persönliche Aktivitäten etwa ein Drittel Wetternotizen, häufig in Form von stichwortartigen Bemerkungen zu einzelnen Tagen wie »grosser Schnee«, »grimmig kalt«, »grosse hitz« oder knappen Zusammenfassungen der abgelaufenen Witterungsphasen am Monatsende. Mit Vorliebe erzählt er von langen Regenperioden, tiefem Schnee und schneidender Bise, welche ihm das Reiten auf schlechten Straßen zur Mühsal werden ließ.

Der Wert solcher Aufzeichnungen ist erst in jüngster Zeit erkannt worden. So fand beispielsweise ein Historiker das die Jahre 1616–1654 umfassende Tagebuch des Abtes Placidus Brunschwiler aus dem thurgauischen Fischingen nicht der Bearbeitung würdig, da es »nichts als Wetternotizen« enthalte, wie er enttäuscht auf den Deckel schrieb.

Besonders ergiebig sind die Einsiedler Diarien des späten 17. Jahrhunderts. Von der Mitte der 1680er Jahre an hielt Pater Joseph Dietrich (1645–1701) den Witterungsverlauf in Abständen von wenigen Tagen fest, im Verlaufe des Jahres 1694 ging er zur täglichen Beobachtung über. Die Schilderung eines Tages umfaßt nicht selten mehrere Zeilen und erstaunt durch ihre Fülle an fein beobachteten Einzelheiten. Dietrich und sein Nachfolger Sebastian Reding kennen bereits die wichtigsten Wolkenformen, unterscheiden terminologisch zwischen bloßem Schneefall und Neuschneebedeckung und beziehen die Auswirkungen der Witterung auf die Landwirtschaft in ihre Schilderungen mit ein.

Wetterbeobachter schlafen nie

Bemühungen, den Verlauf der Witterung und des Klimas vorauszusagen, sind wohl so alt wie die Menschheit selber. Die *Astrometeorologie*, die Kunst, den Witterungsverlauf aus den Sternen vorauszusagen, wurde von Kulturvölkern in der Antike entwickelt, von den Arabern übernommen und durch die Übersetzung arabischer Texte ins Lateinische im mittelalterlichen Abendland verbreitet. Viele Astrometeorologen, unter ihnen Johannes Kepler, nahmen unwillkürlich Veranlassung, das Wetter, das sie alljährlich voraussagten, auch wirklich zu beobachten und ein meteorologisches Tagebuch zu führen.

Vom 17. Jahrhundert an tritt die Suche nach den mathematisch erfaßbaren Gesetzmäßigkeiten im Witterungsverlauf sowie Zusammenhängen mit den landwirtschaftlichen Erträgen, den Getreidepreisen und dem Ausbruch von Epidemien in den Vordergrund. Führende Aufklärer wie René Descartes, John Locke und Blaise Pascal gehörten zu den ersten, die barometrische und thermometrische Messungen durchführten.

Witterungstagebücher enthalten relativ homogene Information in quantitativer oder quantifizierbarer Form mit einem unter Umständen bis zu Stunden reichenden zeitlichen Auflösungsvermögen. Sie lassen sich in drei Kategorien einordnen: tägliche Witterungsbeschreibungen ohne Instrumente, solche mit Instrumenten und reine Meßjournale.

Die *nichtinstrumentellen Tagebücher* enthalten mehr oder weniger regelmäßige tägliche Witterungsbeschreibungen, teils in Form von Stichwörtern, teils in Form längerer Sätze. Ältere Beobachtungen finden sich vorwiegend in Bauernkalendern, die Sonnen- und Mondstand, Aderlaß-, Haarschneide-, Nägelschneidetage sowie die astro-meteorologischen Wettervoraussagen in Form von Symbolen wiedergeben. Daneben blieb freier Raum für persönliche Notizen des Besitzers. Diese Leerzeilen luden zu Bemerkungen über tägliche Vorkommnisse geradezu ein.

Vier Beispiele sollen den Stil dieser Quellengattung und zugleich die im Verlaufe der Zeit eingetretenen Veränderungen dokumentieren:

JOHANNES KNEBEL, Kaplan am Münster in Basel, gehört zu den ersten, die ihre Beobachtungen in einem Schreibkalender festgehalten haben. Seine von 1473 bis 1479 reichenden Aufzeichnungen umfassen pro Monat drei bis vier längere Bemerkungen: So etwa am 2. Juli 1475: »Am Tag des hl. Johannes des Täufers gab es viel Schnee im Schwarzwald [1200–1500 m!], wie mir der Schatzmeister von Bucken berichtet hat ...«

Bereits zu 75 % vollständig sind die in Latein abgefaßten Angaben im Kalender von KILIAN LEIB (1471–1553), eines Priors im Augustiner Chorherrenstift Rebdorf bei Eichstädt. LEIB versucht durch Zeitangaben wie »tota nocte et toto die pluvia« (Regen die ganze Nacht und den ganzen Tag hin-

Abb. 2: Das Zürcher Witterungstagebuch Wolfgang Hallers, Januar 1573. Als Vorlage dient ein Schreibkalender. Das tägliche Wetter wird mit wenigen Worten charakterisiert.

Auicenna.

Manch gůtte leer wil ich dir gäben/
Den volg nach/frischt dir din läben.
Im Jenner din blůt bhalt by dier/
Doch vff dem Dum mugst lassen schier.
Vnd denn hinnach wol nemmen acht/
Was dir all Monat bringet krafft.

1 gar grim kalt vnd schynenlachig darzů
2 gar grim kalt. nach mittag schön vnd glantz
3 grim kalt mit nübel morgens, darnach sunnschin
4 morge trüb vnd kalt. Nach mittag gar schön
5 morgens schön. Nach mittag wind vnd schmilzig
6 warm. wind vnd schmilzwätter
7 Vil wind vnd vil rägen. warm. trüb. schmilz
8 warm vnd trochen
9 warm vnd trüb mit vil rägen
10 trüb vnd rägen
11 trüb vnd warm
12 warm vnd gar trüb, dick luft. nübel.
13 vil rägen nübel
14 gar kalt. nübel. nach mittag etwas schön.
15 trüb vnd zimlich warm. Nachts rägen
16 zimlich warm.
17 idem. zimlich warm vnd trüb.
18 zimlich warm vnd trüb
19 Morgen etwas kalt. Darnach trüb. Nachts vil rägen
20 Zimlich warm vnd trüb. Nachts gar vil rägen Schnee
21 Schnee den gantzen tag. Vil schnee
22 Schnee vnd trüb den gantzen tag
23 trüb
24 trüb vnd schynenlachig
25 morgens trochen. Nach mittag zimliche sonnen glantz. kein wind. nübel. rägen
26 trüb vnd kalt
27 trüb vnd kalt
28 trüb vnd kalt. nübel.
29 trüb, gar kalt, vil nübel vff den bergen
30 trüb. grim kalt.
31 Grim kalt. vff den abent gar schön vnd sun

A iij

durch) die Dauer meteorologischer Phänomene genauer zu umschreiben.

Als wichtigste Quelle der mitteleuropäischen Klimageschichte für das dritte Viertel des 16. Jahrhunderts gelten die Zürcher Wetterbeobachtungen des Probstes WOLFGANG HALLER (1525–1601), die den langen Zeitraum von 1545/46 bis 1573 umfassen. Haller charakterisiert die Tageswitterung in diesen 27½ Jahren fast lückenlos mit ein bis zwei Worten wie »Hell, Föhn«, oder »Regen, Schnee« (Abb.2). In diesem bewußt knappen, fast telegrammartigen Stil hat auch JOHANNES KEPLER seine Beobachtungen aufgezeichnet.

In den Witterungstagebüchern des 18. Jahrhunderts beginnen Pflanzenbeobachtungen eine Rolle zu spielen; die Aufzeichnungen werden reichhaltiger und systematischer. So hat der Winterthurer Bäcker HANS RUDOLF RIETER (1655–1748) über die Umweltgeschichte seiner Vaterstadt in den Jahren 1721–1738 sozusagen lückenlos Buch geführt. In langen Sätzen protokollierte er alle im Verlaufe des Tages festgestellten Veränderungen der Atmosphäre, wobei er in der Regel die Nachtstunden einbezog. Bei rund zwei Dritteln aller Niederschlagsereignisse hielt er dabei Einsetzen und Aufhören auf die Stunde genau fest. Zum Beispiel am 10. Mai 1726: »Zwüschen 2 und 3 uhr [nachts] zimmlich gerägnet, nach 3 uhr geschonet [Nachlassen des Niederschlags], umb 6 uhr [morgens] wider angfangen zu rägnen und gewähret bis umb 8 uhr, da es wider geschonet; umb 11 uhr wider starkh gerägnet bis umb 1 uhr [mittags] da es ein wenig nachgelassen; abends aber umb 5 uhr wider angefangen sehr starkh zu rägnen und gewähret bis umb 8 uhr, da es wider geschonet...« Besonders bemerkenswert sind RIETERS pflanzenphänologische Beobachtungen. Er verzeichnet systematisch das Datum von 19 Ereignissen: erste Kirschblüte, »erste Trauben« (Austrieb oder Sichtbarwerden der Blütenstände), erste Begrünung der Buchen, Vollblüte der Kirschbäume, erste Roggenähren, erste Gerstenähren, Vollblüte der Birnbäume, Blüte des Roggens, erste Ähren des Dinkels (einer alten Weizensorte), erste Blüte der Reben, erste reife Erdbeeren, erste reife Kirschen, Vollblüte des Dinkels, Beginn des Gerstenschnitts, des Roggenschnitts und des Dinkelschnitts, Ende der Dinkelernte, erste Rotfärbung der Trauben, Beginn der Weinlese. Rechnerische Tests haben ergeben, daß Rieter ebenso sorgfältig beobachtet haben muß wie die Fachleute unseres Jahrhunderts. Soweit wir heute wissen, hat er als erster überhaupt systematisch über die Blüte und Reife von Pflanzen Buch geführt. Die älteste bisher bekannte phänologische Reihe, jene der Familie Marsham in der englischen Grafschaft Norfolk, beginnt im Jahre 1736.

Ein einzigartiges Meßjournal

Im 17. Jahrhundert begannen sich die ersten Gelehrten mit Meßinstrumenten auszurüsten, die sie sich zum Teil selber konstruierten. Neben die Augenbeobachtungen trat in den Tagebüchern die Ablesung der Instrumente. Die ersten *Niederschlagsmessungen* in Europa hat Benedetto Castelli 1639 in Perugia durchgeführt; die ältesten bekannten Temperaturmessungen – aus der Zeit zwischen 1654 und 1670 – stammen aus Florenz und Pisa. Meßinstrumente wurden aber selten über längere Zeit hinweg systematisch abgelesen, und noch seltener sind Meßjournale aus dieser Zeit erhalten geblieben. Eine hervorstechende Ausnahme bilden die Messungen des Pariser Arztes und Botanikers Louis Morin (1635–1715). Morin war der Arzt von Boileau und Racine. 1707 wurde er in die Académie française aufgenommen. Seine Beobachtungen erstrekken sich über die 48jährige Periode vom Februar 1665 bis zum Juli 1713. Drei- bis viermal täglich hat Morin über diese lange Zeit hinweg Temperatur, Luftdruck und Luftfeuchtigkeit gemessen, Menge und Richtung der Wolken, Richtung und Stärke des Windes sowie Nebel festgestellt und schließlich die Menge des gefallenen Regens und Schnees gemessen. Das in winziger, gestochen scharfer Schrift gehaltene Dokument wird in der Bibliothèque Nationale in Paris aufbewahrt. Wenn wir Alter, Umfang und Länge der Messungen berücksichtigen, so gehört es ohne Zweifel zu den weltweit bemerkenswertesten seiner Art. Die Gesamtheit der Aufzeichnungen wird gegenwärtig am Historischen Institut der Universität Bern und am

Geographischen Institut der Universität Bonn für eine vertiefte Analyse mit Computer aufbereitet (Abb. 3).

Von der Art der Beobachtungen her bemerkenswert ist das instrumentelle Tagebuch des Berner Pfarrers JOHANN JAKOB SPRÜNGLI (1707–1803). Er beschrieb zwischen 1759 und 1803 jeden Winter den Auf- und Abbau der Schneedecke in seiner Umgebung und führte Buch über das Einschneien und den Ausaperungsprozeß an den Bergketten in seinem Gesichtskreis. Im Sommer zählte er am Ende jedes Monats die übriggebliebenen Schneeflecken an den Bergen und hielt das Datum

1690 · Janvier ·

1	f 3·2	27·8	2·3	so	2	2	2·3·4	p·2·4	
	f·2·8	27·7	2	no	2	2	3		
	f·2·9	27·7	2	no	2	2	3		
2	f·3·1	27·8	1·2	sse	2	3	4	p·2·2	n
	f·2·2	27·5	2·1	o	2	3	4	p·2·6	
	f·1·9	27·5	1·2				4 e	p·2	
3	f·1·7	27·6	2·3	oso	2	2	4·3		
	f·1·4	27·7	2·1	oso	2	3	3		
	f·1·6	27·8	1	so	2	2	3		
4	f·2·6	27·7	1	so	2	2	2·3		
	f·1·8	27·6	1	so	2	2	3		
	f·1·6	27·7	1	so	2	2	3		
5	f·1·6	27 6	1	oso	2	2	4·e	p·2·4	
	f·1·3	27·6	1	so	2	2	4		
	f·1·4	27·7	1	s	2	2	3		
6	f·1·7	27·7	1	s	2	2	3		
	f·1·4	27·6	1	s	2	2	3		
	f·1·6	27·6	1	sso	2	2	4	p·2·3	
7	f·2·3	27·9	1				2·4·e		6·4
	f·2·2	27·10	1				4·e		6·2
	f·2·3	27·10	1	sso	2	2	4·e		
8	f·1·8	27·8	1·2	so	2	2	3		
	f·1·3	27·6	1·2	so	2	2	4	p·2·2	
	f·1·9	27·7	2	o	2	3	4		

Abb. 3: Das Meßjournal des Pariser Arztes Louis Morin vom Januar 1690. Angaben von links nach rechts: Datum, Temperatur (in Kältegraden [degré du] f[roid]), Luftdruck in Zoll und Linien, Windstärke, Richtung der Wolkenbewegung, Höhe der Wolken, Geschwindigkeit der Wolken, Bewölkungsgrad in Vierteln, Regen in Zoll und Linien, Schnee in Zoll und Linien. Morins Messungen und Beobachtungen umfassen die außerordentlich lange Periode von 1665 bis 1713.

fest, an welchem der letzte verschwand. Bei sommerlichen Schneefällen in den Bergen gab er an, wie weit hinunter die Neuschneedecke reichte. Dabei bezog er sich auf Merkpunkte im Gelände, die wir in Meter über Meer umrechnen, um so auf das jeweilige Absinken der Nullgradgrenze schließen zu können. Im weiteren nennt SPRÜNGLI den Blütezeitpunkt von hundert verschiedenen Blumen in Garten und Feld, von neun Obstbaumarten, von fünf Getreidearten und beschreibt verschiedene Entwicklungsstadien der Reben. Insgesamt hat er über 4000 Einzelbeobachtungen von Pflanzen und von Tieren hinterlassen.

Überblick über das historische Datenmaterial aus der Schweiz

Von der zeitlichen Dichte und der Aussagekraft des Datenmaterials her läßt sich die 340 Jahre umfassende Untersuchungsperiode in die folgenden fünf Abschnitte gliedern:

1. 1525–1549: Chronisten beschreiben außergewöhnliche Situationen oder fassen den Witterungsverlauf über größere Zeiträume hinweg in knappen Worten zusammen. Die Beobachtungslücken (43 % aller Monate) konzentrieren sich auf die meteorologisch häufig unauffälligen und für die Agrarkonjunktur tendenziell unwichtigen Monate Oktober und November.
2. 1550–1658: Für 97 % aller Monate liegt mindestens eine Wettermeldung vor. Beobachtungslücken verbleiben im Herbst.
3. 1659–1683: Jeder Monat kann auf Grund von Beobachtungen thermisch und/oder hygrisch charakterisiert werden.
4. 1684–1754: Das Niederschlagsgeschehen läßt sich fast vollständig auf Grund von Messungen oder Witterungstagebüchern quantifizieren. Zur Einschätzung der Temperaturverhältnisse stehen in der Regel für jeden Monat mehrere Berichte zur Verfügung.
5. 1755–1863: Die Temperatur ist im Mittelland und von 1817 an auch im Alpenraum (Großer St. Bernhard) durchgehend

gemessen worden. Niederschlagsmessungen: Bis 1778 liegen kürzere Serien aus verschiedenen Landesteilen vor. In diesem Jahr beginnt die Meßreihe am Genfer Observatorium, welche bis nach dem Zweiten Weltkrieg fortgeführt worden ist.

Die raum-zeitliche Verteilung zeigt ein bemerkenswertes Ungleichgewicht zwischen Ost- und Westschweiz: fast die Hälfte der witterungsgeschichtlich fündigen Chroniken stammt aus dem Dreieck zwischen Zürich, St. Gallen und Schaffhausen, nur gerade ein Zehntel dagegen aus westschweizerischen Archiven.

Dies kann nicht nur der Zufälligkeit der Stichprobe zugeschrieben werden: auch in der Periode 1000–1425 sind Witterungsberichte aus der Deutschschweiz, dem Elsaß und Schwaben fast dreimal so zahlreich wie jene aus dem westschweizerischen-burgundischen Raum. Die Gründe für die unterschiedliche Witterungssensibilität der beiden Kulturen sind wohl in der Mentalität oder in der Eigenart der chronistischen Tradition zu suchen.

Daß für die Schweiz ein so dichtes und reichhaltiges Datenmaterial gefunden werden konnte, mag der Mannigfaltigkeit der naturräumlichen und politischen Kammerung, der engen Verknüpfung von Angehörigen der oberen Schichten mit der landwirtschaftlichen Arbeit, der Kontinuität der Verwaltung und der Institutionen sowie der Seltenheit von kriegerischen Ereignissen zuzuschreiben sein, gewiß. Doch ist die Quellenlage in anderen Teilen Europas nicht viel schlechter. Entsprechende Anstrengungen und Mittel vorausgesetzt, dürfte in Archiven und Bibliotheken außerhalb der Schweiz ebenso aussagekräftiges Material aufzufinden sein. Dies zeigen nicht zuletzt das Werk von Pierre Alexandre (1987) und die Ergebnisse laufender Dissertationen am Historischen Institut der Universität Bern. Eine Klimageschichte Europas auf der Basis von historischen Daten verlangt jedoch eine gemeinsame koordinierte Anstrengung von Forschern aus allen Teilen des Kontinents und eine Förderung durch supranationale Instanzen.

Der Temperaturcode wird entschlüsselt

Die Rekonstruktion der Temperatur- und Niederschlagsverhältnisse stützt sich so weitgehend wie möglich auf instrumentelle Messungen. Für die vorinstrumentelle Periode gilt es, die fehlenden Meßwerte mit geeigneten Datentypen zu substituieren. Für den Zugang zum Material ist die Kenntnis von Persönlichkeit und Sprache des Verfassers oder des institutionellen Rahmens der Datenerhebung ebenso entscheidend wie das Verständnis für die Natur der beschriebenen physikalischen und biologischen Prozesse. Die meisten Verfasser von Witterungsnotizen waren sich der Subjektivität ihrer Aussage bei der Umschreibung von Temperatur- und Niederschlagsverhältnissen wohl bewußt. Sie suchten sie deshalb durch beobachtbare Erscheinungen zu ergänzen, die ihnen zur Objektivierung geeignet erschienen. Im Sommerhalbjahr waren dies Hinweise auf den Stand der Pflanzenentwicklung, auf Menge und Qualität des geernteten Weinmosts, auf den Vorsprung oder Rückstand bei der Bestoßung von Alpen und die Zahl der Schneefälle im Verlauf des Alpsommers, lauter Elemente, die zum Temperaturverlauf eine signifikante Beziehung aufweisen. Dasselbe gilt für den Winter. Die Einsiedlermönche etwa umschrieben die Strenge eines Winters zuerst nach dem Gefühl, dann nach der Zeitdauer vom ersten Schneefall bis zu dem Tag, an welchem der Schnee am Boden wegschmolz, weiter nach dem Gefrieren von Quellen, endlich nach der Strecke, bis zu welcher hinab sich der Zürichsee mit Eis bedeckte.

Werden solche Daten zu vergleichbaren späteren Ereignissen in Beziehung gesetzt, die mit instrumentellen Messungen kalibriert werden können, so eröffnet dies die Möglichkeit, den Code zu entschlüsseln, in welchem die alten Beobachter ihre Aufzeichnungen abgefaßt hatten, und ihre Angaben in Celsiusgrade oder Millimeter Niederschlag umzumünzen.

Im folgenden wird die Interpretation einzelner Datentypen erläutert.

Weiße Lenze – grüne Winter

Die Bildung einer Neuschneedecke ist sehr augenfällig, weshalb darüber häufig berichtet wird. Nicht alle Beobachter bemühen sich jedoch um eine begriffliche Abgrenzung von Schneefall und Schneebedeckung. Seltener wird der Ausaperungsprozeß beschrieben.

Für die Zeit vor 1684 liegen Einzelangaben für Extremwinter, für die Periode 1684–1854 isolierte Reihen aus verschiedenen Gegenden des Mittellandes und des Alpenraumes vor. Der Zürcher Professor JOHANN HEINRICH FRIES (1639–1718) hat als einer der ersten in seinem Witterungstagebuch (1683–1718) Auftreten, Andauer und Abbau der Schneedecke regelmäßig beschrieben. Die ersten gedruckten Klimatabellen, in welchen unseres Wissens systematische Angaben der Schneebedeckung erscheinen, hat JOHANN RUDOLF VON SALIS von seinem Wohnort Marschlins bei Chur (Kanton Graubünden) für die Jahre 1803–1810 veröffentlicht. Der St. Galler Kartograph JOHANNES ZUBER hat in den drei Jahrzehnten 1821–1851 für jeden einzelnen Tag die Lage der unteren Schneegrenze zwischen dem Bodensee (396 m) und dem Säntisgipfel (2501 m) ermittelt.

Abb. 4: Dauer der Schneedecke und Vereisung von Seen in den Wintern der letzten 450 Jahre. Gestrichelt sind Ereignisse dargestellt, die nur in nicht zeitgenössischen Quellen erwähnt werden.
Die nach links weisenden Balken veranschaulichen die Eisbedeckung von Seen. Kurze Balken: kleine, seichte Seen eisbedeckt. Mittlere Balken: Zürichsee eisbedeckt, aber nicht tragfähig. Lange Balken: Zürichsee für Fußgänger tragbar; Bodensee ganz oder teilweise eisbedeckt. Dies entspricht einer Kältesumme von mindestens 350°.
Die nach rechts weisenden Balken veranschaulichen die aus Witterungsbeschreibungen geschätzte Dauer der Schneebedeckung im Schweizer Mittelland. Kurze Balken: Schneedauer unter 25 Tagen. Lange Balken: Schneedauer über 80 Tage.
Strenge und lange Winter traten vorwiegend in Gruppen auf: 1560–73, 1585–1615, 1676–1697, 1755–1776, 1880–1895. Zwischen 1525 und 1560 sowie in den letzten 150 Jahren hielt sich die Schneedecke im Mittelland in keinem Winter länger als 90 Tage. Zwischen 1560 und 1830 haben dagegen 25 Winter diese Marke überschritten.

Vereisung von Seen und Flüssen 1525–1750 | Extreme Schneedauer im tieferen Mittelland (400–500 m.ü.M.) 1525–1750

extrem: <25 und >80 Tage

Vereisung von Seen und Flüssen 1751–1970 | Extreme Schneedauer im tieferen Mittelland (400–500 m.ü.M.) 1751–1970

extrem: <25 und >80 Tage

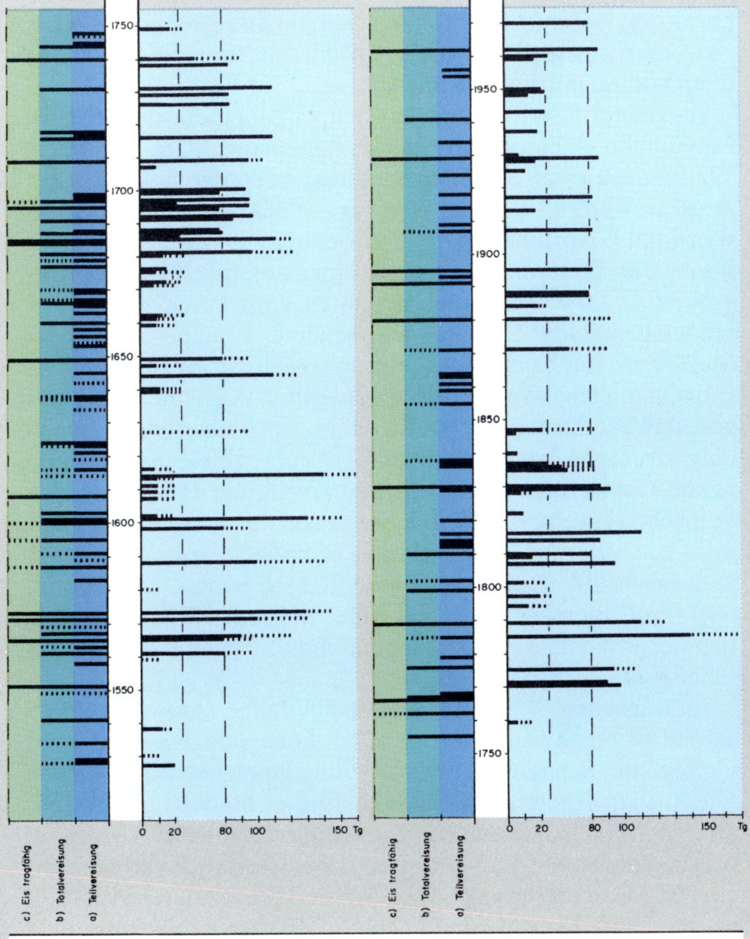

Vereisung

nicht authentische Beobachtungen

Interpretationsspielraum

Schneedauer

Interpretationsspielraum

Die Dauer der Schneedecke in tieferen Lagen erklärt sich zu rund zwei Dritteln durch die Lufttemperatur und den Anteil der Schneetage an den Niederschlagstagen, die relative Schneehäufigkeit. Eine übermäßig lange Dauer der winterlichen Schneebedeckung deutet auf stark unternormale Temperaturen in den Randmonaten November und März, in höheren Lagen im April hin. Schneearme Wintermonate sind häufig überdurchschnittlich warm (Abb. 4).

Im Winter 1784/85, dem längsten, der mit thermometrischen Messungen dokumentiert ist, entsprach der März mit einem Wärmedefizit von 8 ° einem winterlichen Januar, und auch der April war um 3 ° zu kalt. Den ganzen März hindurch und bis weit in den April hinein blieben weite Teile Mitteleuropas bei klirrender Kälte und Bise unter einer tiefen Schneedecke begraben. In Genf wurden im gesamten Winter rund 2,4 m Neuschnee gemessen. KINGTON hat für dieses Ereignis anhand der Meß- und Beobachtungswerte von zahlreichen Stationen in Europa tägliche Wetterkarten entworfen. Aus ihnen geht hervor, daß die Druckzentren im März–April über einen Monat lang sozusagen ortsfest blieben: Tiefdruckgebiete über der südlichen Ostsee und der nördlichen Adria, ein Hoch über den Britischen Inseln, das Mitteleuropa von den atlantischen Luftmassen absperrte. Seiner Ostflanke entlang strömte wochenlang feuchte Arktikluft ungehindert nach Süden. Einem breiten, von Dänemark bis zu den Alpen liegenden Gebietsstreifen bescherte diese Wetterlage anhaltende Schneefälle bei sibirischer Kälte.

Im wärmsten Winter der letzten 500 Jahre, jenem von 1529/30 fiel dagegen selbst in der 670 m hoch gelegenen Stadt St. Gallen kein Schnee. Die Bevölkerung im elsässischen Flecken Guebwiller arbeitete den ganzen Winter hindurch im Hemd, anfangs März fingen die Kirschbäume zu blühen an. Um Basel brachen die Reben im März so stark hervor, daß die Winzer den ganzen Monat über mit Schneiden und Aufbinden beschäftigt waren. Diese Berichte deuten darauf hin, daß der Februar 1530 beinahe und der März dieses Jahres wohl ebenso warm gewesen sind wie ein durchschnittlicher Aprilmonat.

Prozessionen auf dem Bodensee

Berichte über die Vereisung von Seen und Flüssen gehören zu den aussagekräftigsten Belegen für das Auftreten von Strengwintern. In schweizerischen Quellen wird die Bildung einer tragfähigen Eisdecke auf den größeren Seen und Flüssen häufig beschrieben, weil sie die Wasserwege unterbrach oder Anlaß zu einem Volksfest bot. Weit weniger vollständig kennen wir die Geschichte der kleineren Vereisungen, bei welchen die Alpenrandseen nur am Rande oder für kurze Zeit zufroren und das Eis für Menschen nicht tragfähig war.

Aus den Strengwintern der letzten hundert Jahre ist bekannt, daß die Alpenrandseen entsprechend ihrer Oberfläche und ihrer Tiefe in einer bestimmten Reihenfolge zufrieren. Seichte Seen wie der Bielersee vereisen stets vor den tieferen Seen (Zürichsee, Bodensee); daß neben dem Wasservolumen und der Oberfläche noch andere Einflüsse mitspielen, zeigt etwa das Beispiel des Thunersees, der sich nicht in dieses Schema einordnen läßt.

Im Zusammenhang mit Gefriervorgängen im Süßwasser ist die Summe der täglichen negativen Abweichungen von 0° maßgebend. Für die Überfrierung des Zürichsees ist eine Kältesumme von mindestens 300°, für jene des Bodensees eine solche von 380° erforderlich. In allen mit thermometrischen Messungen belegten Fällen, wo der Zürichsee zumindest für Fußgänger tragbar war, sind diesem Ereignis zwei nach heutigen Maßstäben sehr kalte Monate vorangegangen. Der Neuenburger und der Thuner See, welche in der Reihenfolge gleich nach dem Bodensee zufrieren, spielen bei der Frage nach den längsten und kältesten Wintern seit 1525 eine Schlüsselrolle. 1572/73 begann die Kälteperiode bereits Anfang November und dauerte bis Mitte März. Am 2. Februar war der Bodensee vollständig mit Eis beschlossen, und er blieb begehbar bis zum 1. April, fast 60 Tage lang. Die außerordentliche Dauer der Kältewelle erklärt, weshalb sich selbst auf dem Neuenburger und dem Thuner See eine geschlossene, für schwere Lasten tragfähige Eisdecke bilden konnte. Auch in den Wintern 1683/84 und 1694/95 trug das Eis auf diesen beiden Seen beladene

Schlitten. Im kältesten mit Messungen dokumentierten Winter 1829/30 gefror der Thuner See dagegen nur in seinem östlichen Teil. Die drei vorgenannten Winter waren im südlichen Mitteleuropa folglich die kältesten seit der Reformationszeit (Abb. 5).

Zwischen 1561 und 1573 überfror der Zürichsee fünf- bis sechsmal, zwischen 1677 und 1697 in jedem dritten Winter bis zur Stadt, wobei das Eis jeweilen in mehreren Fällen für Menschen tragfähig war. »Jahrhundertwinter« wie jener von 1962/63 sind somit in diesen winterkalten Perioden zwei- bis dreimal aufgetreten. Kein einziger Strengwinter mit einer extrem langen Schneedauer und einer tragfähigen Vereisung der größeren Alpenrandseen ist dagegen in den 35 Jahren zwischen 1525 und 1560 verzeichnet.

Abb. 5: Im kältesten mit Temperaturmessungen dokumentierten Winter 1829/30 tummelte sich die Bevölkerung von Rorschach auf dem gefrorenen Bodensee. Schon damals lockte das Schauspiel jeweils Tausende auf das Eis, Zünfte mit Trommeln und Pfeifen, Bauern, die ganze Ochsen am Spieß brieten, und Knaben, welche mit einfachen Schlittschuhen pfeilschnell herumflitzten. 1573 wurde erstmals eine Holzstatue des Evangelisten Johannes in feierlicher Prozession von Münsterlingen quer über den Bodensee nach Hagnau getragen. 1684 kehrte sie nach Münsterlingen zurück. 1830 und 1963 wanderte sie ein weiteres Mal hin und her. (Kalenderblatt, Löpfe-Benz AG, Rorschach/Schweiz)

Bäume sterben im Winter

Die Frage nach den in den letzen fünfhundert Jahren aufgetretenen Temperaturminima läßt sich anhand der Vereisung von Seen nicht schlüssig beantworten. Hinweise vermittelt das Geräusch des Baumsterbens. Sinkt das Thermometer gegen −30°, so platzt die Rinde mancher Bäume mit einem Knall auf, der an Geschützdonner erinnert. Dabei bilden sich, wie man im bitterkalten Dezember 1879 (Mittel −11° in Basel) festgestellt hat, 12 bis 60 mm breite und 2,5 bis 6 m lange Frostrisse. Dieses Knallen und Knattern ist in den Wintern 1560/61, 1676/77, 1683/84, 1708/09, 1740/41 und 1788/89 gehört worden. Bäume starben in diesen Wintern aber auch unter den Äxten von verzweifelten Häuslern, die nach der Erschöpfung ihrer Holzvorräte die Mandate der Obrigkeit übertraten und zum Frevel schritten. Wer nicht genügend Holz herbeischleppen konnte, dem erfroren Hände, Nasen, Ohren und die Hühner im Stall. In Frankreich wurden 1789 Obstbäume, ja selbst Möbel verheizt.

Pflanzen – natürliche Anzeiger des Gesamtklimas

Die klimageschichtlich orientierte Pflanzenphänologie verwendet Beobachtungen des Entwicklungsstandes von Pflanzen, phänologische Phasen, als Substitute für fehlende thermometrische Messungen. Phänologische Phasen sind vom Witterungsverlauf in seiner Gesamtheit abhängig, in erster Linie vom Zusammenspiel der Niederschläge, der Sonnenscheindauer und der Temperatur. Vereinfacht gesagt ist die Pflanze ein lebendes Instrument, welches uns das Gesamtklima anzeigt. Bei der Interpretation der Beobachtungen müssen Besonderheiten des Standorts, sortenspezifische, bei Bäumen sogar individuelle Eigenschaften berücksichtigt werden. Am häufigsten sind Phänophasen der Reben aufgezeichnet worden, etwas seltener solche von verschiedenen Getreidearten und von Obstbäumen. Der Wert dieser alten Beobachtungen als Klimaindikatoren ist bis heute nur unzureichend ausgeschöpft worden, weil sie zu wenig bekannt sind und nicht nach den heute geltenden wissenschaftlichen Kriterien durchgeführt worden sind.

Zwei Voraussetzungen sind für die Interpretation wesentlich:

1. Um die Daten anhand von meteorologischen Meßreihen kalibrieren zu können, sollten mindestens 10–15jährige Beobachtungsreihen vorliegen, wenn möglich aus der Nähe einer meteorologischen Station, an welcher im gleichen Zeitraum auch Temperatur, Niederschlag sowie Sonnenscheindauer gemessen wurden.
2. Die Mittelwerte der entsprechenden Phasen in der früh- oder vorinstrumentellen Vergangenheit sollten bekannt sein. Dies einmal, um zu ermessen, ob sich diese gegenüber der Instrumentenperiode wesentlich verschoben haben. Dann auch, um isolierte Angaben über Einzeljahre als Abweichung von Mittelwerten sinnvoll interpretieren zu können.

Beide Voraussetzungen sind für das südiche Mitteleuropa erfüllt. An drei meteorologischen Stationen aus dem Kanton Schaffhausen sind im späten 19. und im frühen 20. Jahrhundert eine Vielzahl von phänologischen Ereignissen regelmäßig beobachtet worden. Im weiteren verfügen wir über die gesamte Zeit seit dem frühen 18. Jahrhundert über lückenlose oder nahezu lückenlose Beobachtungsreihen von einem Frühjahrsereignis (Kirschblüte), einem Frühsommerereignis (Blütebeginn der Reben), einem Hochsommerereignis (Beginn der Roggenernte), einem Spätsommerereignis (Färbung der Blauburgundertrauben) und einem Herbstereignis (Weinlese). Bei weiteren Phänophasen (Rebenvollblüte, Beginn der Gersten- und der Dinkelernte, Rotfärbung der Äugstlertrauben (einer Frühform der Blauburgundertraube) ist das Material für einen Vergleich der Mittelwerte ausreichend (Abb. 6).

Im folgenden wird die Abhängigkeit einzelner phänologischer Phasen von der Temperaturentwicklung diskutiert:

Das Datum der Kirschblüte steht in engem Zusammenhang mit der mittleren Temperatur der vorangegangenen dreißig Tage. Nach einem warmen Februar und einem sehr warmen März blühen die Kirschbäume um mehr als zwei Wochen zu früh (unter anderem 1530, 1559, 1607, 1811, 1948), bei einem Wärmedefizit von insgesamt 5° im Februar und März mindestens drei Wochen zu spät (unter anderem 1542, 1740, 1785).

Der Zeitpunkt der Rebenblüte hängt im Normaljahr von der Maitemperatur ab, doch kann ein früher Blühbeginn durch einen extrem warmen April und März ausgelöst werden (1893). Vergleichen wir die Blühdaten der Reben mit den Daten der Weinlese, wird deutlich, daß in der Regel auf frühe Blüte frühe Lese folgt (so unter anderem 1636–1638, 1718, 1719) und einer späten Blüte auch häufig eine späte Lese entspricht (so unter anderem 1542, 1627, 1628, 1675).

Bei den Getreidearten ist strenggenommen nur der Reifezustand eine Funktion des Witterungsverlaufs und der Temperaturverhältnisse. Vor dem 19. Jahrhundert wurden die Felder noch koordiniert bestellt und abgeerntet. Alle Bewirtschafter mußten mit dem Schnitt des Getreides gleichzeitig beginnen. Die Getreidezehnten wurden unter den wohlhabenden Bauern eines Dorfes versteigert, weil die Zehntherren über keinen Beamtenapparat verfügten, um den Zehntbezug zu überwachen. Der Ersteigerer verpflichtete sich, das Getreide in eigener Regie einzusammeln und zum vereinbarten Zeitpunkt sauber gedroschen in die Zehntenscheune zu liefern. Als Entgelt erhielt er das Stroh, welches als Viehfutter begehrt war. Um sich ein Bild von den zu erwartenden Erträgen zu beschaffen, schätzten Vertrauensleute der Obrigkeiten den Ertragswert der Felder vor der Versteigerung ein. Dieser Mindestwert durfte nicht unterboten werden. In diesem Zeitraum waren die Felder, wie im Herbst die Weinberge, »gebannt«, das heißt, sie durften auch von den Besitzern nicht betreten werden. Unmittelbar nach der Versteigerung wurde die Ernte freigegeben. Das Datum der Versteigerung, das in den Zehntrödeln meist erhalten ist, steht somit in enger Beziehung zum Erntebeginn. Dieser wurde seinerseits zur Vermeidung von Verlusten so eng wie möglich an die Schnittreife des Getreides gebunden. Anhand einer Regressionsrechnung mit der 1755 einsetzenden Basler Tempera-

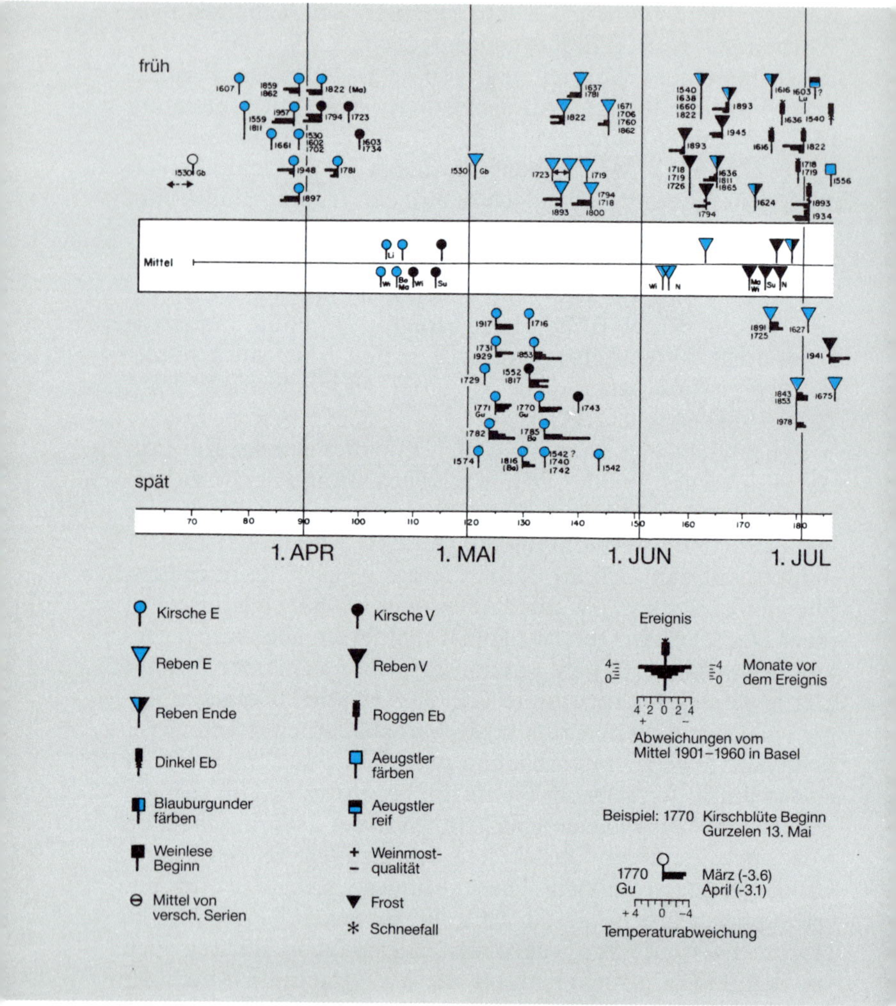

Abb. 6: Frühe und späte Extreme sowie Mittelwerte der Vegetationsentwicklung im südlichen Mitteleuropa 1525–1979.
Innerhalb des weißen Feldes Mittelwerte von neueren Reihen und solchen aus der vor- und frühinstrumentellen Periode. Oberhalb des weißen Feldes sind die frühesten, darunter die spätesten bekannten Ereignisse in den vergangenen 450 Jahren dargestellt.

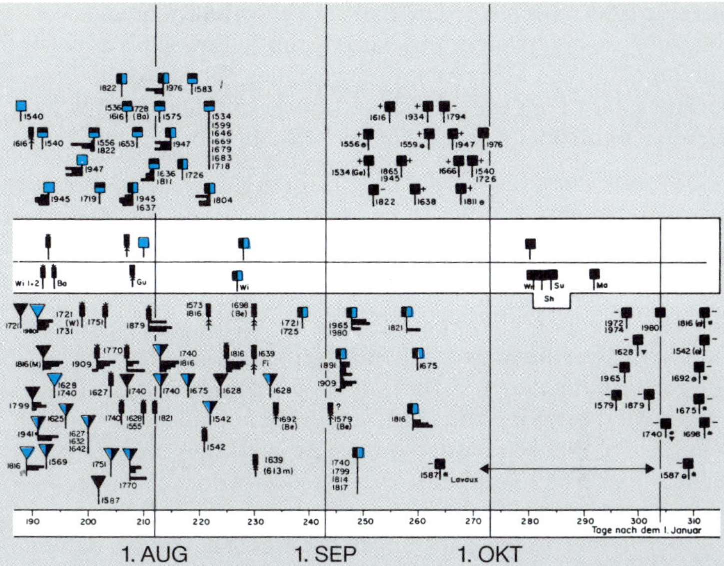

Historische Serien sowie Einzelbeobachtungen außerhalb des Höhenbereichs von 400–500 m.

Ba	Basel	256 m	
Ba	Bätterkinden BE	473 m	1718–1770
Be	Bern	540 m	1780–1827
Ge	Genève	375 m	
Gu	Gurzelen BE	591 m	1766–1784
Ma	Maschlins GR	534 m	1792–1818
N	Neuchâtel	447 m	1701–1750
Sh	Schaffhausen	403 m	1616–1670
Su	Sutz BE	463 m	1785–1803
Wi 1	Winterthur	443 m	1611–1644
Wi 2	Winterthur	443 m	1721–1738

Bei Ereignissen innerhalb der Instrumentenperiode sind die Abweichungen der Temperatur in den vorangehenden Monaten vom Mittelwert 1901–60 in Form von Balken angegeben. Nach links weisende Balken deuten positive, nach rechts weisende negative Abweichungen an. Sofern wir den Einfluß der Höhenlage berücksichtigen, stimmen die historischen und rezenten Mittelwerte im allgemeinen gut überein.

turreihe ist ermittelt worden, daß ein Vorsprung oder eine Verzögerung des Versteigerungsdatums um 7 Tage im Vergleich zum langjährigen Mittel einer Abweichung der Mai-Juni-Temperatur um 1 ° vom Mittel 1901–60 entspricht. Die ältesten datierten Zehntrödel reichen bis zur Mitte des 16. Jahrhunderts zurück.

Weinbaugeschichte ist auch Klimageschichte

Bei den Angaben über verschiedene Reifestufen der Trauben muß zwischen frühen und späten Sorten unterschieden werden. Die Rotfärbung der Äugstlertraube, einer Frühform des Blauburgunders, setzt im Mittel 15 Tage früher ein als jene der gewöhnlichen Blauburgundersorten. Bei undifferenzierten Berichten über frühe Traubenreife müssen wir vorsichtshalber davon ausgehen, daß es sich um Äugstler handelte. Der Vergleich mit thermometrischen Messungen hat ergeben, daß bei beiden Sorten eine Verfrühung oder Verspätung der Rotfärbung von 10 Tagen einer Temperaturabweichung von 1–2 ° in den Monaten Juni und Juli entspricht.

Für die Rekonstruktion der sommerlichen Temperaturverhältnisse im Spätmittelalter sind die Aufzeichnungen über den Beginn der Weinlese besonders wertvoll, weil sie bis ins 14. Jahrhundert zurückreichen. Dies steht im Zusammenhang mit der Aufhebung des sogenannten Weinlesebanns. Die Institution des Lesebanns ist im Burgund bereits im 12. Jahrhundert erwähnt. Sobald sich die Trauben zu färben begannen, ernannte der Landesherr oder sein Vertreter für jeden Rebenbezirk einen Rebenhüter, der Eindringlingen den Zugang zu verwehren hatte. Der Bann sollte die gute Qualität des Weines sichern und verhindern, daß durch Frühlesen Schäden an fremden Reben verursacht, Trauben gestohlen oder, was eine wesentliche Rolle gespielt haben mag, der Verzehntung entzogen wurden. Nachdem Vertreter der Lokalbehörde die Trauben begutachtet und für pflückreif befunden hatten, wurde die Lese freigegeben. Der Beschluß wurde jeweils durch eine Aktennotiz festgehalten, welche dem Historiker als Quelle dient. Der

Beginn der Weinlese ist eng mit der Durchschnittstemperatur der Monate April–September korreliert, wobei den Früh- und Hochsommermonaten allerdings ein größeres Gewicht zukommt als dem August oder dem September. Zeitreihen von Weinlesedaten sind über Distanzen von bis zu 800 Kilometern, beispielsweise zwischen Genf und Wien, signifikant korreliert, was angesichts der engen Bindung an die Temperatur der Vegetationsperiode nicht erstaunt.

Die in Abb. 6 dargestellten Jahre mit extrem früher und jene mit sehr später Weinlese stimmen gut mit den frühesten und spätesten Roggenernteterminen überein. Die sehr späten Weinlesetermine (unter anderem 1587, 1740, 1816) zeigen die spätesten Früh- und Hochsommer der letzten Jahrhunderte an. Sie weisen kaum mehr eine Streuung auf, weil in diesen so extrem späten Jahren die Trauben geerntet werden mußten, ehe sie vollständig ausgereift waren.

Die Chronisten maßen die Dauer und die Glut eines Sommers nicht zuletzt an der Menge und Süße des geernteten Weinmosts. Für den Historiker sind vor allem die Mengenangaben interessant, weil sie statistisch überprüft und homogenisiert werden können, wogegen sich Urteile von Zeitgenossen über den Zucker- und Säuregehalt einer stringenten Überprüfung entziehen.

Bei der Bewertung von Weinmosterträgen als Klimaindikatoren hat sich die Forschung bisher zu stark auf die Erfahrungen in einzelnen Rebbergen konzentriert, wo das Ertragsgeschehen durch Lokaleinflüsse (Fröste, Hagel, Krankheiten, Bewirtschaftung, Düngung, Pflege usw.) stark beeinflußt wird. Bei der Berechnung von Durchschnittserträgen aus einer Vielzahl von Reblagen und Weinbaugebieten heben sich diese Lokaleinflüsse größtenteils auf. Dafür wirkt das durch die Großwetterlagen gesteuerte Temperatur- und Niederschlagsgeschehen in allen Lagen und Expositionen zur selben Zeit ertragsfördernd oder -mindernd. Um störende Lokaleinflüsse auszuschalten, wurden 31 räumlich und zeitlich sehr unterschiedlich gelagerte Ertragsreihen aus den bedeutenden Weinbaugebieten des schweizerischen Mittellandes zu zwei Standardreihen für die Periode 1525–1825 zusammengefaßt. Aus dem Vergleich mit der Basler Temperaturreihe ergab sich, daß die Schwankungen der Weinerträge fast zu zwei Dritteln durch die Temperaturverhältnisse im Hochsommer des Vorjahres und des Erntejahres erklärt werden können. Anhaltende naßkalte Witterung im Hochsommer läßt die Blüten verrieseln und die Erträge schrumpfen. Rekordernten reifen in warmen, nicht zu trockenen Sommern heran, sofern die Blütenanlagen zuvor nicht durch Spätfröste geschädigt wurden. Aus der Kenntnis der Weinerträge und der mutmaßlichen Größe der Rebberge können Schätzwerte für die jeweiligen Hochsommertemperaturen gewonnen werden, sofern der Einfluß von landesweiten Starkfrostschäden berücksichtigt wird. Diese werden ihrer wirtschaftlichen Bedeutung wegen meist in einer Vielzahl von Quellen erwähnt.

Aus der Geschichte der Weinernten seit der Reformationszeit lassen sich die folgenden Schlüsse ziehen: Zwischen 1525 und 1569 ist weder ein ausgesprochenes Fehljahr noch ein längerer Mißerntezyklus auszumachen, was für frostarme Frühjahrsmonate und warme, nicht zu trockene Sommer spricht. Gegen die Jahrhundertwende hin fielen die Erträge im Mittel jährlich um rund zwei Prozent. Nach einer kurzen Erholungsphase bis 1620 schloß sich eine zweite Depressionsphase bis 1629 an. Die Jahre mit geringen Erträgen verketten sich zu zwei durchgehenden Serien: 1585 bis 1597 und 1618 bis 1629, was auf längere Serien von kalten und sehr nassen Sommern hindeutet. Ein ähnliches Muster zeigen die Jahre 1688–1697 und 1812–1817. In der günstigsten Periode, den zwölf Jahren 1718 bis 1729, brachten fünf Spitzenernten die Fässer zum Überlaufen, und zwar in weiten Teilen Mitteleuropas. Im Herbst 1729 erreichte die Weinschwemme ihren Höhepunkt. Die Preise brachen zusammen, wodurch sich auch die Unterschichten dem Trunke voll ergeben konnten und der Konsum in schwindelnde Höhen hinaufschnellte.

Abb. 7: Übersicht über die zur Schätzung der Temperaturverhältnisse verwendeten indirekten Daten.

Monat	kalt	warm
Dezember Januar Februar	dauernde *Schneebedeckung* Vereisung von Seen und Flüssen	kurzfristige *Schneebedeckung* geringe rel. Schneehäufigkeit Vegetationsentwicklung
März	lange Schneebedeckung große rel. *Schneehäufigkeit*	Beginn der Kirschblüte (± 1,3°)
April	Schneebedeckung und rel. Schneehäufigkeit Kirschblüte im Mai	Beginn der *Kirschblüte* Blattentfaltung der Buche Roggenähren
Mai	Datum der Versteigerung der Getreidezehnten (± 0,6°) Beginn der *Traubenblüte* (± 1,2°)	
Juni	Datum der Versteigerung der *Getreidezehnten* (± 0,6°) Beginn und Ende der Traubenblüte (± 1,2°) Beginn der Rotfärbung von Trauben Weinmosterträge, Schneefälle in höheren Lagen	
Juli	*Weinmosterträge* Rotfärbung von Trauben Erste reife Trauben (Frühsorte Aeugstler) Schneefälle in höheren Lagen	
April bis Juli	Weinlesedaten (± 0,6°)	
August	Zuckergehalt des Weinmosts *Spätholzdichte* (± 0,8°), Schneefälle in höheren Lagen	
September	*Zuckergehalt des Weinmosts* Spätholzdichte (± 0,8°), Schneefälle in höheren Lagen	
Oktober	*Schnee*bedeckung Schneehäufigkeit	Wiedererscheinen der *Frühlingsvegetation*
November	*Schnee*bedeckung Schneehäufigkeit *Vereisung* von Gewässern	*Kein Schnee*fall Fortdauer der *Vegetations*periode (Vieh auf der Weide)

- Die Zahlen geben den Standard Error der Schätzung an
- Schätzungen, die sich auf die Temperaturdurchschnitte von zwei aufeinanderfolgenden Monaten beziehen, sind durch Klammern gekennzeichnet
- der für den betreffenden Monat aussagekräftigste Datentyp ist *kursiv* hervorgehoben.

Kommentar: die Temperaturverhältnisse während der Vegetationsperiode lassen sich hauptsächlich durch biologische Daten, diejenigen für die übrige Zeit durch physikalische Daten schätzen. Eine Lücke besteht in den Monaten Oktober und November, für welche keinerlei serielle Daten verfügbar sind.

Die Weinkonjunktur im süddeutschen Raum ist jener des schweizerischen Mittellandes sehr ähnlich.

Ein hohes Mostgewicht, und damit ein hoher Zuckergehalt, bezeugt eine warme und sonnenscheinreiche Witterung im Früh- und Hochsommer sowie im Herbst des Erntejahres, namentlich im September.

Zuverlässiger als durch Angaben der Weingüte lassen sich die Verhältnisse im Spätsommer durch radio-densitometrische Daten schätzen. Darunter versteht man die Dichte des Holzes im dunklen Spätholzsegment von Jahrringen. Die dem Verfasser von PD Dr. Fritz Schweingruber von der Eidgenössischen Anstalt für das Forstliche Versuchswesen in Birmenstorf zur Verfügung gestellten Daten stammen von verbauten Hölzern und Bäumen aus dem schweizerischen Berggebiet (Lauenen im Berner Oberland), wo die Sommertemperaturen das Wachstum begrenzen. Die Dichtewerte stehen in enger Beziehung zur Temperatur der Monate Juli bis September.

Temperaturschätzungen im Jahresverlauf

Gesamthaft gesehen lassen sich die Temperaturverhältnisse im Winterhalbjahr durch Schnee- und Eisdaten und Beobachtungen von Pflanzenaktivität, jene während der Vegetationsperiode durch biologische Daten schätzen (vgl. Abb. 7).

Die Informationsdichte der indirekten Daten ist für den Früh- und Hochsommer am besten. Die vom 14. Jahrhundert an vorliegenden Weinlesedaten werden vom frühen 17. Jahrhundert an durch die Getreide-Zehntsteigerungsdaten, vom frühen 18. Jahrhundert an durch systematische phänologische Beobachtungen ergänzt und kontrolliert. Die Verhältnisse im August und September werden durch Spätholzdichte und Weingüte erfaßt. Für die Monate Oktober und November fehlen geeignete Indikatoren. Es sind dies gerade jene Monate, für welche die geringste Zahl von Witterungsbeschreibungen greifbar ist.

Regenfluten im Sommer

Zur Charakterisierung der Niederschlagsverhältnisse geben manche Beobachter die Zahl der Regentage an oder berichten von Überschwemmungen und bemerkenswert niedrigen Wasserständen.

Die in Witterungstagebüchern vorliegenden täglichen Beobachtungen von Niederschlagsereignissen lassen sich auszählen und zu entsprechenden Angaben aus der Instrumentenperiode in Beziehung setzen, die auf Messungen beruhen. Die aus den Witterungstagebüchern sorgfältiger Beobachter ermittelten Durchschnittswerte von »Niederschlagstagen« liegen in der Größenordnung der Tage mit mehr als 0,3 mm gemessenem Niederschlag. Die Beurteilung der Niederschlagsverhältnisse stützt sich von 1708 an außerdem auf Messungen sowie auf Berichte und Merkzeichen von Überschwemmungen. Auf einer ursprünglich am Kornhaus Rorschach angebrachten Tafel sind die Maximalstände des Bodensees vom 16. Jahrhundert an bis zur Zeit des Ersten Weltkriegs eingekerbt, am Haus Oberer Rheinweg 93 in Kleinbasel jene des Rheins. Die absolute Vergleichbarkeit älterer und neuerer Stände wird dadurch beeinträchtigt, daß sich gelegentlich das Terrain gesenkt hat, daß Flußläufe ausgebaggert und ihre Wasserstände reguliert worden sind. Dennoch öffnen diese Merkzeichen in Verbindung mit schriftlichen Aufzeichnungen den Weg zu einer Geschichte der großräumigen Überschwemmungskatastrophen im Alpenraum und im Alpenvorland. Dabei gilt es zu berücksichtigen, daß die Hochwasserspitzen des Bodensees im Früh- und Hochsommer vorwiegend durch Schmelzwasser bedingt sind, während bei jenen des Rheins anhaltende Starkniederschläge stärker ins Gewicht fallen (Abb. 8).

Im Winter 1565/66 wuchs die Schneedecke in einem einzigen Winter zu einer so ungeheuren Höhe an, daß Kühe in den Alpen kaum mehr von einem Heustall zum andern gebracht werden konnten. Bei der Schmelze dieser Schneemassen rissen die Fluten Brücken und Kulturland weg, führten ganze Ställe mit lebenden Tieren mit sich, ja, sie unterfraßen sogar die Fundamente von massiven Gebäuden und brachten sie, wie etwa das

Luzerner Zeughaus, zum Einsturz. Ende August wurden die Bündner Täler und das Veltlin ein zweites Mal heimgesucht, nachdem es einige Tage und Nächte lang bis über die Bergspitzen hinaus anhaltend geregnet hatte (wohl wie bei der säkularen Überschwemmung von 1987 infolge des Aufgleitens von warmer Luft aus Südwesten an einer Kaltluftmasse). Manche Bewohner vermochten sich vor den Fluten auf die Anhöhen zu retten, eine unermeßliche Zahl fiel ihnen zum Opfer.

Die Gewinnung von Klimawerten aus historischen Daten

Entsprechend der Zielsetzung wurde das Material nach zwei verschiedenen Zeitskalen und Darstellungsprinzipien verarbeitet:

- Die Verknüpfung des meteorologischen Geschehens mit der Humangeschichte verlangte die Bereitstellung einer *Witterungsdatei* mit großem räumlichen und zeitlichen Auflösungsvermögen, welche den Zugriff auf Einzelereignisse ermöglicht.
- Die Verknüpfung von anthropogenen mit natürlichen Daten und der vorinstrumentellen mit der instrumentellen Periode erforderte die Homogenisierung und Verdichtung des Materials zu monatlichen Schätzwerten für Temperatur und Niederschlag, welche in derselben Art wie Meßwerte als Bausteine einer *Klimageschichte* verwendet werden können.

Für die Datenverarbeitung wurde ein spezielles Programmpaket entwickelt. Indirekte Daten wurden zu Gesamtreihen

Abb. 8: Auf dieser ursprünglich am Kornhaus in Rorschach angebrachten Tafel sind die Maximalstände des Bodensees vom 16. bis ins frühe 20. Jahrhundert eingezeichnet. Dabei ist zu berücksichtigen, daß sich das Gebäude im Verlaufe des 19. Jahrhunderts um 30 cm gesenkt hat. Eine außergewöhnliche Höhe erreichte der Seespiegel jeweils in nassen Hochsommern, die auf einen schneereichen Winter und ein kaltes Frühjahr folgten. Im Juni 1817 kam ein dreifaches Schneepaket zum Abschmelzen, das sich im Winter 1815/16, im darauffolgenden eiszeitlichen Sommer 1816 und im Winter 1816/17 angehäuft hatte.

HOCHWASSER.
1817
1566
1890
3. IX.
1910
28. VI. u. 1. VII.
1876
18. VI.
1770
1877
1789
1914

zusammengefaßt, homogenisiert und mit Meßreihen kalibriert. Witterungsbeschreibungen wurden über einen 400 Positionen umfassenden Zahlencode in numerische Form umgesetzt. Als kleinstes Element des Zeitrasters wurde die Zehntagesperiode gewählt. Berichte über außergewöhnliche Ereignisse wurden in quellengetreuer Formulierung als Fußnoten aufgenommen.

Die Verarbeitung erfolgt in der ersten Phase getrennt nach Datentypen mit speziellen Programmen. Dabei werden die folgenden Klassen unterschieden:

1. tägliche Witterungsbeobachtungen ohne Instrumente
2. verschiedenartige Beobachtungen aus deskriptiven Quellen
3. monatliche Häufigkeitszahlen verschiedener Ereignisse
4. Niederschlagsmessungen
5. Temperaturmessungen
6. indirekte Daten
7. gewichtete thermische und hygrische Indizes (dabei handelt es sich um die Ereignisse der Interpretation, die der Datei später beigefügt werden).

In einem weiteren Schritt werden die Dateien aus den sieben Klassen zusammengefaßt, chronologisch, räumlich und typologisch sortiert, anschließend in lesbare Sprache decodiert und teilweise vorinterpretiert. Abb. 9 zeigt einen Ausschnitt des Ergebnisses für die frühinstrumentelle Periode.

Die gesamte Information wird primär in Form von Zahlen aufgenommen und kann deshalb durch den Einbau entsprechender Programmbausteine ohne übermäßigen Aufwand in weitere Sprachen transformiert werden. Derzeit können Versionen in Deutsch, Französisch, Italienisch und Englisch hergestellt werden. Das ursprünglich auf schweizerisches Material zugeschnittene Programmpaket ist für die Verarbeitung von Daten aus allen Ländern Europas ausgebaut worden. Für die Periode 1000 von 1475 ist eine CLIMHIST-Datenbank für Mitteleuropa aufgebaut worden, welche Evidenz aus den beiden deutschen Staaten, Frankreich, Österreich, der Schweiz, den Benelux-Staaten, Norditalien und der westlichen Tschechoslowakei einschließt. Das für die folgenden Jahrhunderte greifbare Material ist so umfangreich, daß es nur durch die koordinierte Anstrengung einer internationalen Forschergruppe bewältigt werden könnte. Ob die bestehende Programmstruktur und die geleistete methodische Vorarbeit zum Aufbau einer europäischen klimageschichtlichen Datenbank genutzt werden, hängt von der Initiative interessierter Forscher in den EG-Ländern und der Förderung durch die zuständigen Gremien ab.

```
1723  J U L I

  1.DEKADE

  REGEN(VEREINZELTE AUFHELLUNGEN). R: 8 ST.BLAISE NE: 433 M(PETER,Q 220)
  UNBEKANNT/N/NW -WIND. KUEHL. REGEN(VEREINZELTE AUFHELLUNGEN).
  R: 2 WINTERTHUR: 442 M(RIETER,Q  90)
  SCHNEEFALL IN DEN BERGEN. R: 2 WINTERTHUR: 442 M(RIETER,Q  90)
  ROGGENERNTE BEGINN  8. 7.(189) R: 5 BAETTERKINDEN BE: 473 M(WIENIGER,Q 268)
  NAESSESCHAEDEN REBEN. R: 2 WINTERTHUR: 442 M(RIETER,Q  90)

  2.DEKADE

  KUEHL/WARM. VORW.SONNIG(KUERZERE REGENPERIODE). R: 2 WINTERTHUR: 442 M(RIETER,Q  90)
  REGEN(VEREINZELTE AUFHELLUNGEN). R: 8 ST.BLAISE NE: 433 M(PETER,Q 220)
  ROGGENERNTE BEGINN 12. 7.(193) R: 2 WINTERTHUR: 442 M(RIETER,Q  90)
  DINKELERNTE BEGINN 14. 7.(195) R: 2 WINTERTHUR: 442 M(RIETER,Q  90)

  3.DEKADE

  WARM. VORW.SONNIG(KUERZERE REGENPERIODE). R: 2 WINTERTHUR: 442 M(RIETER,Q  90)
  VORW.SONNIG(KUERZERE REGENPERIODE). R: 8 ST.BLAISE NE: 433 M(PETER,Q 220)
  DINKELERNTE BEGINN 21. 7.(202) R: 6 ZUERICH: 408 M(SCHEUCHZER,Q 237)
  HAGELSCHAEDEN REBEN. R: 2 WINTERTHUR: 442 M(RIETER,Q  90)

GESAMTER MONAT

  REGEN. R: 5 BAETTERKINDEN BE: 473 M(WIENIGER,Q 268)R: 6,ZUERICH: 430 M(Q 215)
  R:10,STANS: 452 M(BUENTI,Q 146)
  SCHNEEFALL IN DEN BERGEN. R:10 STANS: 452 M(BUENTI,Q 146)
 EXTREM NASS 283 MM(MITTEL:139 MM)R: 6 ZUERICH: 408 M(SCHEUCHZER,Q 237)
 NASS 19 N-TAGE(M:14TG)R: 2 WINTERTHUR: 442 M(RIETER,Q  90)
 WEINMOST-ERTRAEGE:  GROSS,ABW.VOM MITTEL:  54 %,R: 0 MITTELLAND(Q 281)
 T-INDEX: -2, KALT . N-INDEX:  3,SEHR NASS
```

Abb. 9: Witterungsgeschichtliche Datenbank CLIMHIST. Das Beispiel Juli 1723. Die Beobachtungen beziehen sich auf Zehntagesperioden (Dekaden) und auf den gesamten Monat. Jedes Informationselement ist mit seinen Attributen versehen: Name des Beobachters, R(egion)snummer, Beobachtungsort, Höhenlage, Quellennachweis in Form einer Nummer, die auf die Bibliographie verweist. Niederschlagsmessungen und Summen von Niederschlagstagen werden mit den Mittelwerten der Periode 1901–60, die Weinernten mit dem Trendwert der schweizerischen Gesamtserie verglichen. Auf Grund dieser Information werden die Temperatur- und Niederschlagsverhältnisse in Form von Indizes geschätzt.

Die Verdichtung des Materials zu Indizes

Proxy-Daten bilden das quantitative Gerüst einer Klimageschichte; sie lassen sich meistens nur für Perioden von zwei und mehr Monaten in Schätzwerte von Temperatur und Niederschlag ummünzen. Diesen Perioden können mehrere recht unterschiedliche monatliche Temperatur- und Niederschlagsmuster zugrunde liegen. So kann zum Beispiel eine frühe Getreideernte auf einen extrem warmen Maimonat und einen normalen Junimonat folgen oder auch auf einen eher kühlen Maimonat und einen sehr warmen Junimonat oder gar auf einen extrem warmen April, einen normalen Mai und einen nur überdurchschnittlich temperierten Juni.

Wie diese fallspezifische Abfolge von Großwetterlagen jeweils ausgesehen hat, kann anhand von Schilderungen des Witterungsverlaufs abgeschätzt werden. *Die beiden Datentypen stützen, kontrollieren und ergänzen sich gegenseitig und erlauben erst in ihrer Gesamtheit eine Aussage über den Temperatur- und Niederschlagscharakter einzelner Monate.* Die Bewertung erfolgt auf einer siebenstufigen Skala in Form von Indizes (vgl. Tabelle 2). Die thermischen und hygrischen Indizes lassen sich wie Meßwerte zu jahreszeitlichen und jährlichen Summen zusammenstellen.

Tab. 2: Die Definition des Temperatur- und des Niederschlagsindex. Alle Monatswerte der Referenzstation werden in aufsteigender Reihenfolge geordnet; die 11 Duodezile bezeichnen die Grenzwerte zwischen den einzelnen Intervallen. Zur Verdeutlichung ein Beispiel: Ein Aprilmonat wird thermisch mit −3 bewertet, wenn er auf Grund von Proxy-Information wie häufigen Schneefällen und/oder einer starken Verspätung der Kirschblüte temperaturmäßig den kältesten fünf Aprilmonaten im Zeitraum 1901–1960 entspricht oder kälter war.

	Werte im Zeitraum 1901–1960						
	tiefste						höchste
	8.3%	16.6%	16.6%	16.6%	16.6%	16.6%	8.3%
Duodezil	1	3	5	7	9	11	
Index	−3	−2	−1	0	+1	+2	+3

Zur Berechnung von Indizes für die Periode, für welche instrumentelle Meßreihen vorliegen, sind die Meßdaten auf Indizes reduziert worden. Für den Niederschlag wurden dabei zunächst getrennte Indizes für Niederschlagssummen und Niederschlagstage berechnet. Anschließend wurden diese zu einem Gesamtindex verknüpft.

Die Schätzung von Temperatur und Niederschlag

Der Schritt von den Indizes zu geschätzten Meßgrößen stellt die Krönung einer aufwendigen Klimarekonstruktion dar, verknüpft er doch die »historische« Periode mit dem Bereich unserer eigenen Erfahrung. Zur Methode: Innerhalb der Instrumentenperiode wurden die von Meßwerten abgeleiteten Indizes als unabhängige Variable den Meßwerten selbst als abhängige Variable in linearen Regressionsmodellen gegenübergestellt, dies für alle Kalendermonate und Jahreszeiten sowie das Kalenderjahr. Aus den daraus gewonnenen Gleichungen wurden für die vorinstrumentelle Periode auf der Basis der Indizes Schätzwerte für Temperatur und Niederschlag in Form von Abweichungen vom Durchschnitt der Periode 1901–60 berechnet. Die Schätzfehler der Modelle lagen dabei nur für Zehnjahresperioden innerhalb einer vernünftigen Größenordnung, weshalb auf Aussagen für Einzelmonate verzichtet wurde. Die mittleren Schätzfehler für die Zehnjahresdurchschnitte der Kalendermonate bewegen sich zwischen 0,11° (April, Juli) und 0,35° (Dezember), jene für die Saisonwerte sind wesentlich geringer. Beim Niederschlag wurden in Anbetracht der größeren regionalen Streuung zunächst Mittelwerte von sechs Reihen aus allen Teilen des Mittellandes gebildet. Die Schätzfehler bewegen sich für die Monatswerte zwischen 5% (August) und 18% (Oktober), für die Saisonwerte zwischen 2,9% (Sommer) und 7,5% (Herbst, Winter). Wie groß die Fehler in der vorinstrumentellen Periode sind, hängt von der Aussagekraft der Basisinformation ab.

Um die lückenhafte Information für das Mittelalter und die frühe Neuzeit räumlich interpolieren zu können, wird gegenwärtig durch eine an der Universität Bern laufende Dissertation mit der Methode der Clusteranalyse untersucht, wie weit die räumliche Korrelation von Temperatur- und Niederschlagsreihen in Europa reicht. Die vorliegenden Resultate deuten darauf hin, daß jede Jahreszeit und jedes Element ein eigenes Muster kennt und daß sich diese Muster über Zeit, wenn auch nicht grundlegend, verändern.

Die Sommertemperaturen im Hochmittelalter

Hinweise auf die sommerlichen Temperaturverhältnisse im Hochmittelalter vermitteln Angaben über die nördliche Grenze des Weinbaus. In England wurden Reben bis auf eine nördliche Breite von 53 Grad angebaut, und der englische Wein vermochte den französischen erfolgreich zu konkurrenzieren. Wein gedieh auch in Belgien und Norddeutschland. Im östlichen Alpenvorland kletterte die Rebe bis auf über 700 m hinauf. Auf Grund dieser Angaben hat HUBERT LAMB geschätzt, daß die Sommer in England um 0,7 bis 1 Grad, in Mitteleuropa sogar um 1–1,4 Grad wärmer waren als im zwanzigsten Jahrhundert. Auf noch höhere Werte führt die Nachricht von einem Brauch, welchen der Mönchsorden der Cluniazenser im Jahre 1018 einführte. Bei der Messe zur Verklärung Christi wurde am Altar jeweils neuer Wein kredenzt, dann machte der Kelch die Runde, beginnend beim Abt. War der Wein noch nicht reif, so pflegte man einige weiche Trauben zu zerdrücken. Nach dem heutigen Kalender fiel dieses Fest auf den 13. August. Nun ist aber nicht anzunehmen, daß der Wein in Frankreich damals so früh gelesen wurde. Einmal wissen wir nicht, ob die Trauben von einer Spalierrebe stammten, dann ist anzunehmen, daß es sich um eine frühe Sorte des Blauburgunders handelte, der in der Schweiz unter dem Namen »Äugstler« bekannt war. Wenn wir von der Phänologie dieser Rebe ausgehen, deren Reifedatum wir kennen, dann dürfte die Weinlese in dieser Warmperiode im Durchschnitt um den 1. September herum begonnen haben. Daraus läßt sich schätzen, daß die Monate April–August im Durchschnitt um etwa 1,7 Grad wärmer gewesen sein dürften als heute. Heiß und trocken waren namentlich die Sommer in der Periode 1200 bis 1310.

Zehn Monate Mittelmeerklima

Wie ein trocken-heißer Sommer in dieser Periode ausgesehen haben mag, kann vielleicht das Bild des Jahres 1540 verdeutlichen. Mitteleuropa wurde damals 10–12 Monate lang in den Subtropengürtel einbezogen. Vom Februar bis zum Jahresende fiel nur an vereinzelten Tagen Regen. In Zürich zählte ANTISTES BULLINGER, der Nachfolger ZWINGLIS, in den 26 Wochen von Mitte März bis Ende September nur gerade sechs Niederschlagstage. Selbst anfangs Oktober, nach einem zweitägigen Landregen, kehrten Wärme und Sonnenschein zurück und dauerten, von wenigen kürzeren Regenperioden unterbrochen, bis ins neue Jahr hinein fort. Noch um Weihnachten tummelten sich bei Schaffhausen junge Burschen im Rhein. Im Hochsommer erwärmte sich das Wasser im Rhein bei extrem niedrigem Wasserstand so stark, daß viele Fische ohnmächtig auf dem Rücken dahertrieben und von Hand gefangen werden konnten. Im staubtrockenen Erdreich klafften fußbreite Spalten auf, mancherorts gingen Wälder in Flammen auf. Die Fässer quollen von feurigem Wein über, im Elsaß tranken sich manche an dem süßen und wohlfeilen Rebensaft zu Tode. Mensch und Tier stöhnte unter dem Wassermangel. Die Bewohner höher gelegener Orte mußten sich meist nachts aus größeren Flüssen und Seen versorgen und ihr Wasser in Fässern über weite Distanzen herbeiführen, eine Szene, wie wir sie aus dem Sahel kennen. Mit dem Wasser versiegte die wichtigste Energiequelle einer Solarenergie-Wirtschaft. Die meisten Mühlen standen still. Von Schaffhausen wurde Mehl nach Konstanz, Lindau, ja nach St. Gallen geführt. Zur Mühle von St. Alban bei Basel drängten sich Leute aus der ganzen Markgrafschaft, die bis zu 30 Kilometer weit gekommen waren.

Die lange Dürre des Jahres 1540 übertraf jene des Jahrs 1947 bei weitem – damals setzte die Trockenheit nach einem nassen März ein und dauerte bis Ende Oktober. Einen ähnlichen

Witterungsverlauf wie 1540 zeigen die Jahre 1420 und 1473. Ob solche subtropische Sommer im Hochmittelalter häufiger auftraten, dürfte die laufende Forschung zeigen.

Sollten Anomalien dieser Art in den nächsten Jahren auftreten, würden sie zweifellos als anthropogenes Klimasignal gedeutet. Die Klimageschichte zeigt aber, daß sie durchaus in die Bandbreite des natürlichen Klimaverlaufs hineingehören (Abb. 10).

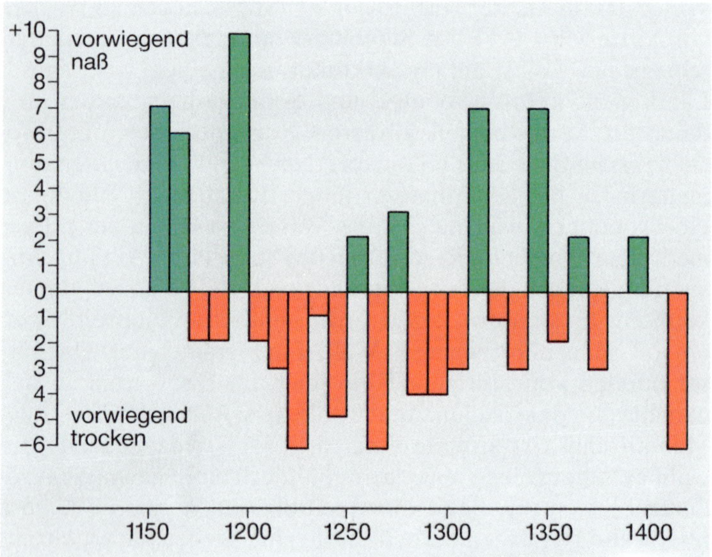

Abb. 10: Die Häufigkeit nasser und trockener Sommer 1150–1420 (nach Alexandre). Angegeben ist für jedes Jahrzehnt die Differenz zwischen »nassen« und »trockenen« Sommern auf Grund von Witterungsberichten. Zwischen 1200 und 1310 herrschten in Mitteleuropa heiße und trockene Sommer vor, was auf eine Zunahme des mediterranen Einflusses hindeutet.

Der Auftakt zur »Kleinen Eiszeit«

Der Begriff »Kleine Eiszeit« ist 1939 vom amerikanischen Geophysiker F. E. Matthes gerpägt worden. In seiner ursprünglichen Bedeutung bezeichnete er einen Zeitraum von etwa 4000 Jahren und wurde in der Folge auf die glaziale Hochstandsphase der Gletscher in den letzten Jahrhunderten eingeschränkt. Er erweckt die Vorstellung von einer säkularen Kälteperiode. Gefühlsmäßig sind unsere Vorstellungen zudem von Bilddarstellungen historischer Gletscherstände geprägt. Sie zeigen Eisströme und -kuchen von eindrücklichen Dimensionen, die uns in der heutigen Landschaft mit ihren weit zurückgeschmolzenen Gletschern fremdartig erscheinen. Den Eindruck von Kälte, den die dargestellten Eismassen vermitteln, übertragen wir unwillkürlich auf das Klima der Zeit, in welcher das Bild entstanden ist. Wie schlüssig ist dieses Gefühl? Gibt es überhaupt Merkmale, welche für das Klima dieser Periode als Ganzes kennzeichnend sind?

Zur Rekonstruktion der Gletschergeschichte der letzten 700 Jahre sind verschiedene Methoden und Datentypen herangezogen worden: Mit der *C^{14}-Methode* lassen sich ältere Moränenwälle approximativ datieren. Wesentlich genauer läßt sich der Zeitraum der Vorstoß- und Rückschmelzphasen anhand von *fossilen Hölzern* fassen. Während des Gletscherschwundes sind in den letzten Jahrzehnten immer wieder Reste von Bäumen zum Vorschein gekommen, die bei Vorstößen von den Eismassen geknickt, mitsamt den Wurzeln aus dem Boden gerissen oder einsedimentiert worden sind. Die Jahrringfolge dieser fossilen Hölzer erlaubt es, das Wuchsalter des Baumes zu bestimmen und anhand von seitlichen Schliffspuren durch den Eisrand und einer Folge von engen Jahrringen, welche die Abkühlung des Lokalklimas anzeigen, das Herannahen des Gletschers zu datieren. Wo keine fossilen Hölzer gefunden werden, helfen oft *schriftliche Quellen* wie Alprechtsverträge oder Urbare, die Vorläufer der Grundbücher, weiter, in welchen ein Gletscher als begrenzendes Element genannt wird. Oder es werden Wasserleitungen erwähnt, die später durch die Eismassen zerstört worden sind (Abb. 11).

Abb. 11: Die Schwankungen des Großen Aletschgletschers seit 950 (nach Holzhauser) (a) im Vergleich mit dem mittleren Weinlesetermin in West- und Mitteleuropa (b).
Die markanten Vorstoß- und Rückschmelzphasen dieses größten Eisstroms der Alpen laufen mit jenen anderer großer Alpengletscher mehr oder weniger synchron. Die Hochstandsperiode von 1350 bis 1850 wird als »Kleine Eiszeit« bezeichnet. Als Indikator für die Sommertemperaturen (April–September) ist der durchschnittliche Termin der Weinlese in Tagen für das betreffende Jahrzehnt angegeben, wobei der 1. September = 1 gesetzt wurde. 16 bedeutet also einen durchschnittlichen Lese-

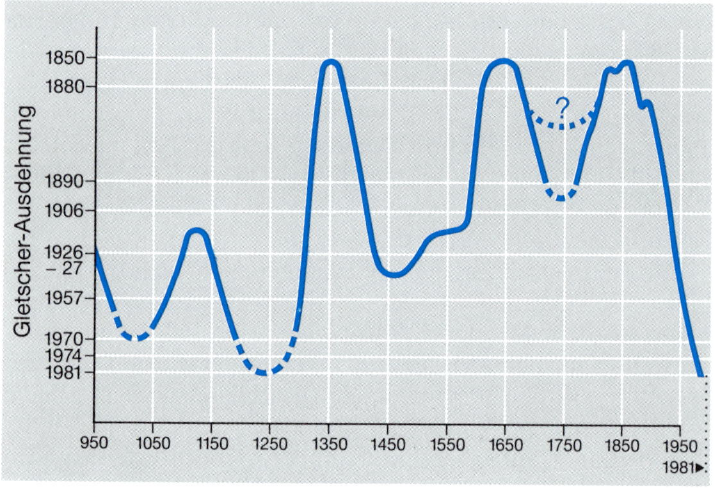

a

Von 1269 an lassen sich die sommerlichen Temperaturverhältnisse anhand der Dichtewerte von Baumringen an der Waldgrenze näher bestimmen. Die höchsten Werte der siebenhundertjährigen Reihe entfallen mit wenigen Ausnahmen auf die Periode 1269–1340. Vor 1300 fehlen die sehr geringen Dichten. Beides spricht für warme Spätsommer in den letzten drei Jahrzehnten des dreizehnten Jahrhunderts. Im frühen 14. Jahrhundert folgen mehrmals Jahre mit hoher und solche mit niedriger Dichte kurz aufeinander, was für eine große Sprunghaftigkeit des sommerlichen Klimas spricht. Von 1340 an häuften sich extrem nasse und kalte Sommer. Einmalig in

termin um den 16. September, 34 entsprechend einen solchen um den 4. Oktober. Späte Termine zeigen überwiegend kühle Sommer, frühe Termine überwiegend warme Sommer an.
Der Vergleich zwischen den beiden Kurven legt nahe, daß eine Häufung von kühl-feuchten Sommern im späten 16. und im frühen 19. Jahrhundert zu weitreichenden Gletschervorstößen führte – der Maximalstand von 1653 steht auf den Schultern des weitreichenden Vorstoßes zwischen 1570 und 1600. Rasch schmolz der Eisstrom in der Zeit zwischen 1380 und 1430 zurück, als die Vegetationsperiode etwas wärmer war als heute.

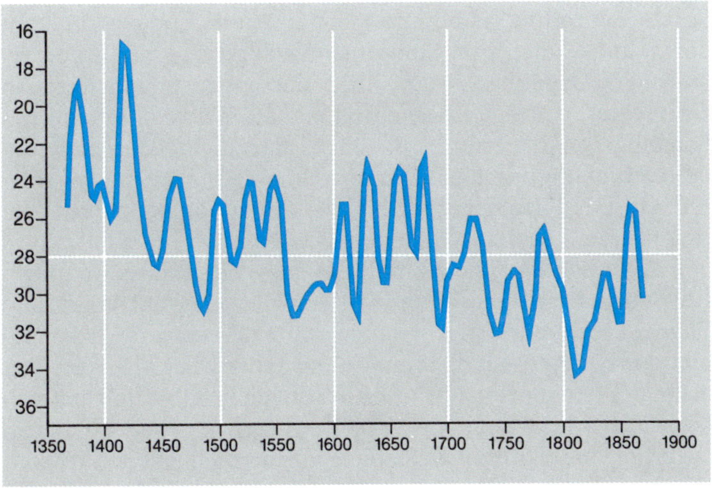

b

der gesamten siebenhundertjährigen Reihe ist die Aufeinanderfolge von drei Sommern mit sehr geringen Spätholzdichten in den Jahren 1345–47. Witterungsbeschreibungen vermitteln ein genaueres Bild: 1346 standen die Reben in Lindau nach dem 2. August noch immer in Blüte. 1347 waren sie selbst anfangs September noch nicht verblüht. Die Verspätung der Rebenblüte im Jahr 1346 entspricht etwa jener in den beiden kältesten Sommern seit 1500, 1628 und 1816. Der Extremwert des Sommers 1347 deutet darauf hin, daß es sich um den kältesten der letzten 700 Jahre gehandelt haben könnte. Unmittelbar nach dem Kälteschock von 1345–1347 brach bekanntlich die

Pest erstmals seit Jahrhunderten wieder in Europa ein und setzte dem seit dem Hochmittelalter anhaltenden demographischen Wachstumstrend ein jähes Ende. Die Zusammenhänge zwischen dem Klimasturz und dem Einbruch der Pest werden umweltgeschichtlich näher erforscht werden müssen.

Von ihrer Wirkung auf das Gletscherverhalten her sind diese Jahre wohl am ehesten mit den extrem kalten Sommern 1812–1817 zu vergleichen, welche bekanntlich sehr rasche und weitreichende Vorstöße der Alpengletscher ausgelöst haben. Die Zunge des Großen Aletschgletschers rückte um die Mitte des 14. Jahrhunderts binnen weniger Jahrzehnte um rund anderthalb Kilometer in Wald- und Weidegebiete vor. Das Herabdringen des Eises, des Symbols der Lebensfeindlichkeit, in ein Gebiet, das seit Jahrhunderten zum Wirtschafts- und Lebensraum gehört hatte, war für die damaligen Menschen unfaßbar und nur durch das Wirken dämonischer Kräfte zu erklären. Um das Thema dieser Klimaverschlechterung, die mit dem Beginn der »Kleinen Eiszeit« zusammenfällt, ranken sich in den Alpenländern die Blümlisalpsagen, die in ihrem naturhistorischen Kern vom Vorstoßen der Gletscher auf Wald- und Weidegebiete berichten. Die Sage führt dieses unfaßbare Geschehen auf eine frevelhafte Verschwendung der Milch zurück, die in der hochmittelalterlichen Warmzeit im Überfluß angefallen sein soll – die Sennerinnen sollen in Milch gebadet haben –, und rückt sie damit in Beziehung zur menschlichen Aktivität. Die anschließende Bedeckung der Blümlis-Alp mit ewigem Eis wird folgerichtig als Strafe Gottes dargestellt.

Zwischen 1380 und 1420 wurde mit der Weinlese durchschnittlich sechs Tage vor dem langfristigen Mitteldatum begonnen. Dies deutet darauf hin, daß die Vegetationsperiode (April–September) in diesem halben Jahrhundert um etwa 0,5° wärmer gewesen ist als in der Periode 1900–60. Diese Warmphase fällt mit einem raschen und anhaltenden Rückschmelzen des Aletschgletschers zusammen. Von 1450 an fluktuiert die Kurve der Weinlesen dann um das langjährige Mittel und verläuft weitgehend synchron mit den bekannten Vorstoß- und Rückschmelzphasen der Gletscher.

Klimaschwankungen in der Neuzeit

Die witterungsgeschichtliche Dokumentation CLIMHIST, welche die Klimaentwicklung jahreszeitlich und monatlich aufschlüsselt (Abb. 12), setzt mit dem Jahr 1525 ein.

Als Ganzes betrachtet weist die Gletscherhochstandsphase seit dem frühen 16. Jahrhundert wenig klimatische Besonderheiten auf. Die bedeutendsten zwei Unterschiede gegenüber dem 20. Jahrhundert (1901–1960) lassen sich zum Längenwachstum der Gletscherzungen, welches vor allem auf die Verhältnisse im Sommer anspricht, nicht in Beziehung bringen.

1. Die Winter waren um 0,5 ° kälter und um 5–20 % trockener, und der Boden blieb länger mit Schnee bedeckt.
2. Die Frühjahrsperioden waren um 0,3 ° kälter und um 5 % trockener. Der März trug bis um 1900 den Charakter eines Wintermonats.

Engere Bezüge ergeben sich aus der gesamtheitlichen Betrachtung der Klimaentwicklung unter dem Gesichtspunkt der Gletschergunst beziehungsweise Gletscherungunst.

Die dreieinhalb Jahrzehnte 1530–1564 lassen sich am ehesten mit dem Wärmegipfel des 20. Jahrhunderts vergleichen. Den kühlen und trockenen Wintern standen in der Jahresbilanz Wärmeüberschüsse von ungefähr 0,4 ° im Sommer gegenüber. Die Temperatur in den Frühjahrsmonaten fluktuierte um das Mittel unseres Jahrhunderts. Schwere Überschwemmungen waren bemerkenswert selten. Nach 1565 veränderten sich die Bedingungen in einer für die Menschen ungünstigen und für das Wachstum der Gletscherzungen günstigen Weise. Die Temperatur sank in allen Jahreszeiten, und die Niederschlagstätigkeit konzentrierte sich stärker auf die Sommer. Die Wärmeüberschüsse in temperierten Sommern wurden kontinuierlich

Abb. 12 (nachfolgende Doppelseite): Temperatur und Niederschlag in den vier Jahreszeiten 1525–1970. 11jährig gewogene gleitende Mittel. Abweichungen vom Durchschnittswert der Periode 1901–60. Die graue Fläche kennzeichnet die Niederschlagskurve.
(Nach Pfister 1984, reproduziert mit Bewilligung des Bundesamts für Landestopographie vom 11. 4. 1989)

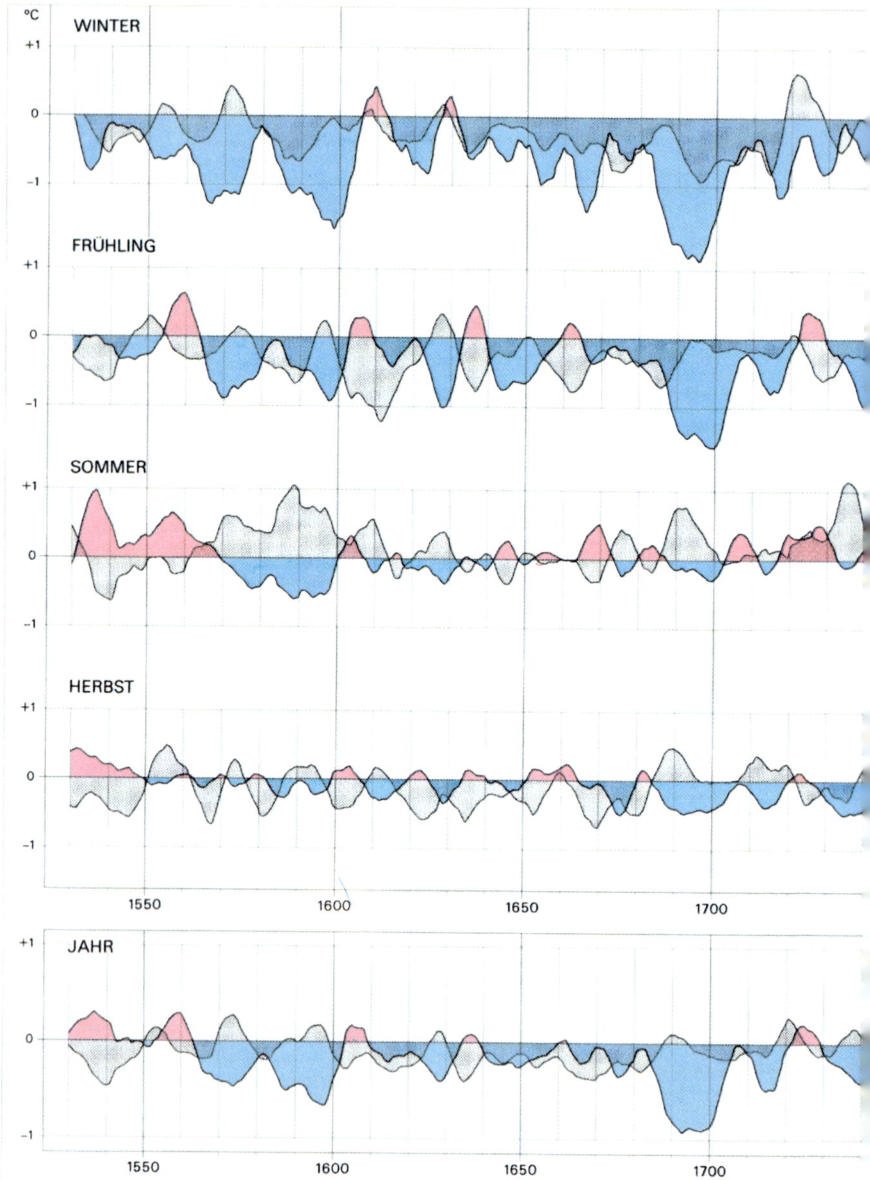

°C
WINTER
+1
0
−1
FRÜHLING
+1
0
−1
SOMMER
+1
0
−1
HERBST
+1
0
−1
1550
1600
1650
1700
JAHR
+1
0
−1
1550
1600
1650
1700

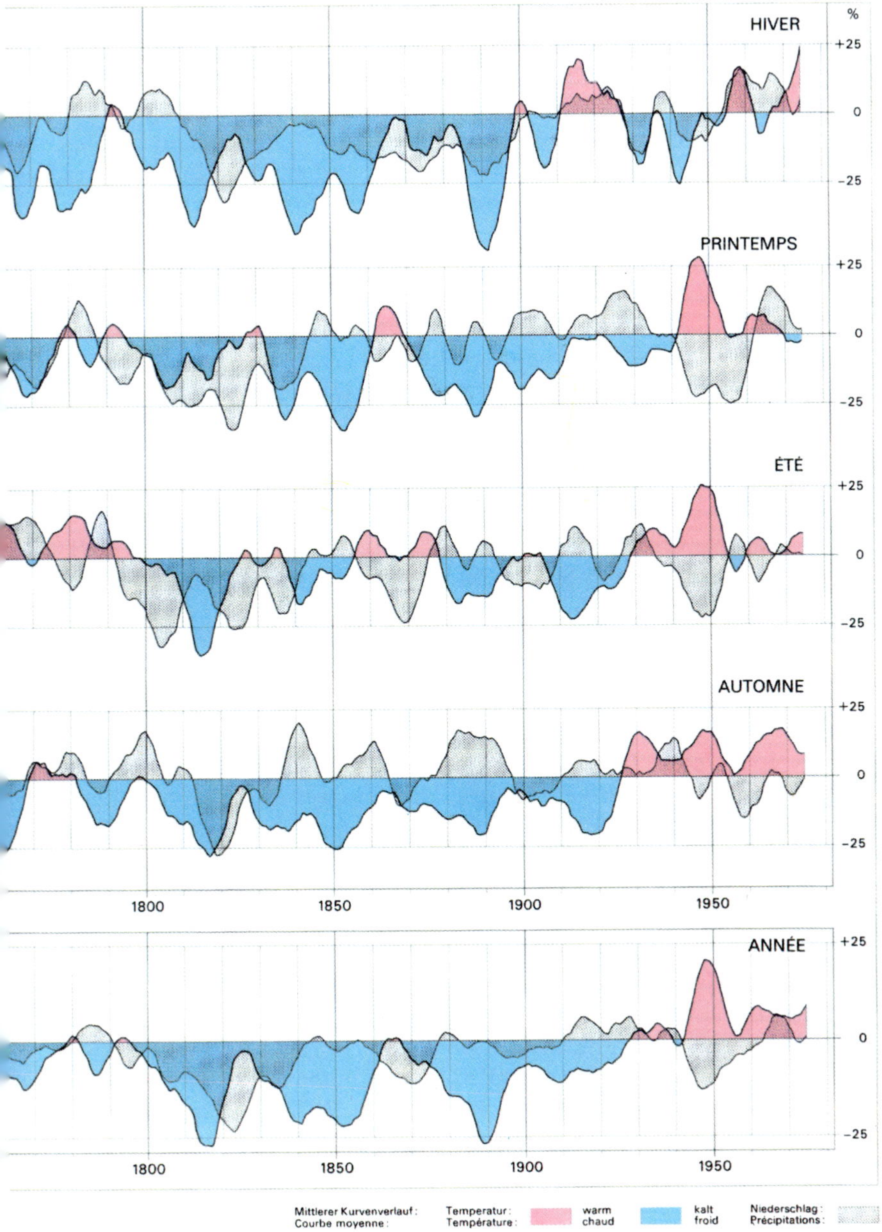
%
HIVER
PRINTEMPS
ÉTÉ
AUTOMNE
ANNÉE
+25
0
−25
1800
1850
1900
1950
Mittlerer Kurvenverlauf:
Courbe moyenne:
Temperatur:
Température:
warm
chaud
kalt
froid
Niederschlag:
Précipitations:

abgebaut, dafür häuften sich kühle, nasse und sehr nasse Sommer. Mehrmals verketteten sich Sommer mit gleichartigem Witterungsverlauf zu weniger kühlen (1580–1583) und kalten (1576–1579) sowie kühl-nassen Paketen (1584–1589, 1593–1597). Die Nässeanomalien in den letztgenannten Dezennien setzten multisäkulare Rekordmarken. In den drei Sommermonaten des Jahres 1588, als sich das Schicksal der Großen Armada entschied, zählte RENWARD CYSAT in Luzern nicht weniger als 77, 1589 62 und 1596 75 Regentage. Kein Wunder, daß sich die Winzer in diesen Jahren mit einem Hut voll saurer Trauben zufriedengeben mußten. Eine Konzentration des Niederschlagsgeschehens auf die Hochsommermonate wurde auch in Norddeutschland und Dänemark beobachtet.

Im Winter wurde Mitteleuropa nach 1560 wiederholt für längere Zeit von arktischen Luftmassen überflutet. Von 1562 an nahmen die Feuchtigkeit und damit der Schneereichtum zu. Nach dem ersten Höhepunkt der winterlichen Abkühlung (1573) wurden die Winter vorübergehend milder. 1583–1601 folgte ein zweiter Schub von kalten, diesmal mehrheitlich trokkenen Wintern.

Von 1565 an dehnte sich die Kälte über die Wintermonate hinaus schrittweise auf das Frühjahr aus: von 1565 an nahm der März, von 1568 an auch der April einen winterlichen Charakter an. Eine vergleichbare Sequenz von Frühjahrsperioden setzte 1586 ein. Im Durchschnitt waren die Frühjahrsmonate 1565–1601 wie die Sommer 0,8° frostiger als im vorangehenden Drittel des Jahrhunderts.

Am längsten bewahrte der Herbst seinen warmzeitlichen Charakter. Zwischen 1562 und 1570 war der September noch fast ein Grad zu warm.

Im Gefolge der Klimaverschlechterung vervierfachte sich die Zahl der schweren Überschwemmungen, und gegen Ende des Jahrhunderts rückten die Gletscherzungen in weiten Teilen der nördlichen Hemisphäre rasch vor, die Stirne des Unteren Grindelwaldgletschers um 800 bis 1200 m binnen zwei Jahrzehnten. Die meisten Alpengletscher erreichten ihren Maximalstand kurz nach der Jahrhundertwende und schmolzen dann etwas zurück, als die Frühjahrs- und Sommertemperaturen für einige

Jahre kräftig anstiegen. Der mächtigste Eisstrom der Alpen, der Große Aletschgletscher, verharrte auf seinem Hochstand und wuchs dann im Anschluß an die folgende gletschergünstige Klimaphase in den 1620er Jahren bis zum Maximalstand von 1653 weiter an.

In den ersten zwei Jahrzehnten des 17. Jahrhunderts steigerte sich die Variabilität des Klimas, namentlich im Winter. Fünf der fünfzehn Winter zwischen 1600 und 1614 gehören zu den wärmsten, fünf zu den kältesten der letzten Jahrhunderte. Die Standardabweichung des Termins der Roggenernte, eines Indikators für die Temperaturen im Frühsommer, ist im frühen 17. Jahrhundert bei identischen Mittelwerten doppelt so groß wie in der Gegenwart. Trockenheit ist das kennzeichnende Merkmal des 17. Jahrhunderts. Niederschlagsarm waren insbesondere die Herbste (bis 1670) und die Winter. Am Ende der 1680er Jahre kühlten sich Frühjahr (um 1,5°) und Herbst (um 0,5°) ab. Die durchschnittliche Jahrestemperatur des Dezenniums 1690–99 liegt fast 1° unter dem entsprechenden Wert der Gunstperiode 1901–60. Als Ursache dieses Klimasturzes wird eine temporäre Abschwächung der Sonneneinstrahlung vermutet. Zwischen 1645 und 1715 gingen die Sonnenflecken, die Gradmesser der solaren Aktivität, stark zurück; von 1675 bis 1704 verschwanden sie sogar vollständig. In dieser Zeit stießen die kalten Meeresströmungen weit nach Süden vor. Hubert Lamb schließt aus dem Rückgang der Kabeljaufänge – dieser Fisch ist an eine Wassertemperatur von mehr als 2° gebunden –, daß sich das kalte Wasser des Ostgrönlandstroms 1695 bis auf die Breite des norwegischen Stavanger ausdehnte.

Im Dezennium 1720–29 erreichten alle Jahreszeiten mit Ausnahme der Winter vorübergehend die volle Wärme des 20. Jahrhunderts. Im späten 18. und im frühen 19. Jahrhundert traten Sommer mit ähnlichem Witterungscharakter besonders häufig in Gruppen auf: kühl-feuchte Sommer 1767–1773 und 1812–1817, warm-trockene Sommer in den Jahren 1778–1783. Sie lösten Schwankungen der Gletscherzungen aus, welche sich anhand von historischen Bildquellen in ihrer Dynamik und räumlichen Dimension für die größeren Eisströme recht genau nachweisen lassen. Der zweieinhalb Jahrzehnte lang anhaltende Rückschmelzprozeß (1855–1880) am Ende der »Kleinen Eiszeit« ging mit einer geringeren Häufigkeit und Ergiebigkeit der sommerlichen Schneefälle und einer geringeren winterlichen Schnee-Akkumulation einher.

Auffallend verändert hat sich in den letzten Jahrzehnten der Charakter der Wintermonate: im Vergleich zum multisäkularen Mittelwert war diese Jahreszeit im südlichen Mitteleuropa zwischen 1965 bis 1980 um 1,3° zu warm und um 25% zu feucht.

Klimageschichte und die Zukunft

Nach übereinstimmender Prognose von Geophysikern in Ost und West wird die Temperatur der Erdatmosphäre bis zum Jahre 2030 um einen Betrag von 1,5° bis 4,5° zunehmen, sofern der Kohlendioxidgehalt innerhalb der nächsten 40 Jahre auf 500 oder mehr ppm ansteigt; dabei dürfte sich die Erwärmung regional sehr unterschiedlich verteilen. Was bedeuten diese Zahlen im Lichte der Klimageschichte der letzten Jahrhunderte? Bei Jahrestemperaturen entsprechen 1,5° ungefähr der Differenz zwischen der kältesten (1691–1700) und der wärmsten Zehnjahresperiode (1943–1952) seit der Reformationszeit. Der Unterschied zwischen dem winterkältesten (1691–1700) und dem winterwärmsten Dezennium (1912 bis 1921) erreicht 2,8°. Ein Betrag von 4,5° liegt dagegen selbst bei Monatstemperaturen außerhalb der historischen Erfahrung der letzten Jahrhunderte.

Strittig bleibt, ob sich anthropogene Effekte in langen Klimareihen erkennen lassen. Besonders auffallend sind im südlichen Mitteleuropa diesbezüglich die Wintertemperaturen, die seit dem Ende des 19. Jahrhunderts weitgehend parallel mit dem CO_2-Gehalt der Atmosphäre ansteigen. Dabei darf aber nicht übersehen werden, daß eine analoge Erwärmung der Winter in anderen Teilen der Welt nicht nachgewiesen werden kann. Nur aus einer globalen Temperaturkurve lassen sich globale Tendenzen herauslesen. Der Überblick über die Witterungs- und Klimageschichte der letzten Jahrhunderte zeigt auf, daß die natürliche Schwankungsbreite unseres Klimas erheblich größer ist, als man lange Zeit angenommen hat. Anthropogene Klimasignale müssen somit diesen Bereich überschreiten, um eindeutig als solche identifiziert werden zu können. Am ehesten wäre dies in den nächsten Jahren bei den Wintertemperaturen möglich, sollte der gegenwärtige Trend zu frühlingshaften, schneelosen Wintern anhalten.

Die Auswirkungen einer Erwärmung werden entscheidend davon abhängen, wie rasch und in welcher Form sich ein Wandel vollzieht und in welcher Abfolge die Jahreszeiten davon betroffen sind. Je kontinuierlicher die Temperaturen ansteigen, desto besser werden sich Gesellschaft und Wirtschaft an die neue Situation anpassen können, wogegen rasche und sprunghafte Veränderungen zu erheblichen Belastungen führen dürften. Beide Muster sind in der Klimageschichte der letzten Jahrhunderte nachgewiesen. Im späten 16. Jahrhundert gingen die Sommertemperaturen über mehrere Jahrzehnte hinweg fast kontinuierlich zurück, während vom späten 19. Jahrhundert an die Wintertemperaturen längerfristig anstiegen. Ein eigentlicher Temperatursturz in allen Jahreszeiten erfolgte um 1688/89, während sich zwischen 1945 und 1953 lange sommerliche Hitzen und Dürreperioden in einer seit 1500 einmaligen Weise häuften. Wie gut Wirtschaft und Gesellschaft eine plötzlich einsetzende Erwärmung verkraften könnten, bleibt offen. Beide haben in der Vergangenheit eine große Anpassungsfähigkeit bewiesen. Schwerer würde wohl die natürliche Umwelt in Mitleidenschaft gezogen, die durch die Anhäufung von Schadstoffen in Boden, Luft und Wasser an Belastungsfähigkeit eingebüßt hat.

Literaturhinweise

ALEXANDRE, P., 1987: Le Climat en Europe au Moyen Age. Contribution à l'histoire des variations climatiques de 1000 à 1425, d'après les sources narratives de l'Europe occidentale. Paris (Ecole des Hautes Etudes en Sciences Sociales).

FLOHN, H., FANTECHI, R. (ed.), 1984: The Climate of Europe: Past, Present and Future. Natural and Man-Induced Climatic Changes: A European Perspective. Dordrecht (Reidel).

HOLZHAUSER, H. P., 1984: Zur Geschichte der Aletschgletscher und des Fieschergletschers. Physische Geographie, 13. Zürich (Geographisches Institut).

LAMB, H., 1982: Climate, History and the modern world. London (Methuen).

PFISTER, CH., 1984: Klimageschichte der Schweiz 1525–1860. Das Klima der Schweiz von 1525–1860 und seine Bedeutung in der Geschichte von Bevölkerung und Landwirtschaft, 2 Bde. Bern (Haupt), 3. Aufl. 1988.

PFISTER, CH., 1985: CLIMHIST – eine witterungsgeschichtliche Datenbank für Mitteleuropa 1525–1863. Erhältlich bei: METEOTEST, Fabrikstr. 29A, CH 3012 Bern.

SCHWEINGRUBER, F., 1983: Der Jahrring. Standort, Methodik, Zeit und Klima in der Dendrochronologie. Bern (Haupt).